应用型本科计算机类专业“十三五”规划教材

数据库基本原理及应用开发教程

俞 海 顾金媛 主编

【微信扫码】
本书导学，领你入门

南京大学出版社

内容简介

本书介绍了数据库基本概念及数据库操作、编程的各个方面的应用。主要内容包括数据库的基本概念，如对象、实体、数据模型，E-R图；数据库设计及数据库编程，包括嵌入式编程，PL/SQL存储过程的编写，特别包含了PHP+MYSQL+HTML进行数据库编程方面的拓展；ORACLE系统的架构体系及MYSQL数据库的相关内容。本书的最后也谈到了未来数据库的发展趋势，并简单介绍了面向对象的数据库技术，大数据的特征和应用等。

本书内容按照简要、实用、创新的宗旨，力求反映当前数据库应用技术的最新发展，且根据实际数据库应用的需要对内容进行了组合，更强调实用性和知识性，试图提供一本所学即可用的数据库专业书籍。

本书既可以作为电子、通信、信息管理、电子商务等专业的本科生教材，也可作为相关数据库应用开发技术人员的培训开发教材。

图书在版编目(CIP)数据

数据库基本原理及应用开发教程 / 俞海，顾金媛主编. —南京：南京大学出版社，2017.5

应用型本科计算机类专业"十三五"规划教材

ISBN 978-7-305-18603-5

Ⅰ. ①数… Ⅱ. ①俞… ②顾… Ⅲ. ①数据库系统—高等学校—教材 Ⅳ. ①TP311.13

中国版本图书馆CIP数据核字(2017)第099733号

出版发行 南京大学出版社
社 址 南京市汉口路22号 邮 编 210093
出 版 人 金鑫荣

丛 书 名 应用型本科计算机类专业"十三五"规划教材
书 名 数据库基本原理及应用开发教程
主 编 俞 海 顾金媛
责任编辑 苗庆松 吴宜锴 编辑热线 025-83595860

照 排 南京理工大学资产经营有限公司
印 刷 南京鸿图印务有限公司
开 本 787×960 1/16 印张15.75 字数334千
版 次 2017年5月第1版 2017年5月第1次印刷
ISBN 978-7-305-18603-5
定 价 36.80元

网 址：http://www.njupco.com
官方微博：http://weibo.com/njupco
官方微信号：njupress
销售咨询热线：(025)83594756

前　言

数据库技术是现代信息技术、现代通信技术、现代计算机技术等不可或缺的技术，是应用非常广泛和非常重要的一门基础课程，可以使用在各行各业，如银行、证券、航空、机器人、手机智能应用、物流、制造、医疗、体育、网站等管理与设计中。因此计算机专业、电子专业、信息管理专业、财务管理专业等的学员都必须在这门课中花时间和精力学习，从而为开发数据库类的应用或管理理清头绪，使自己的应用开发水平或者自身的计算机基础的实践能力及应用能力有一个很大的飞跃。

本书分为15章，主要包括数据库基础理论、数据库的体系结构、数据库的基本操作，SQL语句的使用汇总，以及游标、存储过程、数据库事务处理、数据库的安全性措施、数据库的并发控制、数据库的性能调优、以及数据库发展趋势和大数据等内容。

本书根据“理论要通俗化，实践要应用化”的原则编写，力求知识点易懂、实用、与数据库应用开发紧密耦合，使之能适用各类人群的数据库学习、开发。另外本书对主流数据库ORACLE，MYSQL，SQLSERVER数据库在某些方面进行了比较和单独介绍，力求通过一些基本的操作来了解熟悉主流数据库的实用知识。

本书对编程方面也很重视，实用是其主旨，所以安排了“PHP＋MYSQL＋HTML”建立一个考试网站的实践章节，想必对读者有对数据库编程方面有所启发。

由于编者水平有限，书中不足之处，敬请广大读者批评指正（电子邮箱billhaitsyu_2014 @163. com）。

编者于南京大学金陵学院

2016. 5

目 录

【微信扫码】
本书知识点梳理 & 习题解答

第 1 章 数据库基础概述 ············ 001

1.1 数据库基本概念 ······················ 001
1.1.1 信息 ···························· 001
1.1.2 数据 ···························· 001
1.1.3 数据管理 ························ 002
1.1.4 数据库 ·························· 002
1.1.5 数据库管理系统 ·················· 002
1.1.6 数据库系统(DBS) ··············· 003
1.1.7 数据库技术的产生与发展 ·························· 003
1.1.8 数据库发展的三个阶段 ······ 004
1.2 数据库系统的特点 ··················· 005
1.2.1 数据结构化 ······················ 005
1.2.2 数据的共享性 ···················· 005
1.2.3 数据冗余度 ······················ 006
1.2.4 数据的一致性 ···················· 006
1.2.5 物理独立性 ······················ 006
1.2.6 逻辑独立性 ······················ 006
1.2.7 数据的安全性(Security) ··· 006
1.2.8 数据的完整性(Integrity) ··· 006
1.2.9 并发(Concurrency)控制 ··· 006
1.2.10 数据库恢复(Recovery) ··· 007
1.3 数据模型 ·························· 007
1.3.1 概念模型 ························ 007
1.3.2 E-R 模型 ························ 008
1.3.3 逻辑模型 ························ 008
1.3.4 物理模型 ························ 008
1.4 数据库三级模式 ······················ 010
1.4.1 模式结构 ························ 010
1.5 数据库系统的组成 ···················· 011
1.5.1 硬件平台及数据库 ········ 011
1.5.2 软件 ···························· 012
1.5.3 数据库相关人员工作角色 ·························· 012
1.5.4 数据库管理员(DBA)的任务 ·························· 012
1.5.5 系统分析员 ······················ 013
1.5.6 数据库设计人员 ················ 013
1.5.7 应用程序员 ······················ 013
1.5.8 数据库最终用户 ················ 013

第 2 章 关系数据库基础 ············ 014

2.1 关系数据结构及形式化定义 ······ 014
2.1.1 关系 ···························· 014
2.1.2 关系模式 ························ 017

2.2 关系操作 …… 019
2.2.1 关系操作的概念 …… 019
2.2.2 基本的关系操作 …… 019
2.2.3 关系操作的特点 …… 019
2.3 关系的完整性 …… 019
2.3.1 实体完整性 …… 020
2.3.2 参照完整性 …… 020
2.3.3 关系间的引用 …… 020
2.3.4 外码(Foreign Key) …… 022
2.3.5 用户定义的完整性 …… 023

第3章 SQL功能及操作 …… 024

3.1 SQL概述 …… 024
3.1.1 SQL的产生与发展 …… 025
3.1.2 SQL的特点 …… 028
3.2 SQL及基本数据类型介绍 …… 029
3.3 SQL使用汇总 …… 034
3.4 SQL数据定义语句 …… 035
3.4.1 模式的定义与删除 …… 035
3.4.2 基本表的定义 …… 035
3.4.3 表的删除 …… 036
3.4.4 表的修改 …… 036
3.4.5 索引的建立与删除 …… 037
3.4.6 ORACLE ROWID …… 037
3.4.7 唯一索引 …… 039
3.4.8 组合索引 …… 039
3.4.9 位图索引 …… 039
3.4.10 基于函数的索引 …… 040
3.5 数据查询 …… 040
3.5.1 单表查询 …… 040
3.5.2 多表查询 …… 042
3.5.3 嵌套查询 …… 044
3.5.4 带有EXISTS谓词的子查询 …… 044
3.6 数据更新 …… 045
3.6.1 插入数据 …… 045
3.6.2 插入子查询结果 …… 047
3.6.3 修改数据 …… 047
3.6.4 删除数据 …… 048
3.7 视 图 …… 049
3.7.1 视图的含义 …… 049
3.7.2 视图的作用 …… 049
3.7.3 视图的优点 …… 050
3.7.4 视图的安全性 …… 050
3.7.5 视图逻辑数据的独立性 …… 050
3.7.6 视图的创建及删除 …… 051
3.7.7 视图应用的案例 …… 052
3.7.8 使用视图操作表数据 …… 052

第4章 ORACLE数据库一般操作 …… 054

4.1 安装和配置 …… 054
4.2 Oracle常用函数 …… 059
4.3 Oracle SQL一般操作汇总 …… 062

第5章 MySQL数据库一般操作 …… 068

5.1 安装MySQL …… 068

5.2 使用 MySQL 数据库 ………… 068

第 6 章 数据库安全性管理 ……… 072

6.1 数据库存取控制概述………… 072
6.1.1 用户标识与鉴别 ………… 072
6.1.2 用户口令 ………………… 072
6.1.3 自主存取控制 …………… 072
6.1.4 用户的权限及创建用户 …… 073
6.1.5 授权与回收 ……………… 074
6.2 视图安全机制 ………………… 076
6.3 审计安全 ……………………… 077
6.4 数据加密 ……………………… 078

第 7 章 数据库的完整性 ………… 079

7.1 实体完整性 ………………… 079
7.2 实体完整性检查和违约处理 …… 080
7.3 参照完整性 ………………… 081
7.4 用户定义的完整性……………… 082
7.4.1 属性上的约束条件的定义 ……………………… 082
7.4.2 属性上的约束条件检查和违约处理 ………………… 084
7.4.3 域中的完整性限制 ……… 084
7.5 触发器 ……………………… 084
7.6 创建触发器 SQL 语法 ………… 085
7.7 激活触发器 ………………… 086
7.8 删除触发器 ………………… 086

第 8 章 关系数据库函数依赖及范式基本理论 …………… 087

8.1 函数依赖 ……………………… 087
8.2 码 …………………………… 088
8.3 数据依赖 ……………………… 089
8.4 范 式 ……………………… 091

第 9 章 数据库设计 ……………… 096

9.1 数据库设计总体原则…………… 096
9.2 需求分析 ……………………… 99
9.3 概念结构设计 ……………… 103
9.4 逻辑结构设计 ……………… 104
9.4.1 逻辑模型 ……………… 104
9.4.2 关系模型的优化 ……… 107
9.4.3 设计用户子模式 ……… 108
9.5 数据库物理设计……………… 109
9.5.1 数据库物理设计步骤……… 109
9.5.2 设计性能 ……………… 110
9.6 数据库的实施和维护…………… 111

第 10 章 数据库编程 …………… 113

10.1 ORACLE PL/SQL …………… 113
10.1.1 PL/SQL 块结构 ………… 113
10.1.2 ORACLE PL/SQL 程序控制语句 ……………………… 114
10.1.3 PL/SQL 异常处理语句 … 115

10.2 PL/SQL 游标(cursor) ········ 116
10.2.1 使用游标(cursor)更新数据 ························ 117
10.2.2 使用游标(cursor)修改数据 ························ 118
10.2.3 使用游标(cursor)删除数据 ························ 119
10.2.4 用循环 FOR...LOOP 处理数据 ························ 119
10.2.5 使用带参数的游标(cursor) ························ 121
10.3 存储过程 ························ 122
10.4 包 ························ 125
10.5 ORACLE 函数 ························ 127
10.6 嵌入式 SQL 编程 ························ 127
10.6.1 嵌入式 SQL 的处理过程 ························ 127
10.6.2 嵌入式 SQL 语句与主语言之间的通信 ············ 129
10.6.3 SQLCA 定义使用方法 ··· 129
10.7 动态 SQL ························ 133
10.8 ODBC/JDBC 编程 ············ 135
10.8.1 通过 ODBC 访问数据库 ························ 135
10.8.2 通过 JDBC 访问数据库 ························ 136

第 11 章 MYSQL＋PHP 建数据库应用网站 ··················· 140

11.1 软件安装及介绍 ··················· 140
11.2 PHP 脚本应用程序框架 ········ 141
11.3 网上考试系统的系统综合设计分析 ························ 142
11.3.1 网上考试系统的功能需求分析 ························ 142
11.3.2 在 PHP 中连接后台数据库 ························ 145
11.3.3 网上考试系统的数据库对象表的设计与创建 ······ 146
11.3.4 网上考试系统的 PHP 编程 ························ 154

第 12 章 关系查询处理和查询优化 ························ 170

12.1 查询处理步骤 ················· 170
12.1.1 查询分析 ················· 170
12.1.2 查询检查 ················· 170
12.1.3 查询优化 ················· 171
12.1.4 查询执行 ················· 171
12.2 查询操作的实现 ················· 171
12.2.1 简单的全表扫描方法 ······ 171
12.2.2 索引扫描方法 ············ 172
12.2.3 连接操作的实现 ········· 172
12.2.4 ORACLE 查询执行计划 ························ 173
12.3 关系及其查询优化 ············· 180
12.4 关系表达式等价变换规则 ······ 181
12.5 物理优化 ························ 182
12.5.1 基于启发式规则的选择优化 ························ 182

12.5.2 基于代价的计算 ········ 183
12.6 索引查询优化 ·················· 184
12.6.1 合理使用索引 ·········· 184
12.6.2 使用聚集索引 ·········· 186
12.6.3 Where 子句的影响 ········ 187

第 13 章 数据库恢复技术 ·········· 190

13.1 事务的概念 ······················ 190
13.2 故障分类 ·························· 192
13.2.1 系统故障 ················ 192
13.2.2 介质故障 ················ 192
13.2.3 非预期的事务内部故障 ························ 192
13.2.4 事务内部的故障 ········ 192
13.3 数据库恢复的实现技术 ········ 193
13.3.1 静态转储 ················ 193
13.3.2 动态转储 ················ 194
13.3.3 海量转储与增量转储 ······ 194
13.4 日志 LOG 文件 ················ 194
13.5 数据库恢复策略 ················ 196
13.5.1 事务故障的恢复 ········ 196
13.5.2 系统故障的恢复 ········ 196
13.5.3 介质故障的恢复 ········ 197
13.6 检查点技术(Checkpoint) ······ 197
13.7 数据库镜像(Mirror) ·········· 199
13.8 数据库恢复步骤 ················ 199
13.8.1 ORACLE IMPORT 恢复的方法 ························ 200
13.8.2 ORACLE RMAN 备份 ······ 200
13.8.3 RMAN 恢复方法 ·········· 201

第 14 章 数据库体系结构 ·········· 205

14.1 内部存储结构及后台进程 ······ 205
14.1.1 SGA 区 ·················· 205
14.1.2 PMON 进程 ·············· 206
14.1.3 SMON 进程 ·············· 207
14.1.4 CKPT 进程 ·············· 208
14.1.5 DBWn 进程 ·············· 209
14.1.6 LGWR 进程 ·············· 210
14.1.7 ARCn 进程 ·············· 210
14.1.8 数据块缓冲区 ·········· 210
14.1.9 重做日志缓冲区 ········ 211
14.1.10 字典缓存区 ············ 211
14.1.11 SQL 共享池 ············ 211
14.1.12 程序全局区 ············ 211
14.2 多线索(Multi_Threaded)DBMS 的概念 ························ 212
14.3 线索与进程的比较 ·············· 212
14.4 缓冲区管理 ······················ 213

第 15 章 数据库新技术发展概述 ································ 216

15.1 数据库技术发展历史回顾及未来 ································ 216
15.2 数据库技术发展的趋势 ········ 216
15.3 XML 数据库技术 ················ 218
15.4 面向对象的数据库技术 ········ 219

15.5 数据仓库(Data Warehouse)技术 …… 221
15.6 工程数据库(Engineering DataBase) …… 225
15.7 统计数据库(Statistical DataBase) …… 226
15.8 空间数据库(Spacial DataBase) …… 226
15.9 数据库管理技术面临的大数据挑战 …… 227
15.10 大数据综述 …… 227
15.10.1 大数据定义及特征 …… 227
15.10.2 大数据研究意义及存储处理 …… 228
15.11 大数据研究技术 …… 229
15.11.1 Hadoop 介绍 …… 229
15.11.2 NoSQL 数据库 …… 231
15.11.3 NoSQL 和 SQL 语法的简单比较 …… 233
附录:数据库中的系统表 …… 237
参考文献 …… 241

第 1 章　数据库基础概述

数据库管理系统作为数据管理、数据分析最有效的手段,为高效、快速、精确地处理数据创造了条件。数据库与计算机网络相结合,使数据管理工作更加如虎添翼。数据库已经成为计算机应用领域一个极其重要的分支。数据库应用于联机事务处理 OLTP 到联机分析处理 OLAP,电子政务、电子商务到计算机辅助设计、制造等多个领域。本章将介绍数据库技术基础知识、关系数据库和数据库设计等方面的基本内容。

1.1　数据库基本概念

1.1.1　信息

信息(Information)是指现实世界中事物的存在方式或运动状态的表征,是客观世界在人们头脑中的反映,是可以传播和加以利用的一种知识。信息具有可感知、可存储、可加工、可传递和可再生等自然属性。信息是用于特定的行业的,信息也是社会各行各业中不可或缺的资源,是信息社会的核心。

1.1.2　数据

数据不同于信息,数据(Data)是信息的载体。数据有多种表现形式,可以是数字(值),文字、图形、图像、声音、视频等。人们通过数据来认识世界,了解世界。数据可以经过编码后按数据库方式存入计算机中并加以处理。在数据库技术中,数据是数据库存储的基本对象。

在现代计算机系统中数据的概念是广义的。早期的计算机系统主要用于科学计算,处理的数据是数值型数据,如整数、实数、浮点数等。目前计算机存储和处理的对象非常广泛,从结构化的数据到地理信息系统、空间信息系统、模式识别、神经网络、以及大数据、云平台中的非结构化数据等,处理这些数据的应用也越来越复杂。

现实世界中,人们为了交流信息、利用信息,需要对现实世界中的事物进行描述。例如,利用自然语言描述一个员工:“李晓是一个 2005 年入职的本科生,开发部门工作,1990 年出

生，职位是程序员，四川人。"这样的信息数据经过抽象，得到人们感兴趣的事物特征，例如，员工的姓名、部门、性别、出生日期、籍贯、入职时间，岗位，那么就可以用一条记录来描述该员工：('工号'，'李晓'，'开发部'，'男'，'1990-7-19'，'四川'，'2005-03-10'，'程序员')，该记录可以存储在数据库的对象表(Table)中。

数据形式本身并不能完全表达其内容，需要经过语义解释。数据与其语义是不可分的。

1.1.3 数据管理

数据的管理是指对各种数据进行收集、存储、加工和传播的一系列活动的集合。而数据管理是指对数据进行分类、组织、编码、存储、检索和维护等操作。数据的高效存储、数据的高效检索、数据的安全性及数据的挖掘对各行业都有其应用价值，所以数据的管理是企业重要的日常工作。

有效的数据管理可以提高数据的使用效率，减轻程序开发人员和企业管理人员的负担。数据库技术就是利用先进的计算机软件技术来管理数据、处理数据、利用并挖掘数据，为企业和机构提供服务。

1.1.4 数据库

数据库(Database)是指长期存储在计算机文件内有结构的大量的共享的数据集合。它可以供各种用户共享、具有最小冗余度和较高的数据独立性。概括来说，数据库具有存放永久数据、有组织(即按照某种结构)和可共享这三个基本特点。现代数据库则具有更多的特点，如数据仓库技术、智能管理、数据挖掘等特点。

1.1.5 数据库管理系统

数据库管理系统(DBMS)是位于用户与操作系统之间的一层数据管理软件。数据库管理系统使用户能方便地定义数据和操纵数据，并能够保证数据的安全性、完整性、确保多用户对数据的并发使用提供数据的一致性及发生故障后的系统恢复等。

数据库管理系统主要涉及以下功能：

1. 数据定义(DDL)功能。
2. 底层数据如何组织、存取和管理。
3. 数据的新增、删除、修改等功能，即 Insert、Delete、Update 等数据操纵功能(DML)。
4. 事务控制、事务管理和事务的恢复功能。
5. 创建数据库、数据的导入、数据的导出、数据备份、数据恢复、表空间的管理等。
6. 网络互联通信及远程连接调用。
7. 异种数据库之间的互访和互操作等功能。

以上是数据库管理功能，深入的一些概念，在后续章节中进行逐一介绍。

1.1.6 数据库系统(DBS)

数据库系统是指在计算机系统中引入数据库后的系统构成，一般由数据库、数据库管理系统(及其开发工具)、应用系统、数据库管理员和各类用户构成。

由于数据库管理的复杂性，特别是大型关系数据库，如 ORACLE、DB2 等需要数据库系统管理员(DBA)负责数据库的建立、日常使用和性能维护。

1.1.7 数据库技术的产生与发展

数据库技术是数据应用发展到一定程度时需要处理大量复杂、实时、并发数据、管理数据任务的需要而产生的。数据管理涉及如何对数据进行分类、组织、编码、存储、检索和维护方面的各种问题。数据管理经历了三个阶段：人工管理阶段、文件系统阶段和数据库系统阶段。

人工管理阶段

数据管理的特点是：

1. 数据不保存，主要进行科学计算。
2. 没有对数据管理的专用软件系统。
3. 没有文件的概念。
4. 一组数据对应于一个程序，数据是面向应用的。

文件系统阶段

其数据管理的特点则是：

1. 数据需要长期保存在外存文件上供反复使用。
2. 程序和数据之间有了一定的独立性。
3. 记录是有结构的，而整体系统尚无结构化基本理论。
4. 文件的存取基本上以记录为单位。
5. 支持各类型文件。
6. 一组数据对应于一个程序或多个程序，但数据共享的程度比较低，即共享度低。

数据库管理阶段

其特点则是：

1. 数据需要长期保存在外存文件上供反复使用。
2. 程序和数据之间的独立性高。
3. 记录是有结构的，而整体系统是高度结构化的，如系统的表空间、用户的表空间、回滚段空间、索引段空间等等。
4. 通过结构化查询语言 SQL 存取数据，支持面向记录和面向过程的存取方法，高效存取数据并且标准化和易操作。

5. 一般配置专门的数据库管理员 DBA 进行数据的备份、恢复、性能监控和性能调优等工作。

6. 有各种数据库系统，如关系数据库、空间数据库、面向对象数据库，其中引入数据之间的关系理论，是数据库管理的一个重要发展阶段，而面向对象的数据库技术则为编程提供较好的灵活度。

7. 支持数据的共享和数据并发操作。通过账户和口令存取数据库，安全性高。

8. 一组数据对应于一个程序或多个程序，数据共享的程度非常高。

通过以上罗列的数据库管理阶段的特点，用户知道了数据库的一系列的优点，如数据库的安全性、数据库查询性能的优异性、数据操纵的简易性及标准性为数据库的广泛使用打下了坚实的基础。

1.1.8 数据库发展的三个阶段

数据库模型是数据库系统的核心和基础。依据数据模型的进展，数据库技术可以相应地分为三个发展阶段，即第一代的网状、层次数据库系统，第二代的关系数据库系统，以及新一代的数据库系统。

层次和网状数据库的数据查询和数据操纵语言是一次一个记录的导航式的过程化语言。这种语言通常嵌入某一种高级语言，如 COBOL、FORTRAN、PL/1、C 语言中。

支持关系数据模型的关系数据库系统是第二代数据库系统。

1970 年，IBM 公司 San Jose 研究室研究员 E. F. Codd 发表了题为《大型共享数据库数据的关系模型》论文，提出了数据库的关系模型，提出了数据库关系方法和关系数据理论的研究，为关系数据库技术奠定了理论基础。

20 世纪 70 年代是关系数据库理论研究和原型开发的时代。经过大量高层次的研究和开发取得了以下主要成果：

(1) 奠定了关系模型的理论基础，给出了人们一致接受的关系模型的规范说明。

(2) 研究了关系数据语言、关系代数、关系演算、SQL 及 QBE 等。确立了 SQL 为关系数据库语言标准。由于不同数据库厂商使用 SQL 作为共同的数据语言和标准接口，使不同数据系统之间的互操作有了共同的基础，为数据库的产业化和广泛应用打下基础。

(3) 研制了大量的关系数据库管理系统原型，其中以 IBM San Jose 研究室开发的 System R 和 Berkeley 大学研制的 INGRES 为典型代表，攻克了系统实现中查询优化、事务管理、并发控制、故障恢复等一系列关键技术。这不仅大大丰富了数据库管理系统实现技术和数据库理论，更促进了数据库的产业化。

第二代关系数据库系统具有模型简单清晰、理论基础好、数据独立性强、数据库语言非过程化和标准化等特色。

新一代数据库系统以更丰富多样的数据模型和数据管理功能为特征，满足广泛复杂的新应用的要求，新一代数据库技术的研究和发展导致了众多不同于第一、第二代数据库的系统诞生，构成了当今数据库系统的大家族，主要有以下一些特征：

(1) 面向对象模型的基本特征。

(2) 第三代数据库系统必须保持或继承第二代数据库系统的技术。第三代数据库系统应继承第二代数据库系统已有的技术：保持第二代数据库系统的非过程化数据存取方式和数据独立性。这不仅能很好的支持对象管理和规则管理，而且能更好地支持原有的数据管理，支持多数用户需要的即席查询等。

(3) 第三代数据库系统必须对其他系统开放。数据库系统的开放性表现在支持数据库语言标准；在网络上支持标准网络协议；系统具有良好的可移植性、可连接性、可扩展性和可互操作性等。

1.2　数据库系统的特点

1.2.1　数据结构化

数据结构化是数据库与文件系统的根本区别。在描述数据时不仅要描述数据本身，还要描述数据之间的联系。

如创建一个员工表：

```
create table EMPLOYEE
    (ID编号 int, 姓名 char(10),性别 char(2),出生日期 datetime,学历
char(9),职务 char(9), 职称 char(9),部门代码 int,专业 char(4))
```

不仅要考虑数据本身，如列名，还要考虑其间的关系，如员工表与部门表之间的关系，即数据之间的联系，一个应用要设计几十个或上百个数据关系表，以及表和表之间的关系。

1.2.2　数据的共享性

数据库系统从整体角度来看待和描述数据时，数据便不再面向某个应用而是面向整个系统。

采用C/S或B/S模式的应用允许多用户同时连接使用多个远程的数据库，提供数据的远程访问和数据共享。

1.2.3 数据冗余度

数据冗余度指同一数据重复存储时的重复程度。以数据库方式组织的数据其数据冗余度较低。

1.2.4 数据的一致性

数据一致性指同一数据不同拷贝的值一样(采用人工管理或文件系统管理时,由于数据被重复存储,当不同的应用使用和修改不同的拷贝时就易造成数据的不一致)。

采用数据库方式存取数据库中的数据时,对数据的一致性进行有效控制及管理。因此能有效防止数据产生不一致的情形。

1.2.5 物理独立性

当数据的存储结构(或物理结构)改变时,通过对存储模式映像的相应改变可以保持数据的逻辑结构可以不变,从而应用程序也可不必改变。

1.2.6 逻辑独立性

当数据的总体逻辑结构改变时,通过对映像的相应改变可以保持数据的局部逻辑结构不变,应用程序是依据数据的局部逻辑结构编写的,所以应用程序不必修改。

1.2.7 数据的安全性(Security)

数据的安全性是指保护数据,防止不合法使用数据造成数据的泄密和破坏,使每个用户只能按规定,对某些数据以某些方式进行访问和处理。如提供视图方式查询数据,使用授权方式,角色方式给用户授权使用数据库,任务完成后,从用户或角色收回权限等保障数据安全性。

1.2.8 数据的完整性(Integrity)

数据的完整性指数据的正确性、有效性和相容性。即将数据控制在有效的范围内,或要求数据之间满足一定的关系。如定义外键、主键、字段非空(NOT NULL)、字段唯一(UNIQUE)等保证数据的完整性。

1.2.9 并发(Concurrency)控制

当多个用户的并发进程同时存取、修改数据库时,可能会发生相互干扰而得到错误的结果并使得数据库的完整性遭到破坏,因此必须对多用户的并发操作加以控制和协调。通过加锁机制来确保事务的读写一致性和数据的一致性。

1.2.10　数据库恢复(Recovery)

计算机系统的硬件故障、软件故障、操作员的失误以及故意的破坏也会影响数据库中数据的正确性,甚至造成数据库部分或全部数据的丢失。DBMS 必须具有将数据库从错误状态恢复到某一已知的正确状态(亦称为完整状态或一致状态)的功能。

1.3　数据模型

数据库管理系统是按照一定的数据模型(Data Model)组织数据的,是数据特征的抽象,是数据库管理的对象,也是数据库系统中用以提供信息表示和操作手段的形式构架。

数据模型所描述的内容包括三个部分:数据结构、数据操作、数据约束。

(1) 数据结构:数据模型中的数据结构主要描述数据的类型、内容、性质以及数据间的联系等。数据结构是数据模型的基础,数据操作和约束都基本建立在数据结构上。不同的数据结构具有不同的操作和约束。

(2) 数据操作:数据模型中数据操作主要描述在相应的数据结构上的操作类型和操作方式。

(3) 数据约束:数据模型中的数据约束主要描述数据结构内数据间的语法、词义联系、他们之间的制约和依存关系,以及数据动态变化的规则,以保证数据的正确、有效和相容。

数据操作部分是操作算符的集合,包括若干操作和推理规则,用以对目标类型的有效实例所组成的数据库进行操作。数据约束条件是完整性规则的集合,用以限定符合数据模型的数据库状态,以及状态的变化。约束条件可以按不同的原则划分为数据值的约束和数据间联系的约束;静态约束和动态约束;实体约束和实体间的参照约束等。

随着数据库学科的发展,数据模型的概念也逐渐深入和完善。早期,一般把数据模型仅理解为数据结构。其后,在一些数据库系统中,则把数据模型归结为数据的逻辑结构、物理配置、存取路径和完整性约束条件等四个方面。现代数据模型的概念,则认为数据结构只是数据模型的组成成分之一。数据的物理配置和存取路径是关于数据存储的概念,不属于数据模型的内容。此外,因为数据库不是静态的而是动态的。所以数据模型不仅应该提供数据表示的手段,还应该提供数据操作的类型和方法,因此,数据模型还包括数据操作部分。

数据模型按不同的应用层次分成三种类型:分别是概念数据模型、逻辑数据模型、物理数据模型。

1.3.1　概念模型

概念模型(Conceptual Data Model),是面向数据库用户的现实世界的模型,主要用来描述世界的概念化结构，它使数据库的设计人员在设计的初始阶段，摆脱计算机系统及 DBMS 的具体技术问题，集中精力分析数据以及数据之间的联系等，与具体的数据管理系统(Database Management System，简称 DBMS)无关。概念数据模型必须换成逻辑数据模型，才能在 DBMS 中实现。

概念模型用于信息世界的建模，一方面应该具有较强的语义表达能力，能够方便直接表达应用中的各种语义知识，另一方面它还应该简单、清晰、易于用户理解。

在概念数据模型中最常用的是 E－R 模型、扩充的 E－R 模型、面向对象模型及谓词模型。

1.3.2 E－R 模型

E－R 模型易于理解，易于表示，其中的 E 表示为**实体**(Entity)。实体是客观存在并且可相互区别的事物属性。实体可以是具体的人、事、物，也可以是抽象的概念或联系。如员工，商务网站中的商品、订单、财务报表、股票等都可视为实体。

而**属性**是表征实体的某一特征。一个实体可以由若干个属性来描述。如股票实体可以由股票代码、股票名称、股票价格、股票上市日期、股票所属行业等这些属性组合来表示股票这个信息实体。

能唯一标识实体的属性集称为**码**，如股票代码就是股票实体的码(Key)。

属性的取值范围来自某个域，如上证所股票代码域是 6 位数字字符，性别的域为男、女。姓名的域为 '姓'+'名' 字符串的集合，年龄的域为整数 1～100 等。域是一组具有相同数据类型的值的集合。

谈到实体，还涉及实体的型和实体的集，实体的集是同一类型实体的集合。

二个实体之间的关系可分为一对一联系(1：1)，一对多联系(1：n)和多对多联系(m：n)。

如学生名和学号是一对一联系(1：1)，航班号和乘客是一对多联系(1：n)，而课程和学生间具有多对多联系(m：n)。具体应用设计 E－R 模型可以参考第 9 章相关的内容。

1.3.3 逻辑模型

逻辑模型(Logical Data Model)，这是用户从数据库所看到的模型，是具体的 DBMS 所支持的数据模型，如网状数据模型(Network Data Model)、层次数据模型(Hierarchical Data Model)等等。此模型既要面向用户，又要面向系统，主要用于数据库管理系统(DBMS)的实现。

1.3.4 物理模型

物理模型(Physical Data Model)，是面向计算机物理表示的模型，描述了数据在储存介

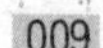

质上的组织结构，它不但与具体的 DBMS 有关，而且还与操作系统和硬件有关。每一种逻辑数据模型在实现时都有与之对应的物理数据模型。DBMS 为了保证其独立性与可移植性，大部分物理数据模型的实现工作由系统自动完成，而设计者只设计索引、聚集等特殊结构。

层次模型、网状模型和关系模型是三种重要的数据模型。这三种模型是按其数据结构而命名的。下表是三种数据模型的比较：

表 1.1　三种数据模型的比较

名称	解释	优点	缺点
层次模型	将数据组织成一对多关系的结构，层次结构采用关键字来访问其中每一层次的每一部分	存取方便且速度快；结构清晰，容易理解；数据修改和数据库扩展容易实现；检索关键属性十分方便	结构呆板，缺乏灵活性；同一属性数据要存储多次，数据冗余大（如公共边）；不适合于拓扑空间数据的组织
网状模型	用连接指令或指针来确定数据间的显式连接关系，是具有多对多类型的数据组织方式	能明确而方便地表示数据间的复杂关系；数据冗余小	网状结构的复杂，增加了用户查询和定位的困难；需要存储数据间联系的指针，使得数据量增大；数据修改不方便（指针必须修改）
关系模型	以记录组或数据表的形式组织数据，以便于利用各种地理实体与属性之间的关系进行存储和变换，不分层也无指针，是建立空间数据和属性数据之间关系的一种非常有效的数据组织方法	结构特别灵活，概念单一，满足所有布尔逻辑运算和数学运算规则形成的查询要求；能搜索、组合和比较不同类型的数据；增加和删除数据非常方便；具有更高的数据独立性、更好的安全保密性	当数据库数据增大时，查找满足特定关系的数据费时；对空间关系无法满足

关系模型严格符合现代数据模型的定义，数据结构简单清晰，存取路径完全向用户隐蔽，使程序和数据具有高度的独立性。关系模型的数据语言非过程化程度较高，用户性能好，具有集合处理能力，并有定义、操纵、控制一体化的优点。关系模型中，结构、操作和完整性规则三部分联系紧密。关系数据库系统为提高程序员的生产效率，以及用户直接使用数据库提供了一个强大的平台及现实基础。

1.4 数据库三级模式

在数据模型中有"型"(Type)和"值"(Value)的概念。型是指对某一类数据的结构和属性的说明,值是型的一个具体赋值。

模式是数据库中全体数据的逻辑结构和特征的描述,它仅仅涉及型的描述,不涉及具体的值。模式的一个具体值称为一个实例。同一个模式可以有很多实例。

模式是相对稳定的,而实例是相对变动的,因为数据库中的数据是在不断更新的。模式反映的是数据的结构及其联系,而实例反映的是数据库某一时刻的状态。

虽然实际的数据库管理系统产品种类很多,它们支持不同的数据模式,使用不同的数据库语言,建立在不同的操作系统之上,数据的存储结构也各不相同,但它们在体系结构上通常具有相同的特征,即采用三级模式结构并提供两级映像功能。

1.4.1 模式结构

数据库技术中采用分级的方法,将数据库的结构划分为多个层次。一般支持 SQL 的 RDBMS 同样支持关系数据库三级模式结构,如图 1.1 所示:

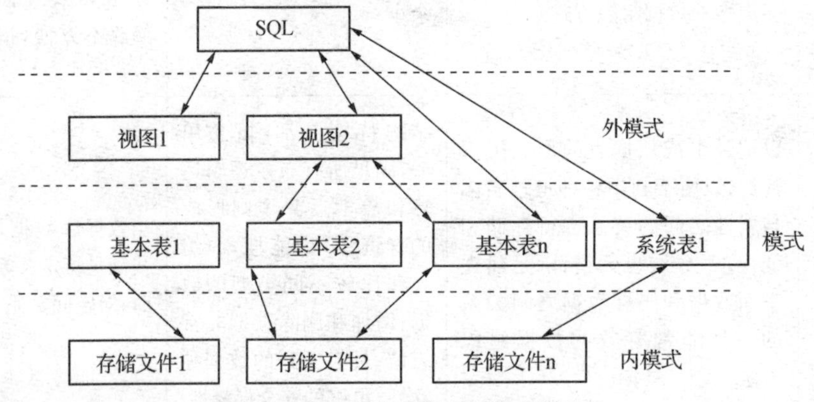

图 1.1 SQL 与关系数据库模式的关系

数据库系统的三级模式结构是指数据库系统是由模式、外模式和内模式三级构成的。

(1) 模式也称逻辑模式,是数据库中全体数据的逻辑结构和特征的描述,是所有用户的公共数据视图。

模式实际上是数据库数据在逻辑级上的视图。一个数据库只有一个模式,定义模式时不仅要定义数据的逻辑结构,例如数据表(table)记录由哪些数据项构成,各数据项的名字、类型、取值范围等,而且要定义数据之间的联系,定义与数据有关的安全性、完整性要求。

(2) 外模式也称用户模式，它是数据库用户能够看见和使用的局部数据的逻辑结构和特征的描述，是数据库用户的数据视图，是与某一应用有关的数据的逻辑表示。一个数据库可以有多个外模式，通常是模式的子集，应用程序都是与外模式打交道的。外模式是保证数据库安全性的一个有力措施。每个用户只能看见和访问所对应的外模式中的数据，数据库中的其余数据对他们是不可见的。

模式描述的是数据的全局逻辑结构，外模式描述的是数据的局部逻辑结构。

对应于同一个模式可以有任意多个外模式。对于每一个外模式，数据库系统都有一个外模式/模式映像，它定义了该外模式与模式之间的对应关系。这些映像定义通常包含在各模式的描述中。当模式改变时，由数据库管理员对各个外模式/模式映像做相应的改变，可以使外模式保持不变。应用程序是依据数据的外模式编写的，从而应用程序可以不必修改，保证了数据与程序的逻辑独立性。

(3) 内模式也称存储模式，一个数据库只有一个内模式。它是数据物理结构和存储方式的描述，是数据在数据库内部的表示方式。例如，记录的存储方式是顺序结构存储还是B+树结构存储；索引按什么方式组织；数据是否压缩，是否加密；数据的存储记录结构有何规定等。

模式/内模式映像定义通常包含在模式描述中。当数据库的存储设备和存储方法发生变化时，数据库管理员对模式/内模式映像要做相应的改变，使模式保持不变，从而应用程序也不变，保证了数据与程序的物理独立性，简称为数据的物理独立性。

1.5　数据库系统的组成

数据库系统安装时要考虑操作系统，服务器的硬件性能，要规划存储计划和数据库数据的可靠性，所以要考虑系统的存储容量，第三方服务软件等组成。由于数据库是高层应用软件，所以要在操作系统之上才能安装数据库软件，在安装的过程中，一般提示是否安装数据库管理系统，第三方或自带的 GUI 应用系统，同时也涉及众多的设计应用开发人员及相关使用维护人员。下面分别介绍这几个部分的内容：

1.5.1　硬件平台及数据库

数据库系统对硬件资源的要求：

(1) 操作系统：WINDOWS、LINUX、NT-Server、Unix、Solaris 系统等。

要求足够大的内存，一般 1G 以上。

DBMS 的核心模块安装空间 20G 左右。

系统软件如客户端应用软件，开发应用程序，如安装 SQL * PLus，RMAN，OCI，PL/SQL DEVELOPER 等。

(2) 足够大的外存

一般配置 1TB 硬盘。

另外要考虑磁盘或磁盘阵列等设备存放数据库镜像或日志文件,同时考虑配置。

光纤存储器作数据库备份之用。利用光纤的较高的通道传输能力,提高数据传送率。

1.5.2 软件

软件涉及操作系统,在安装数据库前要选择可靠性,易维护性,以及数据库开发工具的支持等较强的操作系统,如 LINUX。

在安装操作系统软件后选择相应的数据库编程开发工具,配置参数、与数据库接口的高级语言及其编译系统,同时要根据应用的规模确定团队大小,开发相应的数据库应用系统。

1.5.3 数据库相关人员工作角色

数据库的使用人员主要有以下一些内容:

数据库管理员(DBA)。

系统分析员(System Analyst)。

数据库设计人员(Database Disigner)。

应用程序员(Application Programming Developer)。

最终用户(Customer)。

1.5.4 数据库管理员(DBA)的任务

系统管理员 DBA 日常工作很多,下列就是比较常见的任务。

(1) 设计及决定数据库中的信息内容和结构。

(2) 设计及决定数据库的存储结构和存取策略。

(3) 定义数据的安全性要求和完整性约束条件。

(4) 监控数据库的使用和运行。

(5) 周期性转储数据库。

(6) 准备数据文件。

(7) 日志文件。

(8) 系统故障恢复。

(9) 介质故障恢复。

(10) 监视审计文件。

(11) 数据库的改进和重组。

(12) 性能监控和调优。

(13) 数据重组。

(14) 数据库重构等。

所以一个称职的 DBA 是企业重要数据库的保护者,数据安全的实施者和数据调优的执行者,是数据库管理的关键岗位。

1.5.5　系统分析员

系统分析员主要任务是负责应用系统的需求分析和文档规范说明。与用户及 DBA 协商,确定系统的硬软件配置,参与数据库系统的概要设计。

1.5.6　数据库设计人员

数据库设计人员分为用户需求、系统分析、数据库物理设计和逻辑设计,编程语言开发,PL/SQL 设计等。

1.5.7　应用程序员

设计和编写数据库应用系统的程序模块,进行调试和部署安装等工作。

1.5.8　数据库最终用户

数据库的最终用户包括一般操作人员,软件工程师,数据库设计人员,数据库编程工程师等。直接使用数据库语言访问数据库,如利用 SQL 访问数据库,也可使用基于数据库系统支持的 API 编制的应用程序来访问数据库。

本章小结

本章简单介绍了数据库系统的基本特征和功能,如 E－R 模型,数据库的三级模式,数据库系统的组成及软硬件要求,及数据库各类使用人员的角色功能,特别是程序开发人员和 DBA 的角色功能,以期读者对数据库,特别是关系数据库有一定的了解。

习题

1. 简述数据库系统的基本特征。
2. 简述 DBA 的工作职责或主要任务。
3. 数据库管理系统的主要功能有哪些?
4. 何谓内模式,何谓外模式?

第 2 章　关系数据库基础

2.1　关系数据结构及形式化定义

在关系模型中，无论是实体还是实体之间的联系均由单一的结构类型即关系(表)来表示。关系模型是建立在集合代数的基础上的，这里从集合论角度给出关系数据结构的形式化定义。

2.1.1　关系

1. 域(Domain)

定义 1　域是一组具有相同数据类型的值的集合。

例如，自然数、整数、实数、长度小于 5 字节的字符串集合、{0，1}、大于等于 0 且小于等于 100 的正整数等，都可以是域。

2. 笛卡尔积(Cartesian Product)

定义 2　给定一组域 $D_1, D_2, \cdots, D_n$，这些域中可以有相同的域。$D_1, D_2, \cdots, D_n$ 的笛卡尔积表示为：

$$D_1 \times D_2 \times \cdots \times D_n = \{(d_1, d_2, \cdots, d_n) \mid d_i \in D_i, i=1,2,\cdots,n\}$$

其中每一个元素 $(d_1, d_2, \cdots, d_n)$ 叫作一个 n 元组(n-tuple)或简称元组(Tuple)。

元素中的每一个值 d_i 叫作一个分量(Component)。

若 $D_i(i=1,2,\cdots,n)$ 为有限集，其基数(Cardinal number)为 $m_i(i=1,2,\cdots,n)$，则 $D_1 \times D_2 \times \cdots \times D_n$ 的基数 M 为：

$$M = \prod_{i=1}^{n} m_i$$

笛卡尔积可表示为一个二维表。表中的每行对应一个元组，表中的每列的值对应一个域。例如给出三个域：

D_1＝医生集合 DOCTOR＝张清，刘元

D_2 = 专业集合 SPECIALITY = 眼科，内科专业

D_3 = 病人集合 PATIENT = 李勇，李晨，黄静

则 D_1，D_2，D_3 的笛卡尔积为：

$D_1 \times D_2 \times D_3$ = {(张清，眼科，李勇)，(张清，眼科，刘晨)，
(张清，眼科，黄静)，(张清，内科，李勇)，
(张清，内科，李晨)，(张清，内科，黄静)，
(刘元，眼科，李勇)，(刘元，眼科，李晨)，
(刘元，眼科，黄静)，(刘元，内科，李勇)，
(刘元，内科，李晨)，(刘元，内科，黄静)}

其中(张清，眼科，李勇)、(张清，眼科，刘晨)等都是元组。张清、眼科、李勇、李晨等都是分量。

该笛卡尔积的基数为 2×2×3=12，也就是说，$D_1 \times D_2 \times D_3$ 一共有 2×2×3=12 个元组。这 12 个元组可列成一张二维表，如下表 2.1 所示：

表 2.1　D_1，D_2，D_3 组成的笛卡尔积

DOCTOR	SPECIALITY	PATIENT
张清	眼科	李勇
张清	眼科	李晨
张清	眼科	黄静
张清	内科	李勇
张清	内科	李晨
张清	内科	黄静
刘元	眼科	李勇
刘元	眼科	李晨
刘元	眼科	黄静
刘元	内科	李勇
刘元	内科	李晨
刘元	内科	黄静

3. 关系(Relation)

定义 3　$D_1 \times D_2 \times \cdots \times D_n$ 的子集称为在域 $D_1, D_2, \cdots, D_n$ 上的关系，表示为：

$$R(D_1, D_2, \cdots, D_n)$$

这里 R 表示关系的名字，n 是关系的目或度(Degree)。

关系中的每个元素是关系中的元组，通常用 t 表示。

当 $n=1$ 时，称该关系为单元关系(Unary relation)或一元关系。

当 $n=2$ 时，称该关系为二元关系(Binary relation)。

关系是笛卡尔积的有限子集，所以关系也是一个二维表，表的每行对应一个元组，表的每列对应一个域。由于域可以相同，为了加以区分，必须对每列起一个名字，称为属性(Attribute)。n 目关系必有 n 个属性。

若关系中的某一属性组的值能唯一地标识一个元组，则称该属性组为候选码(Candidate key)。

若一个关系有多个候选码，则选定其中一个为主码(Primary key)。候选码的诸属性称为主属性(Prime attribute)。不包含在任何候选码中的属性称为非码属性(Non-key attribute)。在最简单的情况下，候选码只包含一个属性。在最极端的情况下，关系模式的所有属性组是这个关系模式的候选码，称为全码(All-key)。

例如，可以在表 2.1 的笛卡尔积中取出一个子集来构造一个关系。一般来说一个病人只看一个医生，咨询某一类门诊，所以笛卡尔积中的许多元组是无实际意义的，从中取出有实际意义的元组来构造关系。该关系的名字为 DSP，属性名就取域名，即 DOCTOR，SPECIALITY 和 PATIENT。则这个关系可以表示为：DSP(DOCTOR，SPECIALITY，PATIENT)。

假设医生与科室是一对一的，即一个医生只有一个专业；医生与病人是一对多的，即一个医生可以诊治多个病人，而一个病人只有一个医生。这样 DSP 关系可以包含三个元组，如表 2.2 所示。

表 2.2　医生/患者/科室关系

DOCTOR(医生)	SPECIALITY(科室)	PATIENT(患者)
张清	眼科	李勇
张清	眼科	李晨
刘元	内科	黄静

假设病人不会重名(这在实际当中是不合适的，这里只是为了举例方便)，则病人属性的每一个值都唯一地标识了一个元组，因此可以作为 DSP(医生/患者/科室)关系的主码。

关系可以有三种类型：基本关系(通常又称为基本表或基表)、查询表和视图表。基本表是实际存在的表，它是实际存储数据的逻辑表示。查询表是查询结果对应的表。视图表是由基本表或其他视图表导出的表，是虚表，不对应实际存储的数据。

按照定义 2，关系可以是一个无限集合。由于笛卡尔积不满足交换律，所以按照数学定义，(d1，d2，…，dn)≠(d2，d1，…，dn)。当关系作为关系数据模型的数据结构时，需要给予

如下的限定和扩充：

(1) 无限关系在数据库系统中是无意义的。因此，限定关系数据模型中的关系必须是有限集合。

(2) 通过为关系的每个列附加一个属性名的方法取消关系元组的有序性，即(d1,d2,…,di,dj,…,dn)=(d2,d1,…,dj,di,…, dn)(i,j=1,2,…,n)。

因此，基本关系具有以下六条性质：

(1) 列是同质的(Homogeneous)，即每一列中的分量是同一类型的数据，来自同一个域。

(2) 不同的列可出自同一个域，称其中的每一列为一个属性，不同的属性要给予不同的属性名。

例如在上面的例子中，也可以只给出两个域：

人(PERSON)=张清，刘元，李勇，李晨，黄静

专业(SPECIALITY)=眼科，内科

DSP 关系的医师属性和病人属性都从 PERSON 域中取值。为了避免混淆，必须给这两个属性取不同的属性名，而不能直接使用域名。例如定义医师属性名为 DOCTOR - PERSON(或 DOCTOR)，病人属性名为 PATIENT - PERSON(或 PATIENT)。

(3) 列的顺序无所谓，即列的次序可以任意交换。

由于列顺序是无关紧要的，因此在许多实际关系数据库产品中(例如 Oracle)，增加新属性时，永远是插至最后一列。

(4) 任意两个元组不能完全相同。

(5) 行的顺序无所谓，即行的次序可以任意交换。

(6) 分量必须取原子值，即每一个分量都必须是不可分的数据项。

注意：在许多实际关系数据库产品中，基本表并不完全具有这六条性质，例如，有的数据库产品(如 FoxPro)仍然区分了属性顺序和元组的顺序；许多关系数据库产品中，例如 Oracle, SQL SERVER 等，它们都允许关系表中存在两个完全相同的元组，除非用户特别定义了相应的约束条件。

关系模型要求关系必须是规范化的，即要求关系模式必须满足一定的规范条件。这些规范条件中最基本的一条就是，关系的每一个分量必须是一个不可分的数据项。规范化的关系简称为范式(Normal Form)。有第一范式，第二范式，第三范式，第四范式，第五范式等，可参照本书的第 8 章，理解最基本的第一范式，第二范式，第三范式。

2.1.2　关系模式

在数据库中要区分型和值。关系数据库中，关系模式是型，关系是值。关系模式是对关系的描述，那么一个关系需要描述哪些方面呢？

首先,应该知道,关系实质上是一张二维表,表的每一行为一个元组,每一列为一个属性。一个元组就是该关系所涉及的属性集的笛卡尔积的一个元素。关系是无组的集合,因此关系模式必须指出这个元组集合的结构,即它由哪些属性构成,这些属性来自哪些域,以及属性与域之间的映像关系。

其次,一个关系通常是由赋予它的元组语义来确定的。元组语义实质上是一个 n 目谓词(n 是属性集中属性的个数)。凡使该 n 目谓词为真的笛卡尔积中的元素(或者说凡符合元组语义的那部分元素)的全体就构成了该关系模式的关系。

现实世界随着时间在不断地变化,因而在不同的时刻,关系模式的关系也会有所变化。但是,现实世界的许多已有事实限定了关系模式所有可能的关系必须满足一定的完整性约束条件。这些约束或者通过对属性取值范围的限定,例如本公司职工月工资不小于 3000 元但小于 20000 元,或者通过属性值间的相互关联(主要体现于值的相等与否)反映出来。关系模式应当刻画出这些完整性约束条件。

因此一个关系模式应当是一个五元组。定义关系的描述称为关系模式(Relation Schema)。它可以形式化地表示为:

$$R(U, D, \mathrm{dom}, F)$$

其中 R 为关系名,U 为组成该关系的属性名集合,D 为属性组 U 中属性所来自的域,dom 为属性向域的映像集合,F 为属性间数据的依赖关系集合。

例如,在上面例子中,由于医师和病人出自同一个域“人”,所以要取不同的属性名,并在模式中定义属性向域的映像,即说明它们分别出自哪个域,

如:

```
dom(DOCTOR - PERSON) = dom(PAITENT - PERSON) = PERSON
```

关系模式通常可以简记为:

$$R(U)$$

或:

$$R(A_1, A_2, \cdots, A_n)$$

其中,R 为关系名,$A_1, A_2, \cdots, A_n$ 为属性名。而域名及属性向域的映像常常直接说明为属性的类型、长度。

关系是关系模式在某一时刻的状态或内容。关系模式是静态的、稳定的,而关系是动态的、随时间不断变化的,因为关系操作在不断地更新着数据库中的数据。但在实际当中,人们常常把关系模式和关系都称为关系。

2.2　关系操作

2.2.1　关系操作的概念

对关系实施的各种操作，包括查询操作和插入、删除、修改操作两大部分。选择、投影、连接、并、交、差、增、删、改等，这些关系操作可以用代数运算的方式表示，其特点是集合操作。

2.2.2　基本的关系操作

关系模型中常用的关系操作包括查询操作和插入、删除、修改操作两大部分。

关系的查询表达能力很强，是关系操作中最主要的部分。查询操作可以分为：选择、投影、连接、除、并、差、交、笛卡尔积等。其中，选择、投影、并、差、笛卡尔积是五种基本操作。

关系数据库中的核心内容是关系即二维表。而对这样一张表的使用主要包括按照某些条件获取相应行、列的内容，或者通过表之间的联系获取两张表或多张表相应的行、列内容。概括起来关系操作包括选择、投影、连接操作。关系操作其操作对象是关系，操作结果亦为关系。

选择(Selection)操作是指在关系中选择满足某些条件的元组(行)。

投影(Projection)操作是在关系中选择若干属性列组成新的关系。投影之后不仅取消了原关系中的某些列，而且还可能取消某些元组，这是因为取消了某些属性列后，可能出现重复的行，应该取消这些完全相同的行。

连接(Join)操作是将不同的两个关系连接成为一个关系。对两个关系的连接其结果是一个包含原关系所有列的新关系。新关系中属性的名字是原有关系属性名加上原有关系名作为前缀。这种命名方法保证了新关系中属性名的惟一性，尽管原有不同关系中的属性可能是同名的。新关系中的元组是通过连接原有关系的元组而得到的。

其他操作是可以用基本操作来定义和导出的。

2.2.3　关系操作的特点

关系操作的特点是集合操作方式，即操作的对象和结果都是集合。这种操作方式也称为一次一集合的方式。

相应地，非关系数据模型的数据操作方式则为一次一记录的方式。

2.3　关系的完整性

关系模型的完整性规则是对关系的某种约束条件，关系模型中主要涉及三类完整性约束：

(1) 实体完整性

(2) 参照完整性

(3) 用户定义的完整性

实体完整性和参照完整性是关系模型必须满足的完整性约束条件，被称作是关系的两个不变性，应该由关系系统自动支持。

2.3.1 实体完整性

实体完整性规则(Entity Integrity)：若属性 A(指一个或一组属性)是基本关系 R 的主属性，则属性 A 不能取空值。

例如在上例中医生 D，专业 S 和病人 P 关系集合中 DSP (DOCTOR，SPECIALITY，PATIENT)，病人 PATIENT 属性为主码(假设病人不会重名)，则其不能取空值。

关系模型必须遵守实体完整性规则的原因如下：

(1) 实体完整性规则是针对基本关系而言的。一个基本表通常对应现实世界的一个实体集或多对多联系。

(2) 现实世界中的实体和实体间的联系都是可区分的，即它们具有某种唯一性标识。

(3) 相应地，关系模型中以主码作为唯一性标识关系模型必须遵守实体完整性

(4) 主码中的属性即主属性不能取空值。空值就是“不知道”或“无意义”的值。

主属性取空值，就说明存在某个不可标识的实体，即存在不可区分的实体，这与第(2)点相矛盾，因此这个规则称为实体完整性。

注意：实体完整性规则规定基本关系的所有主属性都不能取空值。

例：选修(学号，课程号，成绩)表中如“学号、课程号”为主码，则两个属性都不能取空值。

2.3.2 参照完整性

数据库关系中的实体之间往往存在各种关系，如员工表中的部门值必须是部门表中存在的部门，即员工表中的部门属性的取值需要参照部门关系中的属性值。所以可用外码(Foreign Key)进行关系间的引用、参照。

2.3.3 关系间的引用

在关系模型中实体及实体间的联系都是用关系来描述的，因此存在着关系与关系间的引用。

例：员工实体、部门实体以及部门与员工间的一对多联系。

以下是员工表，其字段包括：ID 号，姓名，性别，部门号，年龄，备注。

部门表，其字段包括：部门 ID，部门名称之间的对应关系。

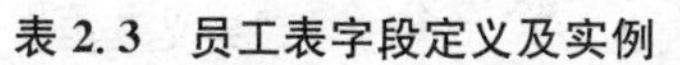
表 2.3　员工表字段定义及实例

ID 号	Name	Gene	DEPT	AGE	REMARKS
15347	张尚	男	01	38	部长
06930	林芬	女	01	33	会计
19997	吴天	男	02	34	IT 工程师
19001	BILL Wang	男	03	34	DBA

表 2.4　部门表字段定义及实例

ID 号	部门名称
01	财务部
02	开发部
03	系统部

例：学生、课程、学生与课程之间的多对多联系：

学生(学号,姓名,性别,专业号,年龄)

课程(课程号,课程名,学分)

选修(学号,课程号,成绩)

表 2.5　学生表字段定义及实例

学号	姓名	性别	专业号	年龄
2015010100	张茜	女	01	19
2015010101	李凤	女	02	22
2015010104	万军	男	03	20
2015010120	冯凯	男	04	20

表 2.6　课程表字段定义及实例

课程号	课程名	学分	备注
01	DATABASE	4	
02	C Language	4	
03	Data structure	4	
04	Unix system	4	

表 2.7　选修表字段定义及实例

学号	课程号	成绩	备注
2015010101	02	89	
2015010101	03	87	
2015010101	04	79	
2015010100	01	90	
2015010104	01	89	

例：部门实体及其内部的领导联系（一对多）员工（工号，姓名，性别，部门代码，年龄，部门领导）

工号	姓名	性别	部门代码	年龄	部门领导
.10154	黄璜	男	开发部	30	黄元
10181	李慧芹	女	综合部	29	俞多多
17902	黄宏	男	财务部	40	

2.3.4　外码(Foreign Key)

设F是基本关系R的一个或一组属性，但不是关系R的码。如果F与基本关系S的主码KS相对应，则称F是基本关系R的外码，基本关系R称为参照关系(Referencing Relation)。基本关系S称为被参照关系(Referenced Relation)或目标关系(Target Relation)。

说明：

(1) 关系 R 和 S 不一定是不同的关系。

(2) 目标关系 S 的主码KS和参照关系的外码F必须定义在同一个(或一组)域上。

(3) 外码并不一定要与相应的主码同名。

当外码与相应的主码属于不同关系时，往往取相同的名字，以便于识别。

若属性(或属性组) F 是基本关系 R 的外码，它与基本关系 S 的主码KS相对应(基本关系 R 和 S 不一定是不同的关系)，则对于 R 中每个元组在 F 上的值必须为：

- 或者取空值(F 的每个属性值均为空值)。
- 或者等于 S 中某个元组的主码值。

例：学生关系中每个元组的“专业号”属性只取下面两类值：

(1) 空值，表示尚未给该学生分配专业。

(2) 非空值，这时该值必须是专业关系中某个元组的“专业号”值，表示该学生不可能分配到一个不存在的专业中。

选修(<u>学号</u>，<u>课程号</u>，成绩)“学号”和“课程号”是选修关系中的主属性按照实体完整性和照完整性规则，它们只能取相应被参照关系中已经存在的主码值。

2.3.5　用户定义的完整性

（1）用户定义的完整性是针对某一具体关系数据库的约束条件，反映某一具体应用所涉及的数据必须满足的语义要求。

（2）关系模型应提供定义和检验这类完整性的机制，以便用统一的系统的方法处理它们，而不要由应用程序承担这一功能。

例如在如下的课程关系中：分数的取值可以是按照应用设计要求来确定，是百分制还是 5 分制，这样用户可定义一些数据的完整性约束。

课程（课程号，课程名，分数）表中：

“课程名”属性必须取唯一值；

非主属性“课程名”也不能取空值；

“分数”属性只能取 0～100 之间的值；

用户定义的完整性还可以使用触发器（Trigger）来进行设计，具体的触发器内容见第 6 章触发器章节部分。

本章小结

本章简单介绍了关系数据库系统的基本数据结构的组成，包括域、笛卡尔积等数据模型的数据组成，以及在关系数据模型之上的各类集合的操作，即对关系数据的操作，如选择、投影、连接、并、交、差、增、删、改等功能，以及关系的完整性定义和维护，包含实体完整性、参照完整性、用户定义完整性等方面，了解关系数据库中关系如何进行联系、参照并在数据库设计中加以约束定义和维护，对关系数据库的基本术语有一基本的了解，为第 3 章 SQL 的学习提供帮助。

习题

1. 何谓域、关系、元祖、属性？
2. 何谓笛卡尔积？
3. 数据完整性的含义？
4. 主码的特征是什么？定义一个关系，并列出其相应的主码
5. 关系代数的基本运算有哪些？
6. 解释查询操作中选择、投影、连接、除、并、差、交、笛卡尔积的基本含义。

第 3 章　SQL 功能及操作

3.1　SQL 概述

SQL 语言之所以能够为用户和业界所接受，并成为国际标准，是因为它是一功能强大同时又简捷易学的语言。SQL 语言集数据查询（Data Query）、数据操纵（Data Manipulation）、数据定义（Data Definition）和数据控制（Data Control）功能于一体。

SQL 是高级的非过程化编程语言，允许用户在高层数据结构上工作。它不要求用户指定对数据的存储方法，也不需要用户了解具体的数据存储方式，所以对具有完全不同底层结构的不同数据库系统，可以使用相同的 SQL 语言作为数据输入与管理的接口。它以记录集合作为操作对象，所有 SQL 语句接受集合作为输入，返回集合作为输出，这种集合特性允许一条 SQL 语句的输出作为另一条 SQL 语句的输入，所以 SQL 语句可以嵌套，这使他具有极大的灵活性和强大的功能，在多数情况下，在其他语言中需要一大段程序实现的功能只需要一个简单的 SQL 语句就可以达到目的，这也意味着用 SQL 语言可以写出非常复杂的语句。

结构化查询语言 SQL（Structured Query Language）最早是 IBM 的圣约瑟研究实验室为其关系数据库管理系统 SYSTEM R 开发的一种查询语言，它的前身是 SQUARE 语言。SQL 语言结构简洁，功能强大，简单易学，所以自从 IBM 公司 1981 年推出以来，SQL 语言得到了广泛的应用。如今无论是像 Oracle、Sybase、DB2、Informix、SQL SERVER、MYSQL 这些大中型的数据库管理系统，还是像 PowerBuilder、C/C++、PHP、Python、C # 等常用的数据库开发语言，都支持 SQL 语言作为数据库查询接口返回查询结果进行处理的语言。

美国国家标准局（ANSI）与国际标准化组织（ISO）制定了 SQL 标准。ANSI 是一个美国工业和商业集团组织，负责开发美国的商务和通讯标准。ANSI 同时也是 ISO 和 International Electrotechnical Commission（IEC）的成员之一。ANSI 发布与国际标准组织相应的美国标准。1992 年，ISO 和 IEC 发布了 SQL 国际标准，称为 SQL－92。ANSI 随之发布的相应标准是 ANSI SQL－92。ANSI SQL－92 有时被称为 ANSI SQL。尽管不同的关系数据库使用的 SQL 版本有一些差异，但大多数都遵循 ANSI SQL 标准。SQL Server 使用 ANSI SQL－92 的扩展集，称为 T－SQL，其遵循 ANSI 制定的 SQL－92 标准。

3.1.1 SQL的产生与发展

在70年代初，E. E. Codd首先提出了关系模型。70年代中期，IBM公司在研制SYSTEM R关系数据库管理系统中研制了SQL语言，最早的SQL语言（叫SEQUEL2）是在1976年11月的IBM Journal of R&D上公布的。

1979年ORACLE公司首先提供商用的SQL，IBM公司在DB2和SQL/DS数据库系统中也实现了SQL。

1986年10月，美国ANSI采用SQL作为关系数据库管理系统的标准语言（ANSI X3. 135-1986），后为国际标准化组织（ISO）采纳为国际标准。

1989年，美国ANSI采纳在ANSI X3. 135-1989报告中定义的关系数据库管理系统的SQL标准语言，称为ANSI SQL 89，该标准替代ANSI X3. 135-1986版本。

目前，所有主要的关系数据库管理系统支持某些形式的SQL语言，大部分数据库遵守ANSI SQL89标准。

SQL Server是Microsoft（微软）公司的数据库产品，Microsoft SQL Server是Sybase SQL Server的进阶。

- 1988年，SQL Server由微软与Sybase共同开发，运行于OS/2平台。
- 1993年，SQL Server 4.2桌面数据库系统，功能较少。与Windows集成并提供了易于使用的界面。
- 1994年，Microsoft与Sybase在数据库开发方面的合作中止。
- 1995年，SQL Server 6.05重写了核心数据库系统。提供低价小型商业应用数据库方案。
- 1996年，SQL Server 6.5发布。
- 1998年，SQL Server 7.0重写了核心数据库系统，提供中小型商业应用数据库方案，包含了初始的Web支持。SQL Server从这一版本起得到了广泛应用。
- 2000年，SQL Server 2000企业级数据库系统，其包含了三个组件（DB，OLAP，English Query）。丰富前端工具，完善开发工具，以及对XML的支持等，促进了该版本的推广和应用。

下面介绍几种流行的数据库厂家，以了解主流数据库的概貌，每个厂家都支持SQL标准，但有不同的地方在使用中要注意其差别。

Microsoft SQL Server数据库的几个主要版本及特点：

1. SQL Server 2000数据库

SQL Server 2000是Microsoft公司推出的SQL Server数据库管理系统，该版本继承了SQL Server 7.0版本的优点，同时又比它增加了许多更先进的功能。具有使用方便、可伸缩性好、与相关软件集成程度高等优点。

2. SQL Server 2005 数据库

SQL Server 2005 是一个全面的数据库平台，使用集成的商业智能（BI）工具提供企业级的数据管理。SQL Server 2005 数据库引擎为关系型数据和结构化数据提供了更安全可靠的存储功能，以构建和管理用于业务的高可用和高性能的数据应用程序。

SQL Server 2005 数据引擎是企业数据管理解决方案的核心。此外 SQL Server 2005 结合了分析、报表、集成和通知功能。使企业可以构建和部署经济有效的 BI 解决方案，通过 Dashboard、Web Services 和移动设备将数据应用推向业务的各个领域。与 Microsoft Visual Studio、Microsoft Office System 以及新的开发工具包（包括 Business Intelligence Development Studio）的紧密联系。无论是开发人员、数据库管理员、信息工作者还是决策者，SQL Server 2005 都可以为用户提供创新的解决方案，帮助用户从数据中更多地获益。

SQL Server 2005 分为以下几个版本：

① 企业版

最全面的版本，支持 SQL Server 2005 提供的所有功能，能够满足大型企业复杂的业务需求。

② 标准版

适用于中小型企业的需求，在价格上比企业版有优势。

③ 工作组版

适合于大小和数量没有限制的企业，作为入门数据库是最好的选择。

④ 开发版

覆盖了企业版的所有功能，并且能够生成应用程序，但是只允许作为开发和测试系统，不允许作为生产系统。

⑤ 评估版

评估版即测试软件的终结版，与正式版相差无几。用于发放给用户作最后的测试，确定一些尚未解决的问题，一般厂商新产品开发完成时，会首先发布评估版。

3. SQL Server 2008 数据库

SQL Server 2008 数据平台满足数据爆炸和下一代数据驱动应用程序的需求，目标是支持企业数据平台、动态开发、关系数据和商业智能。

除了以上的 SQL Server 2008 版本，还有 SQL Server 2010 版本、SQL Server 2012 版本，以及 SQL Server 2014 版本等。

4. SQL Server 2014 数据库

SQL Server 2014 企业版本功能更多，融合不同服务层，实现创新式设计。

随着用户不断突破现代应用程序创新的界限，涌现出各种各样的云应用程序。基于这些模式，SQL Database 提供了不同服务层，可支持从轻量级到重量级的各类数据库负载，可在不同服务层之间切换，或融合多层服务设计出创新式应用程序。借助 Windows Azure 的

强大威力与广泛覆盖面，甚至可以将其他 Windows Azure 服务与 SQL Database 混合搭配使用，满足现代化应用程序设计过程中独一无二的需求，降低成本，提高资源使用效率，为客户创造新商机。

MySQL 数据库：

MySQL 是一种开放源代码的关系型数据库管理系统（RDBMS），MySQL 数据库系统也使用 SQL 进行数据库的操作、管理。

MySQL 的历史最早可以追溯到 1979 年，那时 Oracle 也才开始，微软的 SQL Server 还没有。

1996 年 10 月，MySQL 3.11.1 发布。最开始，只提供了在 Solaris 系统下的二进制版本。一个月后，Linux 版本出现了。

紧接下来的两年里，MySQL 依次移植到各个平台下。它发布时，采用的许可策略，有些与众不同：允许免费商用，但是不能将 MySQL 与自己的产品绑定在一起发布。如果想一起发布，就必须使用特殊许可，意味着要支付费用。MySQL 3.22 应该是一个标志性的版本，提供了基本的 SQL 支持。

MySQL 关系型数据库于 1998 年 1 月发行第一个版本。它使用系统核心提供的多线程机制提供完全的多线程运行模式，提供了面向 C、C++、Eiffel、Java、Perl、PHP、Python 以及 TCL 等编程语言的编程接口（APIs），支持多种字段类型并且提供了完整的操作符支持查询中的 SELECT 和 WHERE 操作。

MySQL 是开放源代码的，因此任何人都可以在 General Public License 的许可下下载并根据个性化的需要对其进行修改。MySQL 因为其速度、可靠性和适应性而备受关注。

MySQL 的存储引擎 InnoDB，支持事务处理，还支持行级锁。

MySQL　5.0 开始支持视图 View 功能，存储过程（Stored Procedure）等功能。

如今，MySQL 被 Oracle 收购，成为 Oracle 公司旗下的产品。

MySQL 数据库和 PHP 脚本编程语言的结合应用非常流行，目前在很多大型的网站也用到 PHP+MySQL 数据库来开发。本书第 10 章就专门讲解用 MySQL 和 PHP 语言设计的在线考试的网站方面的应用。

ORACLE 数据库：

Oracle Database，又名 Oracle RDBMS，或简称 Oracle。是一款关系数据库管理系统。在数据库领域一直处于领先地位的产品。可以说 Oracle 数据库系统是目前世界上流行的关系数据库管理系统，系统可移植性好、使用方便、功能强，适用于各类大、中、小、微机环境。它是一种高效率、可靠性好的适应高吞吐量的数据库解决方案。

ORACLE 数据库系统是美国 ORACLE 公司（甲骨文）提供的以分布式数据库为核心的一组软件产品，是目前最流行的客户/服务器（CLIENT/SERVER）或 B/S 体系结构的数据库之一。ORACLE数据库是目前世界上使用最为广泛的数据库管理系统，作为一个通用的数据库系统，它具有完整的数据管理功能；作为一个关系数据库，它是一个完备关系的产品；作为分布式数据库它实现了分布式处理功能。

Oracle数据库的主要版本有Oracle 8i、Oracle 9i，其中的i表示internet的含义，即网络数据库。还有就是比较有名的Oracle 10g/11g/12c。

Oracle数据库最新版本为Oracle Database 12c，其中的c表示为cloud云的含义。Oracle数据库12c引入了一个新的架构，使用该架构可轻松部署和管理数据库云。此外，一些创新特性可最大限度地提高资源使用率和灵活性，如Oracle Multitenant可快速整合多个数据库，而Automatic Data Optimization和Heat Map能以更高的密度压缩数据和对数据分层。Oracle数据库在可用性、安全性和大数据支持方面的主要增强，使得Oracle数据库12c成为私有云和公有云部署的理想平台。

3.1.2 SQL的特点

SQL结构化查询语言有以下的特点：

(1) 综合统一

(1) 综合统一，SQL集数据定义语言(DDL)、数据操纵(DML)、数据控制语言(DCL)的功能于一体，语言风格统一，可以独立完成数据库生命周期中的全部活动，包括：

1. 定义关系模式，插入数据，建立数据库；
2. 对数据库中的数据进行查询和更新；
3. 数据库重构和维护；
4. 数据库安全性、完整性控制等一系列操作要求。

这就为数据库应用系统的开发提供了良好的环境。特别是用户在数据库系统投入运行后，还可根据需要随时地逐步地修改模式，并且不影响数据库的运行，从而使系统具有良好的可扩展性。另外，在关系模型中实体和实体之间的联系用关系表示，这种数据结构的单一性带来了数据操作符的统一性，查找(Select)、插入(Insert)、删除(Delete)、更新(Update)等每一种操作都只需一种操作符，从而克服了非关系系统由于信息表示方式的多样性带来的操作复杂性。

(2) 高度非过程化非关系数据模型的数据操纵语言是“面向过程”的语言，用“过程化”语言完成某项请求，必须指定存取路径。而用SQL进行数据操作，只要提出“做什么”(what to do)，而无须指明“怎么做”(How to do)，因此无须了解存取路径。存取路径的选择以及SQL的操作过程由系统自动完成。这不但大大减轻了用户负担，而且有利于提高数据独立性。

(3) 面向集合的操作方式费关系数据模型采用的是面向记录的操作方式，操作对象是一条记录。而SQL采用集合操作方式，不仅操作对象、查找结果可以是元组的集合，而且一

次插入、删除、更新操作的对象也可以是元组的集合。

(4) 以同一种语法结构提供多种使用方式 SQL 既是独立的语言，又是嵌入式语言。作为独立的语言，它能够独立地用于联机交互的使用方式，用户可以在终端键盘上直接键入 SQL 命令对数据库进行操作；作为嵌入式语言，SQL 语句能够嵌入到高级语言程序中，供程序员设计程序时使用。而在两种不同的使用方式下，SQL 的语法结构基本上是一致的。这种以统一的语法结构提供多种不同使用方式的做法，提供了极大的灵活性与方便性。

(5) 语言简洁，易学易用。SQL 功能极强，但由于设计巧妙，语言十分简洁，完成核心功能只有 9 个动词，如下所示：

数据查询	SELECT
数据定义	CREATE, DROP, ALTER
数据操纵	INSERT, UPDATE, DELETE
数据控制	CRANT, REVOKE

3.2　SQL 及基本数据类型介绍

结构化查询语言（Structured Query Language）简称 SQL，是一种特殊目的的编程语言，是一种数据库查询和程序设计语言，用于存取数据以及查询、更新和管理关系数据库系统；同时也可以作为数据库脚本文件的扩展名。

各种主流的数据库系统在其实践过程中都对 SQL 规范作了某些编改和扩充。所以，实际上不同数据库系统之间的 SQL 不能完全相互通用。

结构化查询语言 SQL 是最重要的关系数据库操作语言，并且它的影响已经超出数据库领域，且得到其他领域的重视和采用，如人工智能领域的数据检索，第四代软件开发工具中嵌入 SQL 的语言等。

各种不同的数据库对 SQL 语言的支持与标准存在着细微的不同。这是因为，有的产品的开发先于标准的公布。另外，各产品开发商为了达到特殊的性能或新的特性，需要对标准进行扩展。已有 100 多种遍布在从微机到大型机上的数据库产品 SQL，其中包括 DB2、SQL/DS、ORACLE、INGRES、SYBASE、SQL SERVER、MICROSOFT ACCESS 等。

SQL 语言基本上独立于数据库本身、使用的机器、网络、操作系统，基于 SQL 的 DBMS 产品可以运行在从个人机、工作站到基于局域网、小型机和大型机的各种计算机系统上，具有良好的可移植性。早在 1987 年就有些有识之士预测 SQL 的标准化是“一场革命”，是“关系数据库管理系统的转折点”。数据库和各种产品都使用 SQL 作为共同的数据存取语言和标准的接口，使不同数据库系统之间的互操作有了共同的基础，进而实现异构机、各种操作环境的共享与移植。

SQL 语言是一种交互式查询语言，允许用户直接查询存储数据，但它不是完整的程序语言，如它没有 DO 或 FOR 类似的循环语句，但它可以嵌入到另一种语言中，也可以借用 VB、C、JAVA 等语言，通过调用级接口(CALL LEVEL INTERFACE)直接发送到数据库管理系统。SQL 基本上是域关系演算，同时可以实现关系代数操作。

结构化查询语言包含 6 个部分：

(1) 数据查询语言(DQL：Data Query Language)：

其语句也称为“数据检索语句”，用以从表中获得数据，确定数据怎样在应用程序给出。保留字 SELECT 是 DQL(也是所有 SQL)用得最多的动词，其他 DQL 常用的保留字有 WHERE，ORDER BY，GROUP BY 和 HAVING。这些 DQL 保留字常与其他类型的 SQL 语句一起使用。

(2) 数据操作语言(DML：Data Manipulation Language)：

其语句包括动词 INSERT，UPDATE 和 DELETE。它们分别用于添加，修改和删除表中的行，也称为动作查询语言。

(3) 事务处理语言(TPL)：

它的语句能确保被 DML 语句影响的表的所有行及时得以更新。TPL 语句包括 BEGIN 、END TRANSACTION、COMMIT 和 ROLLBACK。

(4) 数据控制语言(DCL)：

它的语句通过 GRANT 或 REVOKE 获得许可，确定单个用户和用户组对数据库对象的访问。某些 RDBMS 可用 GRANT 或 REVOKE 控制对表单个列的访问。

(5) 数据定义语言(DDL)：

其语句包括动词 CREATE 和 DROP。在数据库中创建新表或删除表(CREAT TABLE 或 DROP TABLE)，或为表加入索引、删除索引等 DDL 操作。

(6) 指针控制语言(CCL)：

它的语句，像 DECLARE CURSOR，FETCH INTO 和 UPDATE WHERE CURRENT 用于对一个或多个表单独行的操作。

SQL 结构化查询语言支持多种数据类型，如最基本的五种数据类型：字符型、文本型、数值型、逻辑型和日期型，但每个厂商的数据类型的定义方式及使用略有差别。

以下分别简单介绍一下 Oracle/MySQL/SQL Server 中的数据类型。

1. ORACLE 数据类型：

CHAR(n)	字符串类型，定义长度为 n 的定长(固定长度)字符串
VARCHAR(n)	变长字符串类型，最大长度为 n 的变长(可变长度)字符串
INT	常整数，也可写作 INTEGER

SMALLINT 短整数

NUMERIC(p,d) 定义十进制数值,其值的最大长度为 p,d 表示为小数点的小数长度

如定义了 NUMERIC(5,2)则表示的数值最大为 999.99

FLOAT(n) 浮点数,精度至少为 n 位数字

DATE 日期型类型,包含年、月、日,一般格式 YYYY－MM－DD

YYYY 代表年, MM 代表月,DD 代表日

TIME 时间型类型,包含一日的时、分、秒,格式为 HH:MM:SS

HH 代表时, MM 代表分,SS 代表秒

还有其他数据类型如 NCLOB 类型,CLOB 类型,BLOB 类型,ROWID 类型,RAW 类型等。

2. MySQL 数据类型:

MYSQL 支持所有标准 SQL 中的数值类型,其中包括严格数据类型(INTEGER, SMALLINT,DECIMAL, NUMBERIC),以及近似数值数据类型(FLOAT, REAL, DOUBLE PRESISION),并在此基础上进行扩展。

扩展后增加了 TINYINT,MEDIUMINT,BIGINT 这 3 种长度不同的整形,并增加了 BIT 类型,用来存放位数据。

整数类型	字节	范围(有符号)
TINYINT	1 字节	小整数值 (－128,127) 或 (0,255)
SMALLINT	2 字节	大整数值
MEDIUMINT	3 字节	大整数值
INT 或 INTEGER	4 字节	大整数值
BIGINT	8 字节	极大整数值
FLOAT	4 字节	单精度浮点数值
DOUBLE	8 字节	双精度浮点数值

DECIMAL 对 DECIMAL(M,D) ,如果 M>D,为 M＋2 否则为 D＋2 依赖于 M 和 D 的值依赖于 M 和 D 的值小数值。

INT 类型:

在 MySQL 中支持的 5 个主要整数类型是 TINYINT,SMALLINT,MEDIUMINT, INT 和 BIGINT。这些类型在很大程度上是相同的,只有它们存储的值的大小是不相同的。

FLOAT、DOUBLE 和 DECIMAL 类型

MySQL 支持的三个浮点类型是 FLOAT、DOUBLE 和 DECIMAL 类型。FLOAT 数值类型用于表示单精度浮点数值,而 DOUBLE 数值类型用于表示双精度浮点数值。

与整数一样,这些类型也带有附加参数:一个显示宽度指示器和一个小数点指示器。比

如语句 FLOAT(7,3) 规定显示的值不会超过 7 位数字,小数点后面带有 3 位数字。

对于小数点后面的位数超过允许范围的值,MySQL 会自动将它四舍五入为最接近它的值,再插入它。

DECIMAL 数据类型用于精度要求非常高的计算中,这种类型允许指定数值的精度和计数方法作为选择参数。精度在这里指为这个值保存的有效数字的总个数,而计数方法表示小数点后数字的位数。比如语句 DECIMAL(7,3) 规定了存储的值不会超过 7 位数字,并且小数点后不超过 3 位。

字符串类型

MySQL 提供了 8 个基本的字符串类型,分别:CHAR、VARCHAR、BINARY、VARBINARY、BLOB、TEXT、ENUM 各 SET 等多种字符串类型。

可以存储的范围从简单的一个字符到巨大的文本块或二进制字符串数据。

字符串类型	字节大小	描述及存储需求
CHAR	0-255 字节	定长字符串
VARCHAR	0-255 字节	变长字符串
TINYBLOB	0-255 字节	不超过 255 个字符的二进制字符串
TINYTEXT	0-255 字节	短文本字符串
BLOB	0-65535 字节	二进制形式的长文本数据
TEXT	0-65535 字节	长文本数据
MEDIUMBLOB	0-16 777 215 字节	二进制形式的中等长度文本数据
MEDIUMTEXT	0-16 777 215 字节	中等长度文本数据
LOGNGBLOB	0-4 294 967 295 字节	二进制形式的极大文本数据
LONGTEXT	0-4 294 967 295 字节	极大文本数据
VARBINARY(M)	允许长度 0-M 个字节的定长字节符串,值的长度+1 个字节	
BINARY(M)	M	允许长度 0-M 个字节的定长字节符串

CHAR 和 VARCHAR 类型:

CHAR 类型用于定长字符串,范围从 0-255。

VARCHAR 类型在使用 BINARY 修饰符时与 CHAR 类型完全相同。

TEXT 和 BLOB 类型:

对于字段长度要求超过 255 个的情况下,MySQL 提供了 TEXT 和 BLOB 两种类型。根据存储数据的大小,它们都有不同的子类型。这些大型的数据用于存储文本块或图像、声音文件等二进制数据类型。

TEXT 和 BLOB 类型在分类和比较上存在区别。BLOB 类型区分大小写,而 TEXT 不区分大小写。大小修饰符不用于各种 BLOB 和 TEXT 子类型。

日期和时间类型

类型	大小(字节)	范围	格式	用途
DATE	4	1000-01-01/9999-12-31 YYYY	MM	DD 日期值
TIME	3	'-838:59:59'/'838:59:59' HH:MM:SS	时间值或持续时间	
YEAR	1	1901/2155	YYYY	年份值
DATETIME	8	1000-01-01 00:00:00/ 9999-12-31 23:59:59	YYYY-MM-DD HH:MM:SS 混合日期和时间值	
TIMESTAMP	4	1970-01-01 00:00:00/2037 年某时	YYYYMMDD HHMMSS 混合日期和时间值,时间戳	

通过对每种数据类型的用途,物理存储,表示范围等有一个概要的了解。这样在面对具体应用时,就可以根据相应的特征来选择合适的数据类型,使得我们能够争取在满足应用的基础上,用较小的存储代价换来较高的数据库性能。

3. SQL SERVER 中的数据类型:

SQL SERVER 中的数据类型包含 VARCHAR、CHAR、INT、FLOAT,DATETIME 等。

VARCHAR 型和 CHAR 型数据存储是有差别的。他们都是用来储存字符串长度小于255 的字符。假如你向一个长度为 40 个字符的 VARCHAR 型字段中输入数据 Bill Gates。当你以后从这个字段中取出此数据时,你取出的数据其长度为 10 个字符(字符串'Bill Gates'的长度)。假如你把字符串输入一个长度为 40 个字符的 CHAR 型字段中,那么当你取出数据时,所取出的数据长度将是 40 个字符。字符串的后面会被附加多余的空格。

使用 VARCHAR 型字段要比 CHAR 型字段方便得多。使用 VARCHAR 型字段时,不需要为剪掉数据中多余的空格而操心。

VARCHAR 型字段的好处是它可以比 CHAR 型字段占用更少的内存和硬盘空间。当数据库很大时,这种内存和磁盘空间的节省比较可观。

INT 整数类型:

一个 INT 型数据占用四个字节。这看起来似乎差别不大,但是在比较大的表中,字节数的增长是很快的。

SMALLINT 小整数类型:

通常,为了节省空间,应该尽可能地使用最小的整型数据。

NUMERIC 数值类型对字段所存放的数据有更多的控制,可使用 NUMERIC 型数据来同时表示一个数的整数部分和小数部分。一个 NUMERIC 型字段可以存储从-10^38 到 10^38 范围内的数。NUMERIC 型数据还能设置小数部分的位数。例如,你可以在 NUMERIC 型字段中存储小数 3.14。

DATETIME 日期类型：

一个 DATETIME 型的字段可以存储的日期范围是从 1753 年 1 月 1 日第一毫秒到 9999 年 12 月 31 日最后一毫秒。

SMALLDATETIME 型数据：

它与 DATETIME 型数据相似，只不过它能表示的日期和时间范围比 DATETIME 型数据小，而且不如 DATETIME 型数据精确。一个 SMALLDATETIME 型的字段能够存储从 1900 年 1 月 1 日到 2079 年 6 月 6 日的日期，它只能精确到秒。

通过以上 Oracle/MySQL/SQL Server 中的数据类型的介绍，基本数据类型差别较小，但在使用中要注意处理字符、文本，和日期时间类型的数据时必须括在引号中，Oracle 中是西文输入法下的单引号，即''，而 MySQL 中处理字符、文本，和日期对应的是单引号或者双引号，即'' 或 " "，SQL Server 也支持单引号和双引号处理字符、文本和日期。

简单的结构化查询语言查询只包括选择列表、FROM 子句和 WHERE 子句。它们分别说明所查询列、查询的表或视图、以及搜索条件等。

例如下面的语句，包含选择列表、FROM 子句和 WHERE 子句和查询条件（电话号码以 139 开头的号码）。

```
Select ID,Name,Dept, Phone from Employee where Phone like '139%';
```

选择列表（select_list）指出所查询列，它可以是由一组列名列表、星号、表达式、变量（包括局部变量和全局变量）等构成。

3.3 SQL 使用汇总

SQL 功能很多，使用以下的 SQL 命令可以实现很多功能：

创建数据库：CREATE DATABASE

创建用户：CREATE ACCOUNT

创建角色：CREATE ROLE

授予权限：GRANT DELETE ON …

回收权限：REVOKE

创建表：CREATE TABLE

创建视图：CREATE VIEW

创建索引：CREATE INDEX

修改表：　　ALTER TABLE

删除表：　　DROP TABLE

　　　　　　TRUNCATE TABLE

删除索引：　DROP INDEX

插入数据：　INSERT INO VALUES

　　　　　　INSERT INTO AS SELECT

修改数据：　UPDATE TABLE SET …

查询数据：　SELECT * FROM

排序　　　　ORDER BY

汇总　　　　GROUP BY

编写 PL/SQL　CREATE … PROCEDURE

编写 T-SQL　CREATE … PROCEDURE

以上仅仅是 SQL 强大功能的一部分功能，后面会陆续学到。

3.4　SQL 数据定义语句

数据定义语句用于定义和修改数据模式（如基本表）；定义外模式（如视图）和内模式（如索引）等。数据定义语言的语句主要如下。主要使用 Create 命令创建了数据库，表，视图、索引、存储过程等。

3.4.1　模式的定义与删除

定义模式可用 Create schema 命令，如下命令可以定义模式：

Create schema <模式名> authorization <用户名>

模式的删除可以使用 Drop schema 命令：

Drop schema<模式名><cascade|restrict>

其中 cascade 为级联删除的含义。

3.4.2　基本表的定义

创建一个模式，就建立了一个数据库的命名空间，一个数据库的内部组成结构。在这个空间中最基本的是该模式下包含的数据库基本表。

下面通过 SQL 的 Create table 语句创建基本的表对象，基本格式如下：

```
Create table <表名><列名><数据类型>[列级完整性约束条件]
                  [,<列名><数据类型>[列级完整性约束条件]]
                  …
                  [,<列名><数据类型>[列级完整性约束条件]]
                  [,<表级完整性约束条件>]);
```

在建表的同时通常还可以定义与该表有关的完整性约束条件,这些完整性约束条件被存入系统的数据字典(DATA DICTIONARY)中,当用户操作表中数据时数据库管理系统自动检查该操作是否违背这些完整性约束条件。

如果完整性约束条件涉及该表的多个属性列,则必须定义在表级上,否则可以定义在列一级也可以定义在表级。

例:创建一个选修课表 Selection_Course 表,包括学生号字段 sno,选修课程号 Cno,成绩 Grade,主键由复合键 sno,cno 组成,学生号外键 sno 参照了学生表中 sno 的字段,课程号 cno 参照了课程表中的 cno 字段。

```
Create table Selection_Course
(sno char(9),
Cno char(4),
Grade smallint,
Primary key(sno.cno),
Foreign key(sno) references student(sno),
Foreign key(cno) references course(cno));
```

3.4.3 表的删除

删除基本表采用 Drop 命令:

```
Drop table <表名>;
```

例:Drop table student cascade;

3.4.4 表的修改

表建好后,如需要修改表结构,则使用 Alter 命令,

```
语法:Alter table <表名>
  Add <新列名> <数据类型>
  Drop <完整约束名>
  Alter column <列名><数据类型>;
```

其中<表名>是要修改的基本表，Add 子句用于增加新列和新的完整性约束条件，DROP 子句用于删除指定的完整性约束条件，alter column 子句用于修改原有的列定义，包含修改列名和数据类型。

例子：

```
Alter table student add s_entrance date;
Alter table student alter column sage int;
Alter table course add unique(cname);
```

3.4.5　索引的建立与删除

建立索引是加快查询速度的有效方法。可以在查询基本表上建立一个或多个索引，以提供多种优化路径，加快查找速度。

索引是对数据库表中一列或多列的值进行排序的一种结构，使用索引可快速访问数据库表中的特定信息。

例如这样一个查询：select * from table1 where id=10000。通俗地讲，索引类似书的目录结构，如果没有索引，必须遍历整个表，直到等于 10000 的这一行被找到为止；有了索引之后（必须是在 ID 这一列上建立的索引），即可在索引中查找。由于索引是经过某种算法优化过的，因而查找次数要少得多。

建立索引使用 Create unique index 语句，其命令格式如下：

CREATE [unique][cluster] index <索引名> on < table >(<列名> [<次序[,<列名>[<次序>]]…);

其中，unique 表明此索引是唯一索引，每个数据记录对应唯一一个索引值。

Cluster 选项值表明此索引是聚集索引。所谓聚集索引是指索引项的顺序与表中记录的物理顺序一致的索引结构。

例如：

```
Create unique index stusno on student(sno);
Create unique index coucno on course (cno);
Create unique index scno on sc(sno asc,cno desc);
```

删除索引采用 DROP INDEX 命令，删除索引名为 stusname 的索引可用以下命令：

```
Drop index stusname;
```

删除索引时，系统会同时从数据字典中删去有关该索引的信息。

3.4.6　ORACLE ROWID

谈到索引，要理解数据库中数据是如何存放的，每个数据库的数据存储的结构可能不同，Oracle 数据库采用 ROWID 来操作底层的物理数据，下面介绍一下 ROWID。ROWID 就是唯一标志记录物理位置的一个 id，在 Oracle 8 版本以前，rowid 由 file＃、block＃、row＃组成，共占用 6 个 bytes（字节）的空间，10 bit 的 file＃，22bit 的 block＃，16 bit 的 row＃。从 Oracle 8 开始 rowid 变成了 extend rowid（扩展的 ROWID），由 data_object_id＃、rfile＃、block＃、row＃四项组成，占用 10 个 bytes 的空间，32bit 的 data_object_id＃，10 bit 的 rfile＃，22bit 的 block＃，16 bit 的 row＃。由于 rowid 的组成从 file＃变成了 rfile＃，所以数据文件数的限制也从整个库不能超过 1023 个变成了每个表空间不能超过 1023 个数据文件。有了 ROWID 这个物理结构，那么查询和索引都涉及 ROWID。那么 ROWID 在索引里面占用的字节数又是什么样子的？在 Oracle 8 以前索引中存储的 rowid 占用字节数也是 6bytes，在 Oracle8 之后，虽然使用了 extend rowid，但是在普通索引里面依然存储了 6 bytes 的 rowid，只有在 global index（全局索引）中存储的是 10bytes 的 extend rowid，而 extend rowid 也是 global index 出现的一个必要条件。

首先我们需要知道 index 的 rowid entry 的存在是为了能根据它找到表的这条记录存在哪个具体的物理位置，我们需要知道它在哪个数据文件中，在哪个 block 中，在哪一行。普通的索引 oracle 根据 rfile＃，block＃，row＃就可以知道了，但是 partition table（分区表）可以分布在多个表空间，也就是可以分布在多个数据文件中，当我们建立 local index 时，index rowid entry 并不包含 data_object_id＃，因为 Oracle 可以知道这个 index 对应的是哪一个 table 分区，并可以得到 table 分区的 ts＃（tablespace 号），那么 Oracle 根据 ts＃和 rfile＃就可以找到具体的数据文件。

但是如果换成是 global index，如果不包含 data_object_id＃，那么我们并不能知道这个索引对应着哪个表分区，也自然不能知道它的 rfile＃和 file＃的转换关系，所以它将找不到所对应的记录。在包含 data_object_id＃后，Oracle 可以根据 data_object_id＃实现 rfile＃和 file＃的转换然后找到记录对应的物理位置。需要注意的是要理解以上概念我们还是需要了解 file＃和 rfile＃的区别。

通过以上的描述，索引信息中可直接指向包含所查询值的行的位置，减少磁盘 I/O。

Oracle 的“索引”对象，其实是与表关联的可选创建对象，可提高 SQL 查询语句的速度。

在 Oracle 数据库中系统自动使用并维护索引，插入、删除、更新表后，自动更新索引，Oracle 数据库索引采用 B＋Tree 结构，B＋Tree 索引具有动态平衡的优点。

必须指出的是引入索引结构将牺牲插入更新的性能，换取查询性能。通常用于数据仓库，提供大量的查询，极少的插入修改工作。

插入数据时，会根据主键列进行 B 树索引排序，写入磁盘。下图 3.1 就是 B＋Tree 索引结构。

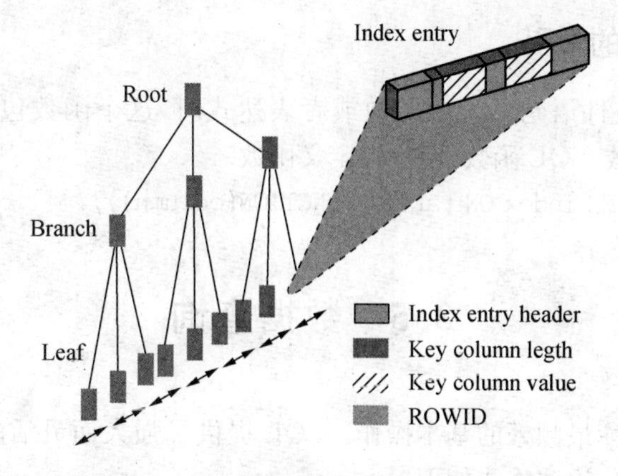

图 3.1　Oracle 数据库的 B+Tree 索引结构

索引一经建立,系统自动使用和维护它,不需用户干预。建立索引的目的为了查询更快速,但如果数据增删改频繁,系统就会化额外时间来维护索引,使查询的效率降低和维护成本提高,因此可以删除不必要的索引或定期进行索引的重建工作。

3.4.7　唯一索引

唯一索引是指当某列(或多列)任意两行的值都不相同时,可以创建。当建立 Primary Key(主键)或者 Unique constraint(唯一约束)时,唯一索引将被数据库系统自动建立。

命令可以使用如下格式:

```
CREATE UNIQUE INDEX index ON table (column);
```

3.4.8　组合索引

当两个或多个列经常一起出现在 where 条件查询中时,则在这些列上同时创建组合索引。

组合索引中列的顺序是任意的,也无须相邻。但是建议将最频繁访问的列放在列表的最前面。

3.4.9　位图索引

表中数据有时冗余多,当列中有非常多的重复的值时候,建立位图索引使索引所占磁盘空间较小。

例如某列保存了"性别"信息,或者 Where 条件中包含了很多 OR 操作符时。优点:位图以一种压缩格式存放,因此占用的磁盘空间比标准索引要小得多。

语法:`CREATE BITMAP INDEX index ON table (column[, column]...);`

3.4.10 基于函数的索引

当在 WHERE 条件语句中包含函数或者表达式时，这个函数包括：算数表达式、PL/SQL 函数、程序包函数、SQL 函数、用户自定义函数。

语法：`CREATE INDEX index ON table (FUNCTION(column));`

3.5 数据查询

数据查询是数据库最频繁的基本操作。SQL 提供了强大而灵活的查询方法，Select 语句对数据库的查询操作语法格式如下：

```
SELECT [ALL|DISTINCT]<目标列表达式>[,<目标列表达式>]…
FROM <表名或视图名>[,<表名或视图名>]…
[WHERE <条件表达式>]
[GROUP BY <列名 1 >][HAVING <条件表达式>]]
[ORDER BY <列名 2 >][ASC|DESC]];
```

如果进行分类查询，可以用 GROUP BY 子句进行分类(分组)统计，通常会在每组中用聚集函数。

如果 GROUP BY 子句带 HAVING[<条件表达式>]，则只有满足指定条件的组才予以输出。

以上 ORDER BY 是排序子句，ASC 按升序排列，DESC 按降序排列。

下面给出详细的例子，完成各类查询功能。如简单的单表查询，复杂的多表查询和嵌套查询。

3.5.1 单表查询

对于单个表的查询，查询数据来源于一张表，查询比较简单。如查询保存在学生表中的学生的学号，姓名，则在查询前要知道该表的名称及列的名称。

1. 选择所有列

例如，下面语句显示 testtable 表中所有列的数据：

```
SELECT * FROM  testtable
```

2. 选择部分列并指定它们的显示次序

查询结果集合中数据的排列顺序与选择列表中所指定的列名排列顺序相同。

3. 更改列标题

在选择列表中，可重新指定列标题。定义格式为：

列名 AS　列标题

如果指定的列标题不是标准的标识符格式时，应使用引号定界符，例如，下列语句使用汉字显示列标题：SELECT nickname as '列名', email as '电子邮件'　FROM testtable.

4. 删除重复行

SELECT 语句中使用 ALL 或 DISTINCT 选项来显示表中符合条件的所有行或删除其中重复的数据行，默认为 ALL。使用 DISTINCT 选项时，对于所有重复的数据行在 SELECT 返回的结果集合中只保留一行。

5. 限制返回的行数

使用 TOP n [PERCENT]选项限制返回的数据行数，TOP n 说明返回 n 行，而 TOP n PERCENT 时，说明 n 是表示一个百分数，指定返回的行数等于总行数的百分之几。TOP 命令仅针对 SQL Server 系列数据库，并不支持 Oracle 数据库。

FROM 子句：

FROM 子句指定 SELECT 语句查询及与查询相关的表或视图。在 FROM 子句中最多可指定 256 个表或视图，它们之间用逗号分隔。

在 FROM 子句同时指定多个表或视图时，如果选择列表中存在同名列，这时应使用对象名限定这些列所属的表或视图。例如在 usertable 和 citytable 表中同时存在 cityid 列，在查询两个表中的 cityid 时应使用下面语句格式加以限定：

SELECT username, citytable.cityid FROM usertable, citytable WHERE usertable.cityid = citytable.cityid

在 FROM 子句中可用以下两种格式为表或视图指定别名：

表名 as 别名

表名 别名

WHERE 子句：

WHERE 子句设置查询条件，过滤掉不需要的数据行。

WHERE 子句可包括各种条件运算符：

比较运算符(大小比较)：＞、＞＝、＝、＜、＜＝、＜＞、！＞、！＜

范围运算符(表达式值是否在指定的范围)：BETWEEN…AND…

NOT BETWEEN…AND…

列表运算符(判断表达式是否为列表中的指定项)：IN (项1，项2，……)

NOT IN (项1，项2，……)

模式匹配符(判断值是否与指定的字符通配格式相符)：LIKE、NOT LIKE

空值判断符(判断表达式是否为空)：IS NULL、IS NOT NULL

逻辑运算符(用于多条件的逻辑连接)：NOT、AND、OR

1. 范围运算符例：age BETWEEN 10 AND 30 相当于 age＞＝10 AND age＜＝30

2. 列表运算符例:country IN ('Germany','China')

3. 模式匹配符例:常用于模糊查找,它判断列值是否与指定的字符串格式相匹配。可用于 char、varchar、text、ntext、datetime 和 smalldatetime 等类型查询。

可使用以下通配字符:

百分号:可匹配任意类型和长度的字符。

下划线:匹配单个任意字符,它常用来限制表达式的字符长度。

注意:如果是中文,在 SQL SERVER 中请使用两个百分号。

如果是中文,在 Oracle 中要进行匹配,如果数据库字符集为 ASCII 时一个汉字需要二个下划线,当字符使用 GBK 时只需一个下划线。

方括号:指定一个字符、字符串或范围,要求所匹配对象为它们中的任一个。[^]:其取值也与方括号相同,但它要求所匹配对象为指定字符以外的任一个字符。

查询结果排序

例如 Select * from chengji where zongfen>60;

上例从 chengji(成绩表)中查询总分大于 60 分的考生情况。

Aggregate(聚集函数)。SQL Aggregate 函数计算从列中取得的值,返回一个单一的值。SQL 常用的 Aggregate 函数如下:

AVG() - 返回平均值

COUNT() - 返回行数

MAX() - 返回最大值

MIN() - 返回最小值

SUM() - 返回总和

查询考生总人数:

Select count(*) from kaosheng;

有用的 Scalar 函数:

UCASE() - 将某个字段转换为大写

LCASE() - 将某个字段转换为小写

MID() - 从某个文本字段中提取字符

LEN() - 返回某个文本字段的长度

ROUND() - 对某个数值字段进行指定小数位数的四舍五入

NOW() - 返回当前的系统日期和时间

3.5.2 多表查询

查询中常常涉及两个或两个以上的表,这种查询就是多表查询,多表查询必须是多表之间满足一定的关联,这种关系必须在 SELECT 语句中的 WHERE 子句中体现出来。

如下例 SQL 语句中从学生、成绩两张表中查询学生学号、姓名，成绩中成绩总分小于 60 并且成绩中的选择题的分数小于 15 分。

SELECT 学生.学号，学生.姓名，成绩.选择，成绩.成绩 FROM 学生，成绩 WHERE 学生.学号 = 成绩.学号 AND 成绩.选择<15 AND 成绩.成绩<60;

这是二个表之间的查询，所以必须插入'在'这二张表之间有连接关系，即学生表和成绩表中的主键是有关联的，即同一个学生在学生在表和成绩表中的学号是相同的，这样这个查询才有意义。

在本例中，Select 子句与 Where 子句中的属性名前都加上了表名前缀，这样可避免混淆。

多表查询下，如果在查询的列上建立索引带，这样每次查询就不用全表扫描了，而是根据列上的索引找到相应的表中的元组。所以使用索引查询，速度快。

三张表的查询也会常常使用，下列从学生表、成绩表和院系表中查询出成绩大于或等于 85 并且成绩项中的选择题分数大于 30 分的院系代码、院系名称、总优秀学生人数，这个 SQL 语句如下所示：

SELECT 院系.院系代码，院系.院系名称，Count(*) AS 优秀人数 FROM 院系，学生，成绩 WHERE (成绩.成绩)> = 85 AND (成绩.选择)> = 30 AND ((学生.学号) = (成绩.学号)) AND ((院系.院系代码) = (学生.院系代码))GROUP BY 院系.院系代码，院系.院系名称;

以上查询涉及三张表，学生表，成绩表和院系表，其三者之间的关系是：学生.学号＝成绩.学号 AND((院系.院系代码)＝(学生.院系代码))。

从以上例子中还可看出，三张表必须使用两个连接，即两两互联，其含义如图 3.2 所示：

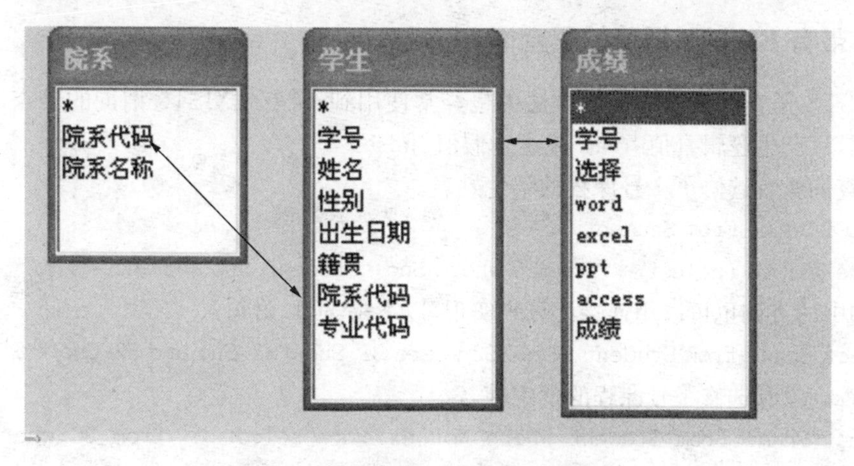

图 3.2　查询多种表时的连接条件的关联

推断到如果有 4 张表查询时，必须有三个关联条件，如果有 N 个表出现在 FROM 子句中，则 WHERE 子句中必须有 N－1 个连接条件。

对查询结果分组的目的是为了细化聚集函数的作用对象。如果未对查询结果分组,聚集函数将作用于整个查询结果。

分组后,聚集函数将作用于每一个 GROUP 组,即每一组都有一个函数值。

例:求各个课程号和相应的选课人数,可使用以下的 SQL 语句。

```
Select CNO,COUNT(SNO)  from SC  GROUP BY CNO;
```

3.5.3 嵌套查询

在 SQL 查询中,有些查询条件可以使用一个 SELECT - FROM - WHERE 语句或多个 SELECT - FROM - WHERE 语句。这个 SELECT - FROM - WHERE 语句就称为一个查询块。这种查询块的嵌套使用就是嵌套查询。

如查询学生表中学生已选修课程表 SC 中课程 '2' 的学生的姓名,这涉及学生表 student 和选修课程表 SC:

```
Select Sname  from student where Sno in (select Sno from SC where Cno = '2');
```

下面的例子选择查询与 'BILL YU' 在同一个系学习的学生学号,学生名,学生所在的系。

```
Select Sno, Sname, Sdept from student where Sdept in (select Sdept from Student
where Sname = 'BILL YU');
```

本例中也可使用自身连接来完成查询:

```
Select S1.Sno,S1.Sname,S1.Sdept from Student S1,Student S2 Where S1.Sdept = S2.
Sdept and S2.Sname = 'BILL YU';
```

3.5.4 带有 EXISTS 谓词的子查询

EXISTS 子查询在查询使用方法中也经常使用到,带有 EXISTS 谓词的子查询不返回任何数据,只产生逻辑真值 'true' 或逻辑假值 'false'。

例:查询所有选修了 1 号课程的学生姓名。

```
SELECT Sname From Student
Where EXISTS (select * from SC where Sno = Student.Sno and Cno = '1');
```

本例中的查询也可以用连接运算来实现,以下是 SQL 语句:

```
Select Sname from Student S1,SC S2 where S1.Sno = S2.Sno and S2.Cno = '1';
```

例:查询没有选修 1 号课程的学生姓名:

```
Select Sname from Student where Not exists (select * from SC where Sno =
student.Sno and Cno = '1');
```

这个查询也可以用连接运算来实现,以下是 SQL 语句:

```
Select Sname from Student S1,SC S2 where S1.Sno = S2.Sno and S2.Cno <>'1';
```

3.6　数据更新

数据更新操作有三种:插入数据、修改数据和删除数据。

3.6.1　插入数据

数据插入语句 INSERT 通常有两种形式:插入一个元组和插入子查询结果,后者可以一次插入多个元组。

插入元组的 INSERT 语句格式为:

```
INSERT
INTO <表名> [<属性列 1 >,<属性列 2 >,...]
VALUES [<常量 1 >,<常量 2 >,...]
```

其功能是把新元组插入指定表中。其中新元组的属性列 1 的值为常量 1,属性列 2 的值为常量 2。INTO 子组句中没有出现的属性列,新元组在这些列上会取空值。但必须注意的是,在定义时说明了 NOT NULL 的属性列不能取空值,否则会出错。

如果 INTO 子句中没有指明任何属性列名,则新插入的元组必须在每个属性列上均有值。

例:将一个新学生元组(学号:201515128;姓名:李红中;性别:男;所在系:IS;年龄:18)插入到 Student 表中。

```
INSERT
INTO Student(Sno,Sname,Ssex,Sdept,Sage)
VALUES('201515128','李红中','男','IS',18);
```

在 INTO 子句中指出表名 Student,并对新增加的元组所对应的属性赋值,属性的顺序可以与 CREATE TABLE 中的顺序不一样。VALUES 子句对新元组的各个属性赋值,字符串常数要用单引号括起来。

例:将学生李红中的信息插入到 Student 表中。

```
INSERT
INTO Student
VALUES('201515128','李红中','男','IS',18);
```

与上例不同的是在 INTO 子句中只指出了表名而没有属性名,这表示新元组要在所有的属性列上都插入值,属性列的次序与 CREATE TABLE 必须一致。

例:插入一条选课记录,201515128 为学号,1 为选修课程的名称。

```
INSERT
INTO SC(Sno,Cno)
```

VALUES ('201515128','1');

RDBMS 会在新插入记录的 Grade 列上自动赋空值。

或者:

```
INSERT
INTO SC
VALUES ('201515128','1', NULL);
```

因为没有指定 SC 的属性名，所以必须在 Grade 列上明确给出空值。

以下是创建一个工资表 payroll，然后插入数据，再从数据库终端进行数据的查询:

建表:

```
create table payroll(
工号 varchar(10) not null primary key,
姓名 varchar(20) not null,
性别 varchar(4) not null,
工龄 int not null,
工资 numeric(7,2) not null);
```

插入数据:

```
insert payroll values('10001','王红','女',6,3000);
insert payroll values('10002','刘林','男',5,2500);
insert payroll values('10003','曹洪雷','男',7,3500);
insert payroll values('10004','方平','女',7,3500);
insert payroll values('10005','李伟强','男',6,3500);
insert payroll values('10006','周新民','男',6,3000);
insert payroll values('10007','王丽丽','女',5,2500);
insert payroll values('10008','孙艳','女',6,3000);
insert payroll values('10009','罗德敏','男',5,2500);
insert payroll values('100010','孔祥林','男',6,3000);
```

例:查找最大、最小工资:

```
select max(工资) as maxsalary,min(工资) as minsalary from payroll;
+-----------+-----------+
| maxsalary | minsalary |
+-----------+-----------+
| 3500      | 2500      |
+-----------+-----------+
```

3.6.2 插入子查询结果

子查询不仅可以嵌套在 SELECT 语句中，用以构造父查询的条件，也可以嵌套在 INSERT 语句中，用以生成要插入的批量数据。

插入子查询结果的 INSERT 语句格式为：

```
INSERT
INTO <表名> [<属性列1>,<属性列2>,...]
子查询;
```

例：对每一个系，求学生的平均年龄，并把结果存入数据库。

首先在数据库中建立一个新表，其中一列存放系名，另一列存放相应的学生平均年龄。

```
CREATE TABLE Dept_age
(Sdept CHAR(15),
Avg-age SMALLINT);
```

然后对 Student 表按系分组求平均年龄，再把系名和平均年龄存入新表中。

```
INSERT INTO Dept_age(Sdept,Avg_age)
SELECT Sdept,AVG(Sage) FROM Student GROUP BY Sdept;
```

3.6.3 修改数据

修改操作又被称为更新操作，其语句的一般格式为：

```
UPDATE <表名>
SET <列名>=<表达式>[>,<,[列名>=<表达式>]...
WHERE <条件>;
```

其功能是修改指定表中满足 WHERE 子句条件的元组。其中 SET 子句给出<表达式>的值用于取代相应的属性列值。如果省略 WHERE 子句，则表示要修改表中的所有元组。

以下是修改某一个元组的值：

例：将学生 201515128 的年龄修改为 22 岁。

```
UPDATE Student
SET Sage = 22
WHERE Sno = '201515128' ;
```

以下是修改多个元组的值，操作这个一定要小心。

例：将所有学生的年龄增加 1 岁。

```
UPDATE Student
SET Sage = Sage + 1;
```

可以采用带子查询的修改语句，子查询也可以嵌套在 UPDATE 语句中，用以构造

修改的条件。

例:将计算机科学系全体学生的成绩置零。

```
UPDATE SC
SET Grade = 0
WHERE 'CS' =
(SELECT Sdept
FROM Student
WHERE Student.Sno = SC.Sno)
```

3.6.4 删除数据

删除语句的一般格式为:

```
DELETE
FROM <表名>
WHERE <条件>;
```

DELETE 语句的功能是从指定表中删除满足 WHERE 子句条件的所有元组。如果省略 WHERE 子句,表示删除表中的全部元组,但表的定义仍在字典中。也就是说,DELETE 语句删除的只是数据。

按条件删除单个元组的值,例:删除学号为 201515128 的学生记录。

```
DELETE
FROM Student
WHERE Sno = '201515128';
```

多数情况下是按条件删除多个元组的值,例:删除所有的学生选课记录。

```
DELETE
FROM SC;
```

这条 DELETE 语句将使 SC 成为空表,即删除了表中的所有数据。

在某些情形下可以用带子查询的删除语句进行数据的删除:

子查询同样可以嵌套在 DELETE 语句中,用以构造执行删除操作的条件。

例:删除计算机科学系所有学生的选课记录。

```
DELETE
FROM SC
WHERE 'CS' =
  (SELECT Sdept
FROM Student
WHERE Student.Sno = CS.Sno);
```

注:对某个基本表中的数据的增、删、改操作有可能会破坏参照完整性。

3.7 视 图

数据库中的视图是一个虚拟表,其字段内容由查询语句定义。同真实的表一样,视图包含一系列带有名称的列和行数据。但是,视图的数据并不在数据库中以物理存储的数据值集形式存在。行和列数据来自SQL定义视图的查询所引用的表,并且在引用视图时动态生成的。视图源自机械制图术语,在机械制图中,将物体按正投影法向投影面投射时所得到的投影称为"视图",其实和数据库中的表中经过投影(即选择)所得到的数据原理是一样的。

3.7.1 视图的含义

从用户角度来看,一个视图是从一个特定的角度来查看数据库中的数据。从数据库系统内部来看,一个视图是由SELECT语句组成的查询定义的虚拟表,视图是由一张或多张表中的数据组成的,从数据库系统外部来看,视图就如同一张表一样,对表能够进行的一般操作功能也可以应用于视图中,例如查询、插入、修改、删除操作等,但要注意:不是所有的视图都可以进行插入、修改、删除操作。

视图是一个虚拟表,其内容由查询定义。同真实的表一样,视图的作用类似于筛选。定义视图的筛选可以来自当前或其他数据库的一个或多个表,或者其他视图。分布式查询也可用于定义使用多个异类源数据的视图。

视图是存储在数据库中的查询的SQL语句,它主要出于两种原因:安全原因,视图可以隐藏一些数据,如:社会保险基金表,可以用视图只显示姓名、地址,而不显示社会保险号和工资数等,另一原因是可使复杂的查询易于理解和使用。

当对通过视图看到的数据进行修改时,相应的基本表的数据也要发生变化。同时,若基本表的数据发生变化,则这种变化也可以自动地反映到视图中。

3.7.2 视图的作用

数据库视图(View)是由一个或者多个表组成的虚拟表。视图具有简单灵活性,安全等特性。

1. 简单性。看到的就是需要的,视图不仅可以简化用户对数据的理解,也可以简化他们的操作。那些被经常使用的查询可以被定义为视图,从而使得用户不必为以后的操作每次指定全部的查询条件。

2. 安全性。通过视图,用户只能查询和修改他们所能见到的数据。但不能授权到数据库特定行和特定的列上。通过视图,用户可以被限制在数据的不同子集上:使用权限可被限制在另一视图的一个子集上，或是一些视图和基表合并后的子集上。

从逻辑数据独立性看，视图可帮助用户屏蔽真实表结构变化带来的影响。

3.7.3 视图的优点

视图有以下优点：

1. 视点集中

视图集中使用户只关心它感兴趣的某些特定数据和他们所负责的特定任务。这样通过只允许用户看到视图中所定义的数据而不是视图引用表中的数据而提高了数据的安全性。

2. 简化操作

视图大大简化了用户对数据的操作。因为在定义视图时，若视图本身就是一个复杂查询的结果集，这样在每一次执行相同的查询时，不必重新写这些复杂的查询语句，只要一条简单的查询视图语句即可。可见视图向用户隐藏了表与表之间的复杂的连接操作。

3. 定制数据

视图能够实现让不同的用户以不同的方式看到不同或相同的数据集。因此，当有许多不同水平的用户共用同一数据库时，这显得极为重要。

4. 合并分割数据

在有些情况下，由于表中数据量太大，故在表的设计时常将表进行水平分割或垂直分割，但表的结构的变化却对应用程序产生不良的影响。如果使用视图就可以重新保持原有的结构关系，从而使外模式保持不变，原有的应用程序仍可以通过视图来重载数据。

5. 安全性

视图可以作为一种安全机制。通过视图用户只能查看和修改他们所能看到的数据。其他数据库或表既不可见也不可以访问。如果某一用户想要访问视图的结果集，必须授予其访问权限。视图所引用表的访问权限与视图权限的设置互不影响。

3.7.4 视图的安全性

视图的安全性可以防止未授权用户查看特定的行或列，使用户只能看到表中特定行的方法如下：

1. 在表中增加一个标志用户名的列；
2. 建立视图，用户只能看到自己权限内的视图数据；
3. 把视图授权给其他用户；

3.7.5 视图逻辑数据的独立性

视图可以使应用程序和数据库表在一定程度上独立。如果没有视图，应用一定是建立在实表上的。有了视图之后，程序可以建立在视图之上，从而应用程序与数据库表被视图分

割开来。视图可以在以下几个方面使程序与数据独立：

1. 如果应用建立在数据库表上，当数据库表发生变化时，可以在表上建立视图，通过视图屏蔽表的变化，从而使应用程序可以保持不变。

2. 如果应用建立在数据库表上，当应用发生变化时，可以在表上建立视图，通过视图屏蔽应用的变化，从而使数据库表保持不变。

3. 如果应用建立在视图上，当数据库表发生变化时，可以在表上修改视图，通过视图屏蔽表的变化，从而使应用程序可以保持不变。

4. 如果应用建立在视图上，当应用发生变化时，可以在表上修改视图，通过视图屏蔽应用的变化，从而使数据库可以保持不变。

3.7.6　视图的创建及删除

视图创建命令：

CREATE VIEW [[database.]owner.] <视图名> (列名组) AS <子查询>

例：创建视图 VIEW_COMPUTER_TITLES

```
CREATE VIEW  VIEW_COMPUTER_TITLES (TYPE, TOTAL_SALES)  AS SELECT TYPE, SUM
(sales) FROM TITLES WHERE TYPE = 'COMPUTER'  GROUP BY TYPE;
```

以上创建一个视图，包含了二个字段(列)：TYPE(类型)，TOTAL_SALES(销售金额)，

数据来源于 TITLES 表，该视图的作用是按"计算机"大类并按 TYPE 类型进行图书的销售统计情况。

接着作如下的查询：

```
SELECT TYPE, TOTAL_SALES FROM VIEW_COMPUTER_TITLES
```

显示如下：

```
TYPE            TOTAL_SALES
________        ________
COMPUTER        111000
```

例：创建视图 India_Employee

```
CREATE VIEW  India_Employee  AS  SELECT  Eno, Ename, Esalary from Employee
where  ELocation = 'India';
```

以上是从员工表 EMPLOYEE 中筛选出印度办事处员工的视图，包括员工号、名字、工资等信息视图。

如视图不再使用，可使用视图删除命令：DROP VIEW <视图名>

例：DROP VIEW ygb_view。

视图修改命令和修改表的命令相同，也使用 ALTER VIEW 命令。

3.7.7 视图应用的案例

1. 数据简单分类视图

```
CREATE VIEW  VIEW_EMPLOYEE_SEX(Eno,Ename,Esex,Elocation,Esalary,Eage,Edept)
AS SELECT  *  FROM EMPLOYEE  WHERE Esex='女';
```

这里视图 VIEW_EMPLOYEE_SEX 是由子查询“SELECT *”建立的,所以视图的属性列与基表的属性列一一对应。如果以后修改了基表的结构,则视图与基表之间的映像关系就不存在了,该视图就不能正确工作了,为防止基表结构变化导致视图作用失效,最好在修改基表后,删除原来的视图,再重建该视图。

2. 数据分组视图

```
CREATE VIEW new_view(type,total_sales) AS SELECT type,sum(sales) from titles
WHERE TYPE='SYSTEM' group by type;
```

还有很多类型的数据视图,根据应用或查询或编程需要建立。

3. 定义视图使用 WITH CHECK OPTION,则插入数据进行相应的检测,判断是否符合相应条件

例:创建一个新的视图,带有 WITH CHECK OPTION 子句:

```
CREATE VIEW ygb_view AS SELECT * FROM 员工表 WHERE 员工表.性别='女' with
check option;
```

然后,通过执行以下语句,用该视图向基表添加一条新的数据记录:

```
INSERT  into ygb_view(姓名,性别,工资) values('李立平','女',2300)
```

是成功的,但如果把性别变换成‘男’,则和 WITH CHECK OPTION 子句相矛盾,不能插入。

3.7.8 使用视图操作表数据

视图可以和基本表一样被查询,但是利用视图进行数据增,删,改操作,会受到一定的限制。如下列情形下,就不能对视图进行增、删、改操作:

(1) 如果视图创建中使用了 GROUP BY 子句或 COMPUTE BY 子句或其他聚集函数,则该视图不能进行 UPDATE、INSERT、DELETE 操作,因为在基表中没有对应的列。

(2) 如果视图在创建中使用了某种计算产生的新列,即带有某种运算的列,也不允许对视图进行 UPDATE、INSERT、DELETE 操作,因为在基表中没有对应的列。

(3) 如果创建视图中,没有包含基表或基本视图中的所有非空列(即有 NOT NULL 约束条件的列)时,则在使用该视图 INSERT 插入新数据时,系统拒绝,这是因为对视图的插入最终转换成对基表的插入,NOT NULL 列上没有数据是违反了数据完整性条件的。

(4) 如果创建视图中包含多个基表即多表视图,则也不允许 UPDATE、INSERT、

DELETE操作，因为同时修改多个基表是不允许的，只有在被修改的所有数据都属于某一张表时才允许。

(5) 对视图进行UPDATE或INSERT操作时，插入的数据可能是插在基表中而非在视图中(不满足视图的过滤条件)，所以可能"看"不到。另外一种情形是，由于更新的操作使某行或某些行不再满足该视图的条件而从该视图上"消失"了，即"看"不到某些更新的行也是对的。

(6) 视图定义中有嵌套查询。

(7) 在一个不允许更新的视图上定义的视图。

通过视图进行update更新操作的例子：

例:update project_view set 项目负责人='王力' where 项目负责人='王立';

例:update project_view set 结束日期= DATEADD(day,50,结束日期) where 客户名称='CC公司';

通过视图进行DELETE删除操作的例子:必须满足视图中的列和基表中的列有直接的对应关系，并且要满足完整性的要求。而且该视图不能涉及多个表(2个表以上)

本章小结

本章讨论了主流数据库及SQL语言的特点与基本使用方法，是数据库的最基础的知识点，要完全掌握并加以运用，另外也讨论了各类数据库对象的创建、数据的查询、增、删、改等操作方法，并介绍了数据库中基本数据类型，汇总了数据库对象的创建SQL语法规则，如创建表对象，创建索引对象，创建视图对象等知识点。

习题

1. 简述SQL的DLL、DML、DCL的功能。
2. 简述oracle数据库的主流版本及基本功能。
3. 简述MySQL数据库的主流版本及基本功能。
4. 简述SQL SERVER数据库的主流版本及基本功能。
5. 简述oracle数据库支持的主要数据类型，并和MySQL、SQL SERVER数据类型做比较。
6. 理解char、varchar类型的区别及基本含义。
7. 创建一个学生表，包含学生学号、姓名、性别、进校时间、系别、联系电话、家庭地址，并用INSERT命令插入4条记录。
8. 用SELECT命令查询上例学生表中的记录。
9. 用DELETE命令删除其中部分学生的记录。
10. 如何创建视图？试述视图的优点。
11. 是否所有视图都可以更新？在哪些情形下不可以更新？

第 4 章　ORACLE 数据库一般操作

ORACLE 数据库是目前主流的数据库管理系统，本章介绍 ORACLE 支持的数据类型，以及如何使用 SQL PLUS 及数据库的一般操作。

4.1　安装和配置

安装步骤如下：

Step1：前往 Oracle 官网下载. Eip 相应系统的 oracle 11g 压缩包，一共有两个压缩包。

win64_11gR2_database_1of2，win64_11gR2_database_2of2. Eip

（注意：两个压缩包必须要解压到同一个文件夹才行，否则无法正确安装）。

Step2：打开 database 文件夹，双击 setup. exe 进行程序安装，根据网上的教程，一步一步进行安装。

Step3：安装过程大约需要半个小时，其中需要填写邮箱、用户名、口令等信息。

（安装过程中步骤较多，需要特别注意，另外，需要记住用户名和密码）

安装好数据库后，还需要根据教程配置数据库，其中有 2 个步骤不能错过。

(1) 打开监听程序

在 cmd 语句下输入：lsnrctl start

运行结果如下：

```
管理员: C:\Windows\system32\cmd.exe
TNSLSNR for 64-bit Windows: Version 11.2.0.1.0 - Production
写入d:\app\administrator\diag\tnslsnr\WINDOWS-AJVR9QK\listener\alert\log.xml的日
志信息
监听: (DESCRIPTION=(ADDRESS=(PROTOCOL=tcp)(HOST=WINDOWS-AJVR9QK)(PORT=1521)))

正在连接到 (ADDRESS=(PROTOCOL=tcp)(HOST=)(PORT=1521))
LISTENER 的 STATUS
------------------------
别名                      LISTENER
版本                      TNSLSNR for 64-bit Windows: Version 11.2.0.1.0 - Produ
ction
启动日期                  08-6月 -2015 16:28:21
正常运行时间              0 天 0 小时 0 分 5 秒
跟踪级别                  off
安全性                    ON: Local OS Authentication
SNMP                      OFF
监听程序日志文件          d:\app\administrator\diag\tnslsnr\WINDOWS-AJVR9QK\list
ener\alert\log.xml
监听端点概要...
  (DESCRIPTION=(ADDRESS=(PROTOCOL=tcp)(HOST=WINDOWS-AJVR9QK)(PORT=1521)))
监听程序不支持服务
命令执行成功
```

图 4.1　监听程序

在 cmd 语句下输入：lsnrctl status

运行结果如下：

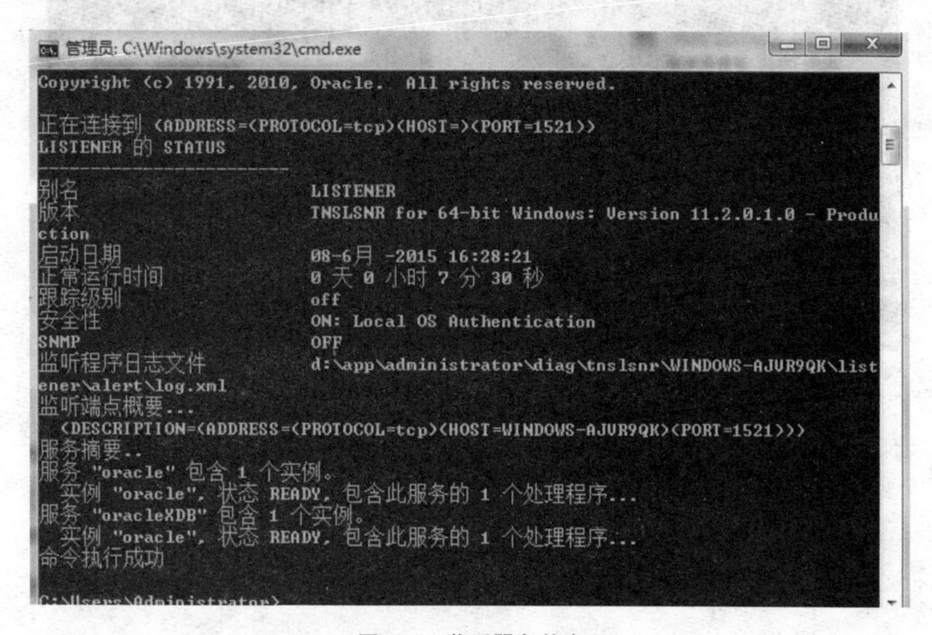

```
管理员: C:\Windows\system32\cmd.exe
Copyright (c) 1991, 2010, Oracle.  All rights reserved.

正在连接到 (ADDRESS=(PROTOCOL=tcp)(HOST=)(PORT=1521))
LISTENER 的 STATUS
------------------------
别名                      LISTENER
版本                      TNSLSNR for 64-bit Windows: Version 11.2.0.1.0 - Produ
ction
启动日期                  08-6月 -2015 16:28:21
正常运行时间              0 天 0 小时 7 分 30 秒
跟踪级别                  off
安全性                    ON: Local OS Authentication
SNMP                      OFF
监听程序日志文件          d:\app\administrator\diag\tnslsnr\WINDOWS-AJVR9QK\list
ener\alert\log.xml
监听端点概要...
  (DESCRIPTION=(ADDRESS=(PROTOCOL=tcp)(HOST=WINDOWS-AJVR9QK)(PORT=1521)))
服务摘要..
服务 "oracle" 包含 1 个实例。
  实例 "oracle", 状态 READY, 包含此服务的 1 个处理程序...
服务 "oracleXDB" 包含 1 个实例。
  实例 "oracle", 状态 READY, 包含此服务的 1 个处理程序...
命令执行成功

C:\Users\Administrator>
```

图 4.2　监听服务状态

安装完毕后重启计算机，在开始菜单打开 SQL * Plus 并打开数据库，输入用户名和口令进行登录并连接上 Oracle 数据库，运行结果如下：

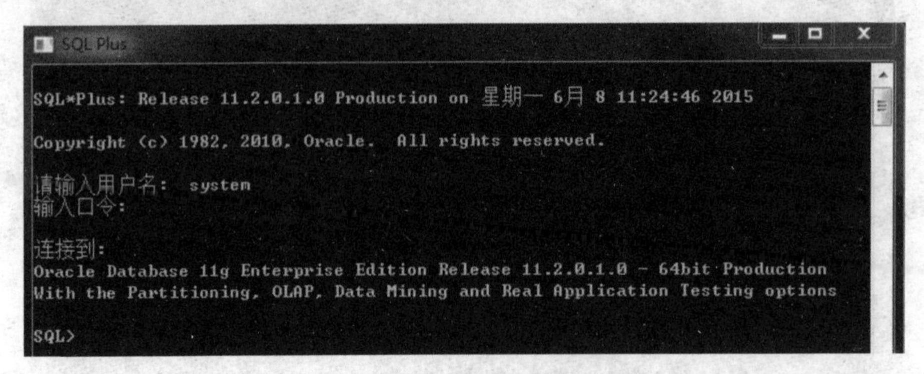

图 4.3　连接数据库

输入简单的语句，看看表的信息：

SQL>select * from tab;

运行结果如下：

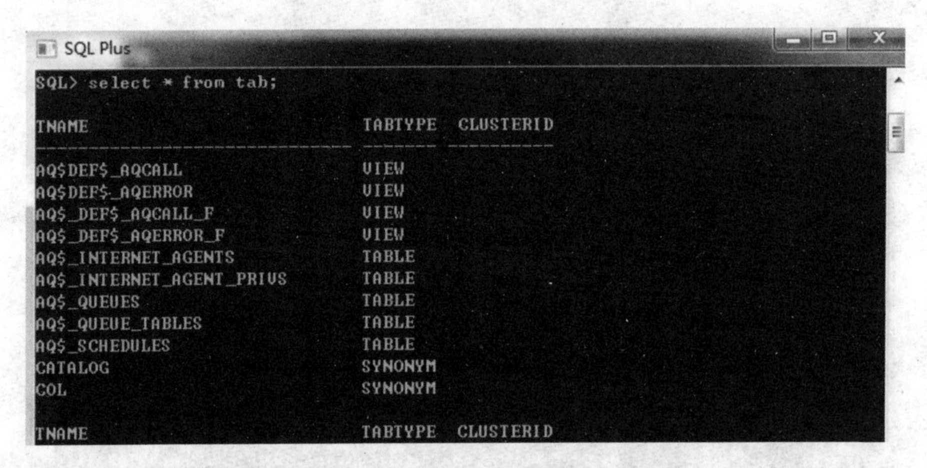

图 4.4　查询表对象(包含了视图、表、同义词)

```
SQL Plus
TNAME                              TABTYPE  CLUSTERID
---------------------------------- -------- ----------
REPCAT$_TEMPLATE_PARMS             TABLE
REPCAT$_TEMPLATE_REFGROUPS         TABLE
REPCAT$_TEMPLATE_SITES             TABLE
REPCAT$_TEMPLATE_STATUS            TABLE
REPCAT$_TEMPLATE_TARGETS           TABLE
REPCAT$_TEMPLATE_TYPES             TABLE
REPCAT$_USER_AUTHORIZATIONS        TABLE
REPCAT$_USER_PARM_VALUES           TABLE
SQLPLUS_PRODUCT_PROFILE            TABLE
SYSCATALOG                         SYNONYM
SYSFILES                           SYNONYM

TNAME                              TABTYPE  CLUSTERID
---------------------------------- -------- ----------
TAB                                SYNONYM
TABQUOTAS                          SYNONYM

已选择178行。
```

图 4.5　查询表对象(包含了视图、表、同义词)

输入语句：select ＊ from dept；

用于查询部门表，如下图：

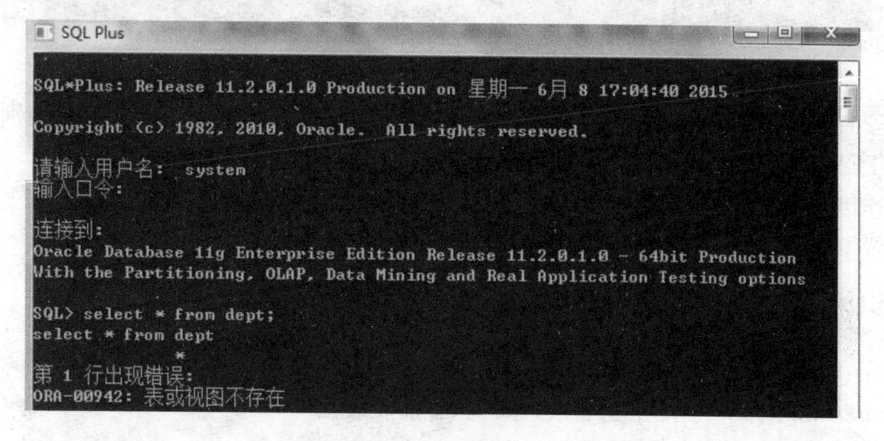

图 4.6　数据库查询

此时我们需要连接 scott 才行:因为 dept 表是存放在 scott 这个 oracle 自带的例子库中。

图 4.7　连接 scott 模式

scott 模式的默认密码为 tiger,但是账户可以被解锁,用户的密码口令也能更改。

解锁用户为:SQL>alter user scott account unlock;

用户已更改。

改变口令为:SQL>alter user scott identified by xxx;(xxx 为更改后的口令)

用户口令更改。

此时便能查询部门表了。

select * from dept;

运行如下:

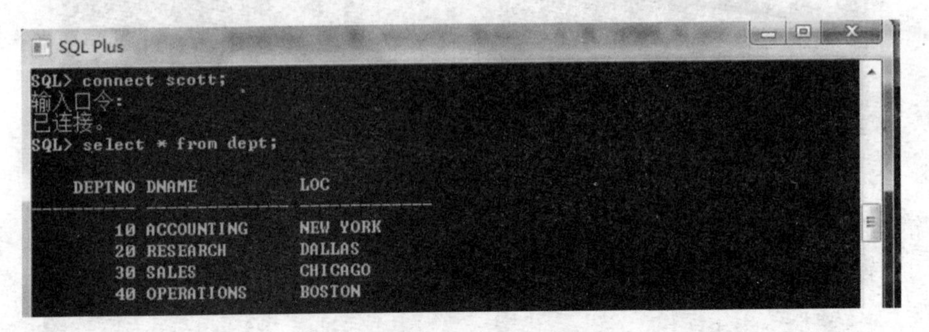

```
SQL> connect scott;
输入口令:
已连接。
SQL> select * from dept;

    DEPTNO DNAME          LOC
---------- -------------- -------------
        10 ACCOUNTING     NEW YORK
        20 RESEARCH       DALLAS
        30 SALES          CHICAGO
        40 OPERATIONS     BOSTON
```

图 4.8 查询部门表信息

在安装好系统后,系统提供二个默认的数据库系统管理员账号,其用户名分别是 SYS 和 SYSTEM,对应的默认口令分别是 change_on_install 和 manager。

而连接到数据库则有三种身份可以选择,即 Normal,SYSOPER 和 SYSDBA。

配置参数涉及 SGA 参数设置,程序包等。

SQL * PLUS 中环境变量设置:

set serveroupt on;

dbms_output. put_line('hello world')

set heading off 由于正在创建数据文件,不需要表头

set pagesize 0 不需要分页

set linesize 80 设置行的最大尺寸

set echo off 告诉 sql plus 在执行语句时,不要回显语句

set feedback off 禁止 sql plus 显示有多少满足查询的行被检索到

col sales format 999,999,999

append 添加文本到当前行尾

change/old/new/ 在当前行用新的文本代替旧的文本

change/text 从当前行删除

del 删除当前行

input text　在当前行之后添加一行
list 显示缓冲区中的所有行
list n 显示缓冲区中的第 n 行
list m n 显示 m 到 n

4.2　Oracle 常用函数

1. 数值型常用函数
ceil(n) 函数　返回值:大于或等于数值 n 的最小整数
例:select ceil(10.6) from dual;
显示: 11
floor(n) 函数 返回值: 小于等于数值 n 的最大整数
例:　select floor(10.6) from dual; 10
mod(m,n) 函数:m 除以 n 的余数,若 n=0,则返回 m 显示:10
例:select mod(7,5) from dual;
显示:2
round(n,m)函数: 将 n 四舍五入,保留小数点后 m 位
例:select round(34.5678,2) from dual;
显示:34.57
2. 常用字符函数
initcap(char)函数: 把每个字符串的第一个字符换成大写
select initicap('coop') from dual;
显示:Coop
lower(char)函数: 整个字符串换成小写
select lower('CHINA') from dual;
显示:china
replace(char,str1,str2) 函数:字符串中所有 str1 换成 str2
例:select replace('scott','s','Boy') from dual;
显示 Boycott
substr(char,m,n) 函数:取出从 m 字符开始的 n 个字符的子串
例:select substr('BILLYU',2,2) from dual;
显示:LL
length(char)函数: 求字符串的长度

例:select length('ACD') from dual;

显示:3

|| 并置运算符,即串的连接

例:select 'ABCD'||'EFGH' from dual;

显示:ABCDEFGH

3. 日期型函数

sysdate 函数:当前日期和时间

例:select sysdate from dual;

last_day 本月最后一天

例:select last_day(sysdate) from dual;

add_months(d,n)函数: 当前日期 d 后推 n 个月

例:select add_months(sysdate,2) from dual;

months_between(d,n)函数:日期 d 和 n 相差月数

例:select months_between(sysdate,to_date('20020812','YYYYMMDD')) from dual;

next_day(d,day) d 后第一周指定 day 的日期

例:select next_day(sysdate,'Monday') from dual;

4. 特殊格式的日期型函数

to_char() 函数:将时间转换为字符串

例:select to_char(sysdate,'YYYY-MM-DD HH:24:mi:ss') from dual;

to_number()函数:将合法的数字字符串变成数值。

例:select to_number('88877') from dual;

to_char() 将数字转换为字符串 例:select to_char(88877) from dual;

5. 字符函数

字符函数主要用于字符列的截取或合并。这些函数接受字符输入,返回字符或数字值。Oracle 提供的一些常用的字符函数如下。

1. CONCAT (char1, char2) 返回连接"char2"的"char1",即字符的连接。

例 SELECT CONCAT(CONCAT(ename, ' is a '), job) FROM emp;

2. INITCAP(string) 将"string"的字符串的第一个字符转成大写。

示例 Select INITCAP(ename) from emp;

3. LOWER (string)

将"string"转成小写。

示例 Select LOWER(ENAME) from emp;

4. LPAD(char1,n [,char2])

返回"char1",左起由"char2"中的字符补充到"n"个字符长。如果"char1"比"n"长,则

函数返回“char1”的前“n”个字符。

例 SELECT LPAD(ename,15,'*') FROM emp;

5. LTRIM(string,trim_set)

从左边删除字符,此处“string”是数据库表的列,或者是一字符串,而“trim_set”是我们要去掉的字符的集合。

例 SELECT LTRIM('abcdab','a') FROM DUAL;

6. REPLACE(string, if, then)

用 0 或其他字符代替字符串中的字符。“if”是字符或字符串,对于每个出现在“string”中的“if”,都用“then”的内容代替。

例 SELECT REPLACE('JACK and JUE','J','BL') FROM DUAL;

7. RPAD(char1, n [,char2])

返回“char1”,右侧用“char2”中的字符补充到“n”个字符长。如果“char1”比“n”长,则函数返回“char1”的前“n”个字符。

示例 SELECT RPAD(ename,15,'*') FROM emp;

8. RTRIM(string,trim_set)

从右侧删除字符,此处“string”是数据库的列,或者是一字符串,而“trim_set”是我们要去掉的字符的集合。

示例 SELECT RTRIM('abcdef', 'f') FROM DUAL;

9. SOUNDEX(char)

返回包含“char”的表意字符的字符串。它允许比较英语中拼写不同而发音类似的字。

例 SELECT ename FROM emp

WHERE SOUNDEX(ename) = SOUNDEX('SMYTHE');

10. SUBSTR(string, start [,count])

返回“string”中截取的一部分。该命令截取“string”的一个子集,从“start”位置开始,持续“count”个字符。如果我们不指定“count”,则从“start”开始截取到“string”的尾部。

例 SELECT SUBSTR('ABCDEFGIJKLM',3,4) FROM DUAL;

11. TRANSLATE(string, if, then)

如果 string 中包括字符串计,则用“if”中字符的位置,并检查“then”的相同位置,然后用该位置的字符替换“string”中的字符。

例 SELECT TRANSLATE(ename,'AEIOU', 'XXXXX') FROM emp;

12. UPPER(string)

返回大写的“string”。

例 SELECT UPPER('aptech computer education') FROM dual;

14. INSTR (string, set[, start[, occurrence]])

该命令“string”中从“start”位置开始查找字符集合的位置,再查找“set”出现的第一次、第二次等等的“occurrence”(次数)。“start”的值也可以是负数,代表从字符串结尾开始向反方向搜索。该函数也用于数字和日期数据类型。

示例 SELECT INSTR('aptech is aptech','ap',1,2) FROM DUAL;

15. LENGTH(string)

返回“string”的长度值。

例 SELECT ename, LENGTH(ename) FROM emp

WHERE empno = 7698;

4.3 Oracle SQL 一般操作汇总

例:查看表结构

如果我们知道数据库中表的名字,想查看表的字段定义,可使用 DESC 命令,该命令是描述(Description)英文词汇的简写。

SQL>DESC employee;

例:查询表中记录数

如果我们知道数据库中表的名字,想查看表中数据的总行数,可使用 count(*)命令。

SQL>SELECT count(*) FROM employee;

例:查询指定列

如果只想看一个表中的几个字段中包含的数据,则只要写出要查询的制定列,如下列只显示

empmo, ename 二个字段包含的信息。

SQL>SELECT empmo, ename FROM employee;

例:查询所有不同的值

如想知道某一个字段到底有多少不同的值,也可以使用 DISTINCT 字段,如想知道员工所在的所有部门(每个部门只显示一次,这样有五个部门,就显示五条记录),可以使用 DISTINCT 关键字放在字段的前面。

SQL>SELECT DISTINCT dept FROM employee; 只显示结果不同的项

例:查询指定行

SQL>SELECT * FROM employee WHERE job='IT';

例：使用算术表达式

例如下面计算 'FINANCIAL' 部门的员工名单和 6 个月的工资和津贴(extra)之和。

SQL>SELECT ename, sal * 6 + nvl(extra, 0)　FROM employee where DEPT ='FINANCIAL';

nvl(extra,1)的意思是，如果 extra 中有值，则 nvl(extra,1)=extra；extra 中无值，则 nvl(extra,1)=0。

例：使用别名(alias)

SQL>SELECT ename, sal * 13+nvl(extra,0) year_sal FROM employee;(year_sal 为别名，可按别名排序)

例：时间格式的比较

SQL>SELECT * FROM employee WHERE hiredate>'01-1 月-82';

例：使用 like 操作符(%,_)

%表示一个或多个字符，_表示一个字符，[charlist]表示字符列中的任何单一字符，[^charlist]或者[! charlist]不在字符列中的任何单一字符。

SQL>SELECT * FROM emp WHERE ename like 'S__T%';

例：在 where 条件中使用 In

SQL>SELECT * FROM employee WHERE job IN ('IT','ANALYST');

例：查询字段内容为空/非空的语句

SQL>SELECT * FROM emp WHERE mgr IS/IS NOT NULL;

例：使用逻辑操作符号

SQL>SELECT * FROM employee WHERE (sal>500 or job='MANAGE') and ename like 'J%';

例：将查询结果按字段的值进行排序

SQL>SELECT * FROM employee ORDER BY deptno, sal DESC;(按部门升序，并按薪酬降序排序)

例：数据分组(max,min,avg,sum,count) 查询

SQL>SELECT MAX(sal),MIN(age),AVG(sal),SUM(sal) from emp;

SQL>SELECT * FROM emp where sal=(SELECT MAX(sal) from emp));

SQL>SELEC COUNT(*) FROM emp;

例：group by(用于对查询结果的分组统计) 和 having 子句(用于限制分组显示结果)

SQL>SELECT deptno,MAX(sal),AVG(sal) FROM emp GROUP BY deptno;

SQL>SELECT deptno, job, AVG(sal),MIN(sal) FROM emp group by deptno,job

having AVG(sal)<2000;

对于数据分组的总结：

a. 分组函数只能出现在选择列表、having、order by子句中(不能出现在where中)

b. 如果select语句中同时包含有group by, having, order by,那么它们的顺序是group by, having, order by。

c. 在选择列中如果有列、表达式和分组函数,那么这些列和表达式必须出现在group by子句中,否则就是会出错。

使用group by不是使用having的前提条件。

例：多表查询

SQL>SELECT e. name, e. sal, d. dname FROM emp e, dept d WHERE e. deptno=d. deptno order by d. deptno;

SQL> SELECT e. ename, e. sal, s. grade FROM emp e, salgrade s WHER e. sal BETWEEN s. losal AND s. hisal;

例：自连接(指同一张表的连接查询)

SQL>SELECT er. ename, ee. ename mgr_name from emp er, emp ee where er. mgr=ee. empno;

例：单行子查询(嵌入到其他sql语句中的select语句,也叫嵌套查询)

SQL>SELECT ename FROM emp WHERE deptno=(SELECT deptno FROM emp where ename='SMITH');

查询表中与smith同部门的人员名字。因为返回结果只有一行,所以用“=”连接子查询语句

例：多行子查询

SQL> SELECT ename, job, sal, deptno from emp WHERE job IN (SELECT DISTINCT job FROM emp WHERE deptno=10);查询表中与部门号为10的工作相同的员工的姓名、工作、薪水、部门号。因为返回结果有多行,所以用“IN”连接子查询语句。

in与exists的区别：exists后面的子查询被称作相关子查询,它是不返回列表的值的。只是返回一个ture或false的结果,其运行方式是先运行主查询一次,再去子查询里查询与其对 应的结果。如果是ture则输出,反之则不输出。再根据主查询中的每一行去子查询里去查询。IN后面的子查询,是返回结果集的,换句话说执行次序和exists不一样。子查询先产生结果集,然后主查询再去结果集里去找符合要求的字段列表去。符合要求的输出,反之则不输出。

例:在SQL中 使用ALL

SQL>SELECT ename, sal, deptno FROM emp WHERE sal> ALL (SELECT sal FROM emp WHERE deptno=30);

或 SQL>SELECT ename, sal, deptno FROM emp WHERE sal> (SELECT MAX (sal) FROM emp WHERE deptno=30);

查询工资比部门号为 30 的所有员工工资都高的员工的姓名、薪水和部门号。以上两个语句在功能上是一样的，但执行效率上，函数会高得多。

例：在 SQL 中使用 ANY

SQL>SELECT ename, sal, deptno FROM emp WHERE sal> ANY (SELECT sal FROM emp WHERE deptno = 30)；或 SQL>SELECT ename, sal, deptno FROM emp WHERE sal> (SELECT MIN(sal) FROM emp WHERE deptno=30)；查询工资比部门号为 30 号的任意一个员工工资高（只要比某一员工工资高即可）的员工的姓名、薪水和部门号。以上两个语句在功能上是 一样的，但执行效率上，函数会高得多。

例：多列子查询

SQL>SELECT * FROM emp WHERE (job, deptno)=(SELECT job, deptno FROM emp WHERE ename='SMITH')；

例：在 from 子句中使用子查询

SQL>SELECT emp. deptno, emp. ename, emp. sal, t_avgsal. avgsal FROM emp, (SELECT emp. deptno, avg(emp. sal) avgsal FROM emp GROUP BY emp. deptno) t_avgsal where emp. deptno=t_avgsal. deptno AND emp. sal>t_avgsal. avgsal ORDER BY emp. deptno;

指定查询列、查询结果排序等，都只需要修改最里层的子查询即可。

例：用查询结果创建新表

SQL>CREATE TABLE mytable (id, name, sal, job, deptno) AS SELECT empno, ename, sal, job, deptno FROM emp;

例：合并查询（union 并集，intersect 交集，union all 并集+交集，minus 差集）

SQL > SELECT ename, sal, job FROM emp WHERE sal > 2500 UNION (INTERSECT/UNION ALL/MINUS) SELECT ename, sal, job FROM emp WHERE job='MANAGER'；

合并查询的执行效率远高于 and, or 等逻辑查询。

例：使用子查询插入数据

SQL> CREATE TABLE myEmp (empID number (4), name varchar2 (20), sal number(6), job varchar2(10), dept number(2))；先建一张空表；

SQL>INSERT INTO myEmp(empID，name，sal，job，dept) SELECT empno，ename，sal，job，deptno FROM emp WHERE deptno=10；再将 emp 表中部门号为 10 的数据插入到新表 myEmp 中，实现数据的批量查询插入。

例：使用了查询更新表中的数据

SQL>UPDATE emp SET(job，sal，comm)=(SELECT job，sal，comm FROM emp where ename='SMITH') WHERE ename='SCOTT'；

下面介绍一下 Oracle 数据库中常用的伪表 dual。dual 是一个虚拟表，用来构成 select 的语法规则，Oracle 保证 dual 里面永远只有一条记录。功能灵活，如下：

例：查看当前用户，可以在 SQL * Plus 中执行下面语句 select user from dual；

例：用来调用系统函数

select to_char(sysdate,'yyyy-mm-dd hh24:mi:ss') from dual; --获得当前系统时间

select SYS_CONTEXT('USERENV','TERMINAL') from dual; --获得主机名

select SYS_CONTEXT('USERENV','language') from dual; --获得当前 locale

select dbms_random.random from dual; --获得一个随机数

例：得到序列的下一个值或当前值，可用下面语句：

select your_sequence.nextval from dual；——获得序列 your_sequence 的下一个值

select your_sequence.currval from dual；——获得序列 your_sequence 的当前值

例：可以用做计算器

select 7 * 9 from dual；

显示：63

在上式中，dual 表只是一个能满足 SQL 标准的伪表，该 dual 表中只有一条记录，DUMMY 的值是 'X'。其列名为 DUMMY，它的值是 'X'。

本章小结

本章讨论了主流数据库厂家 ORACLE 数据库的安装，ORALCE SQL 语言的特点及 ORACLE 函数的基本使用方法，ORACLE 数据库功能多，操作上有其自身的特点，通过基本的操作加深对 ORACLE 数据库的了解，并介绍了序列对象的使用，常用的字符函数、日期函数的使用及查询匹配符的使用、分组函数，统计函数的使用等。涉及各类数据库对象的创建、数据的查询、增、删、改等操作方法等知识点。

习题

1. 简述如何登录 SQL * plus，并显示其环境设置变量。
2. 简述在 SQL * plus 下如何查看一个表的结构。
3. 简述三个 oracle 常用函数的用法。
4. 简述 oracle 数据库中 dual 表的作用。
5. 简述 oracle 数据库序列的使用。
6. oracle 数据库中字符串使用哪个运算符进行连接？
7. 在 SQL * plus 下如何使用 list 命令显示部分行信息？
8. 在 SQL * plus 下如何使用 change 命令修改替代旧值？
9. 简述嵌套查询，并写出相应的查询 SQL。
10. 理解 set serveroupt on 的含义，dbms_output. put_line(“hello jack”)的含义。

第 5 章　MySQL 数据库一般操作

MySQL 是一种开放源代码的关系型数据库管理系统(RDBMS)。MySQL 数据库系统使用最常用的数据库管理语言——结构化查询语言(SQL)进行数据库管理。

由于 MySQL 是开放源代码的,因此任何人都可以在 General Public License 的许可下下载并根据个性化的需要对其进行修改。MySQL 因为其速度、可靠性和适应性而备受关注。大多数人都认为在不需要复杂的事务化处理的情况下,MySQL 是管理数据和处理数据内容最好的选择。

5.1　安装 MySQL

MySQL 安装比较简单,主要的安装步骤是:

(1) 先到 MySQL 官网下载 MySQL 安装包。

(2) 打开下载的 mysql-5.0.51b 安装文件。

(3) 单击 next 按钮,进入安装类型的界面,安装类型有三种,分别是典型、完全和自定义安装。

(4) 选择自定义安装界面选项。

(5) 选择 help 进入附加特性的介绍界面。单击 Change 按钮,可以改变 MySQL 的安装路径。

(6) 选择 next 进入准备安装的界面。然后选择 Install 进入安装界面。

(7) 安装完成后,进入说明界面,单击 next 按钮后进入安装完成的界面,然后单击 Finish 按钮,MySQL 数据库就完成了安装。

5.2　使用 MySQL 数据库

常用 MySQL 命令:

例:创建名称为 ERwin 的数据库

CREATE DATABASE ERwin;

例:删除名称为 ERwin 的数据库

DROP DATABASE ERwin;

例:指定使用某个数据库 TEST

USE TEST

例: 创建表

使用 MYSQL 创建一个在线考试要求的网站,建立管理员表 guanliyuan,成绩表 chengji,单选题表 danxuanti 等表对象:

```
CREATE TABLE guanliyuan
(id int(30) NOT NULL AUTO_INCREMENT,          //用户 ID
  username varchar(30) DEFAULT NULL,          //用户姓名
  pwd varchar(30) DEFAULT NULL,               //口令
  cx varchar(30) DEFAULT NULL,
  PRIMARY KEY (id)
) ENGINE = InnoDB AUTO_INCREMENT = 15 DEFAULT CHARSET = gb2312;
```

例:查看表结构

```
mysql> desc chengji;
| Field              | Type          | Null   | Key               | Default | Extra |
| ID                 | int(11)       | NO     | PRI | NULL        | auto_increment  |
| zhunkaozhenghao    | varchar(30)   | YES|   | NULL              |                 |
| danxuanti          | int(30)       | YES|   | NULL              |                 |
| zongfen            | int(30)       | YES|   | NULL              |                 |
| bianhao            | varchar(30)   | YES|   | NULL              |                 |
| kemu               | varchar(30)   | YES|   | NULL              |                 |
```

例:使用 SHOW 命令找出在当前连接的服务器上存在什么可用的数据库

mysql> SHOW DATABASES;

例:查看现在的数据库中存在什么表

mysql> SHOW TABLES;

例:往表中加入记录

mysql> insert into MYTABLE values ("hyq","M");

例:更新表中数据

mysql>update MYTABLE set sex="F" where name='hyq';

例:删除表

mysql>drop TABLE MYTABLE;

例:清空表 MYTABLE 中的数据

mysql>delete from MYTABLE;

例:快速清空表 MYTABLE 中的数据,可使用 truncate table 命令

mysql>truncate table MYTABLE;

DELETE 语句每次删除一行,并在事名日志中为所删除的每行记录一项。Truncate table 通过释放存储表数据所用的数据页来删除数据,并且只在事务日志中记录页的释放。如果要删除表的定义及其数据,可使用 drop table 语句。

例:从 EMPLOYEE 表中检索所有记录

SELECT * FROM EMPLOYEE;

例:从 passwords 表中检索指定的字段:username 和 password

SELECT username, password FROM passwords;

例:从 EMPLOYEE 表中检索出唯一不重复部门的记录:

SELECT DISTINCT DEPT FROM EMPLOYEE;

例:插入信息到 STUDENT 表

INSERT INTO STUDENT(ID, NAME, SEX, MOBILE, AGE) VALUES('2015080808','JACK','男','13913956941',20);

例:更新 STUDENT 表中的指定信息

UPDATE STUDENT SET MOBILE = '13913990254' WHERE MOILBE = '13913956941';

例:删除表中的指定信息

DELETE FROM STUDENT WHERE NAME ='JACK';

例:删除 EMPLOYEE 表

DROP TABLE EMPLOYEE;

例:更改表结构,将 EMPLOYEE 表 DEPT 字段的字段类型改为 CHAR(25)

ALTER TABLE EMPLOYEE CHANGE DEPT CHAR(25);

本章小结

本章通过具体的例子,结合上机操作,实际了解 MySQL 数据库的实际操作步骤,进一步了解 MySQL 数据库最基本的操作。

习题

1. 简述如何登录 MySQL 服务器,并显示其可用的数据库名。
2. 如何选择使用系统中现有的某一数据库?
3. 简述在 MySQL 下如何查看一个表的结构。

4. 简述三个 MySQL 常用函数的用法。
5. 简述如何创建一个新数据库。
6. 简述 MySQL 数据库 auto_increment 序列的使用方法。

第6章　数据库安全性管理

数据库是信息系统的核心和基础,其中存储着企业、机构赖以生存的重要信息,因此保护数据库安全的重要性越来越被人们关注。

数据库的安全性就是指数据库中对数据的保护措施,一般包括的登陆的身份验证管理、数据库的使用权限管理和数据库中对象的使用权限管理三种安全性保护措施。但计算机操作系统与应用系统之间的联系是非常紧密的。如果操作系统的安全受到威胁,则也关系到数据库的安全性,所以数据库安全性管理要进行综合治理,对各类威胁计算机安全的措施,需要进行防范,同时需要综合考虑问题。本章主要从数据库管理系统的角度,来讨论如何对数据库系统加强安全性,使系统安全可靠使用。

6.1　数据库存取控制概述

6.1.1　用户标识与鉴别

用户在登录存取数据库中数据时,要提供用户名或者用户标识 UID 来标明用户身份。系统内部记录所有合法用户的用户名或 UID,只有合法存在的用户才能使用数据库。

6.1.2　用户口令

在登录过程中,除了输入用户名之外,还需输入口令,这样,系统可以确定口令是否正确,如不一致,则拒绝登录。

通过用户名和口令的方式登录数据库系统,其中用户名和口令应该设置成较长并由数字、字符、下标符、大小写字母等组成的口令。

对于很敏感的关键数据库,可考虑设置动态密码,数据库相关使用人员每人配置一个,由系统更改口令,然后发送到每人移动终端设备中,进行口令的动态更新。

6.1.3　自主存取控制

数据库安全最重要的一点,就是合法的用户才能使用数据库,这些合法的用户通过授权

有资格来访问数据库，这要通过数据库的存取控制来实现。

数据库中的数据对象及数据本身的存取可以通过相应的 SQL 语言来定义用户的权限，这些权限存放在数据库字典中，通过 SQL 语言中的 GRANT 和 REVOKE 命令分别来实现权限的授予和权限的回收。

在定义用户权限时，数据库系统自动将定义过的 SQL 语句经过编译执行后，将用户权限登记到数据字典中。每当用户发出对数据库的连接或操作请求后，DBMS 则查找数据字典，对用户的安全性进行验证，如不存在或超出请求的权限，则被拒绝本次服务。

存取控制大体上可分为自主存取控制和强制存取控制，在自主存取控制中各个数据库的对象有不同的存取权限，不同的用户对同一对象也有不同的权限，而且可以转授给其他用户或角色。因此自主存取控制非常灵活。强制存取控制中，每个数据库对象被标以一定的密级，每一用户被授予某一个级别的许可证。强制存取控制的要求比自主存取控制要高，常使用在一些特殊要求的地方，如军队、政府等部门。

6.1.4　用户的权限及创建用户

用户权限主要包括：

(1) 创建某类数据库对象的权限，如 CREATE SCHEMA，CREATE TABLE，CREATE VIEW，CREATE INDEX，CREATE DATABASE，CREATE PROCEDURE；

(2) 修改某类对象的权限，如 ALTER TABLE；

(3) 查询数据对象的权限，如 SELECT；

(4) 增、删、改操作的权限：如 INSERT，DELETE，UPDATE；

(5) 对基本表及视图的所有对象的权限：ALL PRIVILEGES。

在使用数据库前，需创建数据库用户，可使用以下 SQL 命令：

CREATE USER <USERNAME> WITH [DBA|RESOURCE|CONNECT]；

以上创建用户时，新数据库用户可分配以下三种权限：

CONNECT 权限

RESOURCE 权限

DBA 权限

拥有 CONNECT 权限的用户不能创建新用户，不能创建模式，也不能创建基本表，只能登录数据库，然后由 DBA 或其他用户授予他应有的权限，根据获得的授权情况，可以对数据库对象进行权限范围内的操作。

拥有 RESOURCE 权限的用户能创建基本表和视图，成为所创建对象的拥有者。但不能创建模式，不能创建新的用户。数据库对象的拥有者可以使用 GRANT 语句把该对象上的存取权限授予其他用户。

拥有 DBA 权限的用户是系统中的超级用户，可以创建新的用户、创建数据库、创建模式、基本表和视图等。DBA 拥有对所有数据库对象的存取权限,还可以把这些权限授予一般用户。具体的权限用表 6.1 来表示更加直观。

表 6.1 ORACLE 数据库中的权限与相应创建对象权限比照表

拥有的权限	可执行的操作			
	CREATE USER	CREATE SCHEME	CREATE TABLE	登录数据库执行数据查询和操纵
DBA	可以	可以	可以	可以
RESOURCE	不可以	不可以	可以	可以
CONNECT	不可以	不可以	不可以	可以,但是必须拥有相应的权限

6.1.5 授权与回收

通过 SQL 的 GRANT 语句和 REVOKE 语句分别实现自主存取控制下的授权与回收。

通过授权命令 GRANT 一般格式:

Grant <权限> [,<权限>]……

On <对象类型><对象名> [,<对象类型><对象名>]……

To <用户> [,<用户>]……

[With Grant Option];

说明:

(1) 发出 GRANT 语句的可以是 DBA,也可以是该数据库对象创建者,也可以是已经拥有该权限的用户。

(2) 接受权限的用户可以是一个或多个用户,也可以是 PUBLIC 角色,即全体用户。

(3) 如果指定了 With Grant Option 子句,则获得某种权限的用户还可以把这种权限再授予其他的用户;如果没有指定 With Grant option 子句,则获得某种权限的用户只能使用该权限,不能传播该权限。

(4) SQL 允许具有 With Grant Option 的用户把相应权限或其子集传递授予其他的用户,但不允许循环授权,即被授权者不能再将权限授回给授权者或其祖先。

例 1:用户 U1 把权限授予用户 U2,用户 U2 把权限授予用户 U3,用户 U3 把权限授予用户 U4,而用户 U4 反过来再把权限授予用户 U1,则不能这么做。

例 2:将查询工资表 payroll 的权限授给用户 U1

Grant select On table payroll To U1;

以上是 ORACLE 数据库中的写法,以下同。

注:在 SQL SERVER 2008 中,应将对象名前的 table 去掉,即去掉此处的 table。

例3：把对 Student 表和 Course 表的全部操作权限授给用户 U2 和 U3

```
Grant   ALL   PRIVILEGES
On   table   Student ,Course
To   U2 ,U3;
```

例4:把对表 SC 的查询权限授给所有用户

```
Grant   select
On   table   SC
To   public;
```

例5：把查询 student 表和修改学生学号的权限授给用户 U4

```
Grant   update(Sno) ,select
On   table   Student
To   U4 ;
```

注：

(1) 在 SQL SERVER 2008 中,本例中的 Sno 不能是主码。

(2) 对属性列的授权时必须明确指出属性列名

例6:把对表 SC 的 INSERT 权限授给 U5 用户,并允许将此权限再授予其他用户

```
Grant   insert
On   table   SC
To   U5
With   grant   option;
```

注:此时用户 U5 不仅拥有了对 SC 表的 INSERT 权限,还可以传播此权限。

例7:U5 将此权限传给用户 U6

```
Grant   insert
On table   SC
To   U6
With   Grant   Option ;
```

例8:U6 还可以将此权限传给 U7

```
Grant   insert
On   table   SC
To   U7;
```

注:U6 未给 U7 传播的权限,因此 U7 不能再传播此权限。

授予的权限可以由 DBA 或其他授权者用 REVOKE 语句收回,REVOKE 语句的一般格式如下：

Revoke   <权限>   [,<权限>]……

On <对象类型><对象名> [,<对象类型><对象名>]……
From <用户> [,<用户>]……
[Cascade|Restrict];

例 9:把用户 U4 修改学生学号的权限收回

```
Revoke  update(Sno)
On  table  Student
From  U4;
```

例 10:收回所有用户对表 SC 的查询权限

```
Revoke  select
On  table  SC
From  public;
```

例 11:把用户 U5 对 SC 表的 INSERT 权限收回

```
Revoke  insert
On  table SC
From  U5  cascade;
```

注:

将用户 U5 的权限收回必须级联(Cascade)收回,否则系统拒绝此命令的执行。因为在例 7 中,U5 将对 SC 表的 INSERT 权限授给了 U6,而在例 8 中 U6 又将此权限授给了 U7。

说明:

这里缺省值为 RESTRICT,如果 U6 或 U7 还从其他用户获得对 SC 表的 INSERT 权限,则他们仍然具有此权限,系统只收回从 U5 获得的权限。

SQL 提供了非常灵活的授权机制,提高了 DBA 授权工作的效率。

6.2 视图安全机制

视图机制间接的实现支持存取谓词的用户权限定义。

例 1:创建一个视图,该视图只能查看班级编号为 20000001 的学生信息。

```
create view vw_student
as
select *
from student
where classno = '20000001'
select * from vw_student;
```

例 2:创建一个视图,该视图显示学生、选修课程的信息,内容包括学号,姓名、班级课程。

```
create view vw_depart
as
select stuname,stuno,couname
from student,course,class
where course.departno = class.departno and class.classno = student.classno;
```

建好以上视图后,可以使用以下的查询语句进行视图的查询。

```
select * from vw_depart;
```

例 3:创建一个视图,该视图可以显示各系部开设选修课程的门数。

```
create view vw_couamount (选修课,数量)
as
select couname ,count( * )
from course
group by couname;
```

建好以上视图后,可以使用以下的查询语句进行视图的查询。

```
select * from vw_couamount
```

在不直接支持谓词的系统中,可先建立某个视图,然后在视图上再定义存取权限。

视图也是一种安全措施,并且方便有效、成本低、容易实现。

6.3 审计安全

前面讲的用户标识与鉴别、存取控制仅是安全性标准的一个重要的方面(安全策略方面)而不是全部。为了是 DBMS 达到一定的安全级别,还需要在其他地方提供相应的支持。例如按照 TDI/TCSEC 标准中安全策略的要求,“审计”功能就是 DBMS 达到 C2 以上安全级别必不可少的一项指标。

因为任何系统的安全保护措施都不是完美无缺的,蓄意盗用、破坏数据的人总是想方设法打破控制。审计功能把用户对数据库的所有操作自动记录下来放入审计日志中。DBA 可以利用审计跟踪的信息,重现导致数据库现有状况的一系列事件,找出非法存取数据的人、时间和内容等。

审计跟踪信息通常是很浪费时间和空间,所以 DBMS 往往都将其作为可选特征,允许 DBA 根据应用对安全性的要求,灵活地打开或关闭审计功能。审计功能一般主要用于安全性要求较高的部门。

6.4 数据加密

对于高度敏感性数据，例如财务数据、军事数据、国家机密，除以上安全性措施外，还可以采用数据加密技术。

6.4.1 数据加密

加密的基本思想是根据一定的算法将原始数据变为不可直接识别的格式，从而使不知道解密算法的人无法获知数据的内容。

DBMS中的数据加密有很多的加密算法。如基于"对称密钥"的加密算法主要有：AES、DES、TripleDES、RC2、RC4、RC5和Blowfish等。

"非对称密钥"的加密算法主要有：RSA、Elgamal、背包算法、ECC(椭圆曲线加密算法)。

本章小结

本章讨论了数据库安全方面的措施，包括存取控制技术、视图技术和审计技术等，存取控制功能可通过SQL的GRANT命令和REVOKE命令来操作，对模式的授权可通过用户user或角色role来进行，特别是数据库对象的角色非常灵活，可以创建后把不同角色分配给不同的数据库用户，有了角色，授权变得非常高效，可以给具有某一角色的所有用户授权或回收权限。所以，使用角色来管理数据库权限可以简化授权的过程。创建用户或角色使用create语句。

在关系数据库中，权限的管理非常细，可以包含对某个对象(表)的select权限，某个对象(表)的更新update权限，某个对象(表)的插入insert权限，这个粒度可以细到可以包含对某个列的select权限，某列的更新update权限，某列的插入insert权限，这些权限的实施还要考虑对象如表的主键及其他约束。否则用户的插入动作可能因为主码为空而被拒绝的情况。

习题

1. 简述数据库的安全性内容。
2. Oracle数据库中如何用户账号，如何创建一个角色，并把该角色授予给该用户。
3. 简述oracle grant命令的使用方法。
4. 简述oracle revoke命令的使用方法。
5. 简述数据库审计技术的作用。
6. 简述视图的安全作用。

第 7 章　数据库的完整性

数据库完整性维护有多种不同的方法，有的在程序的业务逻辑层面进行控制，有的则在 SQL 语言中进行定义和检查，一般由应用程序实现数据库完整性检查有其自身的局限性，常常因各种情况导致数据的不一致，所以本章采用在 SQL 语句中对建表时的各种约束条件来实现数据库完整性控制功能的方法。

一般可通过以下一些简单有效的方法进行：

1. 提供定义完整性约束条件的机制。一般由 SQL 的 DDL 语句实现，如创建表时对字段进行约束，建立主键或外键方式进行数据完整性的约束。

2. 提供完整性的检查的方法。在 insert、update、delete 执行后进行 sqlcode(操作码返回)进行检查。如有问题，进行回滚(rollback)；如果正常，则正常提交(commit)。

3. 通过设置触发器方式，进行数据库的数据的完整性维护。

4. 违约处理。如拒绝执行操作。

7.1　实体完整性

在定义一个数据库对象表时，采用主键即 primary key 来限制某一个字段或某几个字段的组合为主键，这样对应的字段其值是唯一(Unique)的。一般一个表必须配置一个主键，以区别每条记录。常用的主键常常为 ID 号，如身份证号、学号、会员号等，而允许有重复的值出现的字段，则不宜定义为主键，如姓名字段，如在该字段上定义为主键，如果有重名的人的记录要进行插入操作(insert)则 SQL 语句执行时会报错。

主键定义方法：在 create table 中用 primary key 定义。如果是单个字段定义主键，可在字段类型后加上 primary key 定义，称为列一级定义。如果是将多个字段组合定义为主键，则必须放在建表 SQL 语句的最后部分，写上 PRIMARY KEY(字段 1，字段 2，…)。下面举几个例子：

例 1：
```
create table employee
        (ID varchar(10) primary key,          //在列级定义主码
        name varchar(20) not null,
        sex varchar(2),
        age smallint,
```

```
dept varchar(20));

等同于:
create table employee
(ID varchar(10),
name varchar(20) not null,
sex varchar(2),
age smallint,
dept varchar(20),
primary key (sno) ),                //也可在表级定义主码
```

例 2：
```
Create table chengji
    (Sno varchar(9) not null,
    Cno varchar(4) not null,
    Grade amallint,
    Primary key (Sno,Cno));          //组合主健只能在表级定义主码
```

7.2 实体完整性检查和违约处理

实体完整性检查包括：

1. 检查主码值是否唯一，如果不唯一则拒绝插入或修改。

检查主码值是否唯一，一种方法是全表扫描，十分耗时。另一种方法是在主码上自动建立一个索引，如“B+树”索引，如图 7.1 所示。

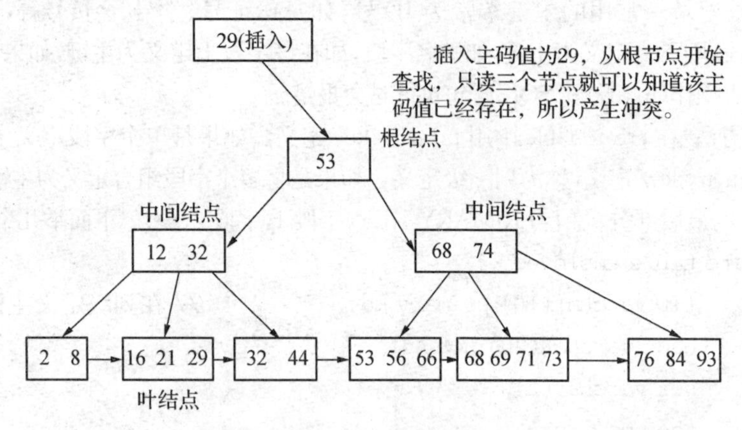

图 7.1 插入主码 29 引起的冲突

2. 检查主码值是否为空，只要有一个为空就拒绝插入或修改。

7.3　参照完整性

关系模型的参照完整性在 CREATE TABLE 中用 FOREIGN KEY 语句定义某列为外码，用 REFRENCES 短语指明这些主码参照哪些表的主码，从而发生表与表间字段的参照比较。

参照完整性规则：

若属性(或属性组)F 是基本关系 R 的外码，它与基本关系 S 的主码 ks 相对应(基本关系 R 和 S 不一定是不同的关系)，则对于 R 中每个元组在 F 上的值必须有：

① 取空值(F 的每个属性值均为空置)

② 等于 S 中某个元组的主码值(非空置)

例 1：定义 chengji 表(成绩表)中的参照完整性

```
CREATE TABLE chengji
                    (Sno CHAR(5) NOT NULL,
                    Cno CHAR(3) NOT NULL,
                    Grade INT,
                    Primary Key (Sno, Cno),// 定义了组合主键
Foreign Key(Sno) References Student(Sno),// 定义 Sno 为外键,参照 Student 表
(Sno)
Foreign Key(Cno) References Course (Cno);// 定义 Cno 为外键,参照表 Course
(Cno));
```

表 7.1　参照完整性检查和违约处理

被参照表(Student)	参照表(chengji)	违约处理
可能破坏参照表完整性	插入元组	拒绝
可能破坏参照表完整性	修改外码值	拒绝
删除元组	可能破坏参照完整性	拒绝/级连删除/设置为空值
修改主码值	可能破坏参照完整性	拒绝/级连修改/设置为空值

拒绝操作：不允许执行该操作，常为默认策略。

级连(Cascade)操作：当删除或修改被参照表的元组从而造成了与参照表不一致，则删除或修改参照表中的所有不一致的元组。

设置为空值(set null):当删除或修改被参照表元组从而造成了参照表不一致,则将参照表中的所有不一致的元组的对应属性设置为空置(不破坏实体完整性的情况下)。

例 2:参照完整性的定义

```
CREATE TABLE SC
  (Sno CHAR(5)Not Null,
    Cno CHAR(14),
       Grade INT,Primary Key(Sno,Cno),
Foreign Key (Sno) References Student(Sno),
Foreign Key(Cno) References Course(Cno)
);
```

例 3 参照完整性的定义

```
CREATE TABLE Course
(Cno CHAR(1) Primary key,
 Cname CHAR(10),
 Cpno CHAR(1),
 Ccredit int,
 Foreign Key(Cpno) References Course(Cno)
);
```

RDBMS 在实现参照完整性时,除了提供主码和外码的机制外,还需要提供不同的策略供用户选择。选择哪种策略,要根据应用环境的要求确定。

7.4 用户定义的完整性

(1) 用户定义的完整性就是针对某一具体应用的数据必须满足的语义要求。

(2) RDBMS 提供完整性检查,而不必由应用程序承担。

7.4.1 属性上的约束条件的定义

在 CREATE TABLE 时定义

(1) 列值非空(NOT NULL);

(2) 列值唯一(UNIQUE);

(3) 检查列值是否满足一个布尔表达式(CHECK)。

1. 不允许取空值

例:在定义 SC 表时,说明所有属性不允许取空值。

```
CREATE TABLE SC
    (Sno CHAR(9) NOT NULL,
    Cno CHAR(4) NOT NULL,
    Grade SMALLINT NOT NULL,
    PRIMARY KEY(Sno,Cno)
    );
```

2. 列值唯一

例：建立部门表 DEPT，要求部门名称 Dname 列取值唯一，部门编号 Deptno 列为主码

```
CREATE TABLE DEPT
    (Deptno NUMERIC(2),
    Dname CHAR(9) UNIQUE,
    Location CHAR(10),
    PRIMARY KEY(Deptno)
    );
```

3. 用 CHECK 短语指定列值应该满足的条件

例：Student 表的 Ssex 只允许取"男"或"女"

```
  CREATE TABLE Student
    (Sno CHAR(9) PRIMARY KEY,
      Sname CHAR(8) NOT NULL,
      Ssex CHAR(2) CHECK(Ssex IN('男','女')),
      Sage SMALLINT,
      Sdept CHAR(20)
      );
```

例：SC 表的 Grade 的值应该在 0 和 100 之间

```
CREATE TABLE SC
    (Sno CHAR(9) NOT NULL,
    Cno CHAR(4) NOT NULL,
    Grade SMALLINT CHECK(Grade>=0 AND Grade<=100),
    PRIMARY KEY(Sno,Cno),
    FORENGIN KEY(Sno)REFERENCES Student(Sno),
    FORENGIN KEY(Cno)REFERENCES Course(Cno)
    );
```

7.4.2 属性上的约束条件检查和违约处理

在插入元组或修改属性的值时，RDBMS 检查元组上的约束条件是否被满足，如果不满足则操作被拒绝执行。

元组上的约束条件的定义：

1. 在 Create TABLE 时可以用 CHECK 子句定义元组上的约束条件，即元组级的限制。

2. 同属性值限制相比，元组级的限制可以设置不同属性之间的取值的相互约束条件。

7.4.3 域中的完整性限制

域完整性是针对某一具体关系数据库的约束条件。它保证表中某些列不能输入无效的值。

域完整性指列的值域的完整性。如数据类型、格式值域范围、是否允许空值等。域完整性限制了某些属性中出现的值，把属性限制在一个有限的集合中。例如，如果属性类型是整数，那么它就不能是任何非整数。

SQL 支持域的概念，并可以用 CREATE DOMAIN 语句建立一个域。

建立一个部门域，并声明部门域的取值范围。

1. CREATE DOMAIN DEPT_Domain CHAR(2)

```
    CHECK(VALUE IN('1','2','3','4'));
```

2. 对 EDEPT 的说明可以改写为：

```
EDEPT DEPT_Domain
```

3. 建立一个部门域 DEPT_Domain，并对其中的限制命名。

```
CREATE DOMAIN DEPT_Domain CHAR(2)
  CONSTRAINT DD CHECK(VALUE IN('1','2','3','4'));
```

4. 删除域 DEPT_Domain 的限制条件 DD。

```
ALTER DOMAIN DEPT_Domain
        DROP CONSTRAINT DD;
```

除了以上的完整性策略外，下面介绍触发器在数据的完整性、安全性方面的作用。

7.5 触发器

触发器(Trigger)是 SQL 提供给程序员和数据分析员来保证数据完整性的一种方法，它是与事件相关的特殊的存储过程，它的执行不是由程序调用，也不是手工启动，而是由事件来触发，比如当对一个表进行操作(insert，delete，update)时就会激活它并执行。触发器

经常用于加强数据的完整性约束和业务规则等。触发器可以从 DBA_TRIGGERS,USER_TRIGGERS 数据字典中查到触发器的基本信息。

触发器可以查询其他表,而且可以包含复杂的 SQL 语句。它们主要用于强制服从复杂的业务规则或要求。例如:可以根据客户当前的账户状态,控制是否允许插入新订单。

触发器也可用于强制引用完整性,以便在多个表中添加、更新或删除行时,保留在这些表之间所定义的关系。然而,强制引用完整性的最好方法是在相关表中定义主键和外键约束。触发器与存储过程的唯一区别是触发器不能执行 EXECUTE 语句调用,而是在用户执行 Transact - SQL 语句时自动触发执行。

7.6 创建触发器 SQL 语法

创建触发器可以使用以下 SQL 格式:

```
CREATE TRIGGER <databaseName>.<triggerName>
<[ BEFORE | AFTER ]> <[ INSERT | UPDATE | DELETE ]>
ON [dbo]<tableName>                          // dbo 代表该表的所有者
FOR EACH ROW|STATEMENT
When <trigger condition>
BEGIN
- - do something
END
```

创建触发器需要授权,表的拥有者可在表上创建触发器,并且有数量上的限制。

触发条件是指触发器被激活时,当触发条件为真时触发动作体才执行;否则触发动作体不执行。如果省略 when 触发条件,则触发动作体在触发器激活后立即执行。

触发事件可以是 INSERT,DELETE 或 UPDATE,也可以是几个的组合,如 insert or delete 组合事件等。UPDATE 后面还可以有 OF<column,column>来进一步说明修改哪些列时触发器被激活。

触发器的类型可以分为行级触发器(FOR EACH ROW)和语句级触发器(FOR EACH STATEMENT)。

触发动作体是一个 PL/SQL 或 T - SQL 过程块,也可以是已创建好的存储过程,而可实现的一些比较复杂的业务逻辑。

如果是行级触发器,在触发过程体中使用 NEW 或 OLD 来表示 UPDATE/INSERT 事件的新值和旧值,非常方便灵活。

7.7　激活触发器

触发器的执行，是由触发事件激活的，并由数据库服务器自动执行的。同一个表上的多个触发器激活时遵循如下的执行顺序：

(1) 执行该表上的 BEFORE 触发器；

(2) 激活触发器的 SQL 语句；

(3) 执行该表上的 AFTER 触发器。

对于同一个表上的多个 Before(After)触发器，按照触发器创建的时间先后顺序执行。

7.8　删除触发器

删除触发器的 SQL 语法如下：

DROP TRIGGER <触发器名> ON <表名>;

触发器必须是一个已经创建的触发器，并且只能由具有相应权限的用户删除。

以上是从 SQL 语句层面进行数据完整性考虑，其实在数据库设计表对象时，应学会利用范式规范基本原理，有效去除重复数据，使插入或删除更有效。下一章简单介绍一下这方面的内容。

本章小结

本章讨论了数据库完整性方面的措施，包括实体完整性定义方面，实体完整性检查和违约处理等方面，参照完整性及用户定义的完整性各个方面，其目的就是保证数据库数据在插入、修改、删除时能确保数据的完整一致，是数据库的基本特征，完整性的设计方法可通过主键、外键、非空、Unique、规则、触发器等进行定义约束、限制和控制。

习题

1. 简述数据库的完整性设计要求。
2. 描述属性约束中的 not null 含义。
3. 描述属性约束中的 Unique 含义。
4. 简述属性约束中的 check 含义。
5. 创建一张工资表，定义列级主码或表级主码。
6. 简述触发器在维护数据完整性方面的作用。

第8章　关系数据库函数依赖及范式基本理论

在关系数据库设计中涉及范式规范，主要涉及第一、第二、第三范式等，这种规范对于数据库设计是有帮助的，使我们能评价一个数据库设计的好坏，知道为什么要把相关的一组属性放在一起、放在一个关系中。而有的属性必须另设一张表，避免产生数据冗余。数据冗余产生了，如何消除冗余？这些都是我们在设计数据库表对象时要考虑的。另外，在某些特定的性能指标要求下，还需要一些冗余。冗余使我们查询或编程更方便，这时有点冗余是允许的。所以该理论要灵活运用，去解决应用中存在的问题，要进行平衡。

评价关系模式的好坏常常可以从两个层次进行评价，第一层次就是在逻辑层次，数据库设计或应用人员能比较关系中的属性设计是否合理，关系是简单明了还是复杂、冗余。第二个层次则是在实现（或存储）层次，即元组（tuple）在数据库中是如何存储、如何更新的，更新是否方便有效。

下面我们先开始介绍一下数据依赖，以及冗余产生的机理，最后通过范式规范消除冗余。

8.1　函数依赖

函数依赖的定义是：设R(U)是一个属性集U上的关系模式，X和Y是U的子集。

若对于R(U)的任意一个可能的关系r，不可能存在两个元组在X上的属性值相等，而在Y上的属性值不等，则称“X函数确定Y”或“Y函数依赖于X”，记作X→Y。

说明：

1. 函数依赖不是指关系模式R的某个或某些关系实例满足的约束条件，而是指R的所有关系实例均要满足的约束条件。

2. 函数依赖是语义范畴的概念。只能根据数据的语义来确定函数依赖。

例如“姓名→年龄”这个函数依赖只有在不允许有同名人的条件下成立。

3. 数据库设计者可以对现实世界作强制的规定。例如规定不允许同名人出现，函数依

赖"姓名→年龄"成立。所插入的元组必须满足规定的函数依赖,若发现有同名人存在,则拒绝装入该元组。

例:Student(Sno, Sname, Ssex, Sage, Sdept)

假设不允许重名,则有:

Sno → Ssex,Sno → Sage, Sno → Sdept,

Sno ←→ Sname, Sname → Ssex, Sname → Sage

Sname → Sdept

例:在关系 SC(Sno, Cno, Grade)中,由于:Sno→Grade,Cno→Grade,因此:(Sno, Cno) →Grade

8.2 码

码是关系数据库模式设计中一个重要概念。若关系中的某一属性组的值能唯一地标识一个元组,则称该属性组为候选码(Candidate key)。

若一个关系中有多个候选码(Candidate key),则选定一个作为主码(Primary Key)。

如果以函数 y=f(x)的输入量和输出量之间的依赖关系,来表征数据库关系中属性之间的依赖关系,则更易理解和明了,有函数依赖 FD(Function Dependency)和多值依赖 MVD(Multi-Valued Dependency)。

定义:设K为关系模式R(U,F)中的属性或属性组合。若F→U,则K称为R的一个候选码(Candidate Key)。若关系模式R有多个候选码,则选定其中的一个做为主码(Primary Key)。

在极端的情况下,关系模式的所有属性都是这个关系模式的候选码,则称为全码(ALL KEY)即整个属性组是全码(ALL KEY)。

在定义一个关系时要考虑哪个是主属性(主码),哪些是非主属性(非主码)。

举例来说,如果员工表 employee 中有员工号(ID),姓名(NAME),部门(Dept)等属性。

通过ID号能唯一标识一个员工的姓名、部门等,所以ID是主属性,而姓名则是非主属性,不能被唯一确定(如有重名的情况)。

关系模式R中属性或属性组X并非R的码,但X是另一个关系模式的码,则称X是R的外部码(Foreign key),也称外码。主码又和外部码一起提供了表示关系(表)间联系的手段。

8.3　数据依赖

1. 完整性约束的表现形式

数据库应用中常常某些字段涉及数量取值的问题并加以限制。限制属性取值范围:例如学生成绩采用百分制则数值必须在 0～100 之间。

定义属性值间的相互关联(主要体现于值的相等与否),这就是数据依赖,它是数据库模式设计的关键。

2. 数据依赖:是一个关系内部属性与属性之间的一种约束关系。它是现实世界属性间相互联系的抽象,是数据内在的性质,是语义的体现。

3. 关系模式的简化表示

关系是一个二维表,是其所涉及属性的笛卡尔积的一个子集,一个关系模式应当是一个五元组,其形式化定义为:R(U, D, DOM, F),其中:

R:关系名

U:组成该关系的属性名集合

D:属性组 U 中属性所来自的域

DOM: 属性向域的映像集合

F:属性组 U 上的一组数据依赖

在关系模式:R(U, D, DOM, F)中,影响数据库模式设计的主要是 U 和 F(F:属性组 U 上的一组数据依赖), D 和 DOM 对其影响较小。为了方便讨论,将关系模式简化为一个三元组:R(U, F)。当且仅当 U 上的一个关系 r 满足 F 时,r 称为关系模式 R(U,F)的一个关系。

数据依赖的类型:函数依赖(Functional Dependency,简记为 FD)和多值依赖(Multi - Valued Dependency,简记为 MVD),下面通过例子来了解数据依赖对关系模式的影响。

例:一个公司里描述员工(EMPLOYEE)信息的关系如表 8.1 所示:

表 8.1 EMPLOYEE(员工)关系字段间的依赖关系

Employee_Name	ID	Birthday	Address	Dept_NO
李 娜	01101	1980-12-03	天坛路 48 号,北京	研发部
王 宏	10110	1987-11-09	健康路 49 号,南京	工程部
余 芳	01108	1981-11-03	浦东路 50 号,上海	工程部
吴 天	12001	1985-12-01	稻香楼路 49 号,合肥	财务部
王 毓	13476	1986-08-01	浦口路 50 号,南京	人事部

在这个员工的语义中,包含了以下信息:

一个部门有若干员工,一个员工一般属于一个部门;每个部门由一个 Manager 组成。

每个员工的总工作时间各有不同,按此时间来计算工资。

那么上述的信息在哪里表示呢?可以在员工表中添加以上这些信息形成一个较长的属性的表,如下表 8.2 所示。这样,上面的表新增的上列属性如下表所示:

表 8.2 EMPLOYEE(员工)关系字段间的依赖关系

Employee_Name	ID	Birthday	Address	Dept_NO	Manager	Working_time	Project
李 娜	01101	1980-12-03	天坛路 48 号,北京	研发部	李 天	43 小时	Database
王 宏	10110	1987-11-09	健康路 49 号,南京	工程部	王 瑜	49 小时	Software
余 芳	01108	1981-11-03	浦东路 50 号,上海	工程部	章 为	45 小时	Network
吴 天	12001	1985-12-01	稻香楼路 49 号,合肥	财务部	钟 杰	48 小时	Financial
王 毓	13476	1986-08-01	浦口路 50 号,南京	人事部	李 然	19 小时	Human

从上述的语义中可以得到属性组 U 上的一组函数依赖 F:

F={ID→Dept_NO, Dept_NO→Manager,(ID,Dept_NO) → Project }

员工数据库表字段:

员工的 ID 号(ID)、所在部门(Dept_NO)、参与项目(Project)、工作时间(working_time)

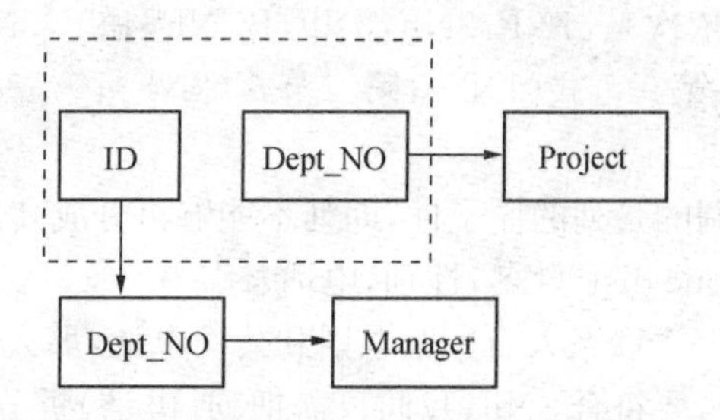

图 8.1　员工表 EMPLOYEE 上的一组函数依赖

关系模式 EMPLOYEE<U，F>中存在的问题：

1. 数据冗余太大：相同的信息重复出现，占用的存储空间大。如部门(Dept_NO)，项目(Project)字段中的内容。

2. 更新异常：数据冗余。更新数据时，系统要付出很大的代价来维护数据库的完整性。

例：修改某项目名称后，系统必须修改与该项目有关的员工的每一个元组。

3. 插入异常：该插的数据插不进去

如果一个项目刚成立，没有员工，就无法把这个部门及其部门经理的信息存入数据库。

4. 删除异常：不该删除的数据被删除

例：如果一个员工辞职了，则删除该员工信息的同时，该部门的信息也将丢失。

结论：1. Employee 关系模式不是一个好的模式。

2. "好"的模式：不会发生插入异常、删除异常、更新异常，数据冗余应尽可能少。

原因：由于存在于模式中的某些数据依赖引起的。

方法：通过分解关系模式来消除其中不合适的数据依赖。

规范化理论就是用来改造关系模式，通过分解关系模式来消除其中不合适的数据依赖，解决插入异常、删除异常、更新异常和数据冗余问题。

8.4　范　式

范式是关系数据库理论的基础，也是我们在设计数据库结构过程中所要遵循的规则和指导方法。范式是符合某一种级别的关系模式的集合。关系数据库中的关系必须满足一定的要求。

范式的种类：

第一范式(1NF)，第二范式(2NF)，第三范式(3NF)，BC 范式(BCNF)，第四范式(4NF)，第五范式(5NF)。

某一关系模式 R 为第 n 范式，可简记为 R∈nNF。

目前共有8种范式，依次是：1NF，2NF，3NF，BCNF，4NF，5NF，DKNF，6NF。通常所用到的是前三个范式，即：第一范式(1NF)，第二范式(2NF)，第三范式(3NF)。下面就简单介绍下这三个范式。

第一范式(1NF)：强调的是列的原子性，即列不能够再分成其他几列。

考虑这样一个表：phone_list(姓名，性别，电话)

如果在实际场景中，一个联系人有家庭电话和公司电话，那么这种表结构设计就没有达到第一范式(1NF)的要求，要符合1NF，我们只需把列(电话)拆分，即：phone_list(姓名，性别，家庭电话，公司电话)。

1NF很好辨别，但是2NF和3NF就容易搞混淆。

第二范式(2NF)：首先是1NF，另外包含两部分内容，一是表必须有一个主键；二是没有包含在主键中的列必须完全依赖于主键，而不能只依赖于主键的一部分。例如：

考虑一个订单明细表：

OrderDetail(OrderID，ProductID，UnitPrice，Discount，Quantity，ProductName)。

已知在一个订单中客户可以订购多种产品，所以仅仅一个OrderID是不足以成为主键的，主键应该是(OrderID，ProductID)。显而易见Discount(折扣)，Quantity(数量)完全依赖(取决)于主键(OderID，ProductID)，而UnitPrice(单价)，ProductName(产品名称)只依赖于ProductID。所以OrderDetail表不符合2NF。不符合2NF的设计容易产生冗余数据。

解决的办法可以把OrderDetail拆分为OrderDetail(OrderID，ProductID，Discount，Quantity)和Product(ProductID，UnitPrice，ProductName)二张表来消除原订单表中UnitPrice(单价)，ProductName(产品名称)多次重复的情况。

第三范式(3NF)的要求：首先是2NF，另外非主键列必须直接依赖于主键，不能存在传递依赖。即不能存在：非主键列A依赖于非主键列B，非主键列B依赖于主键的情况。

考虑一个订单表Order(OrderID，OrderDate，CustomerID，CustomerName，CustomerAddr，CustomerCity)，主键是(OrderID)。

其中OrderDate(订单日期)，CustomerID(客户ID)，CustomerName(客户姓名)，CustomerAddr(客户地址)，CustomerCity(客户所在城市)等非主键列都完全依赖于主键(OrderID)，所以符合2NF。不过问题是CustomerName，CustomerAddr，CustomerCity直接依赖的是CustomerID(非主键列)，而不是直接依赖于主键OrderID，它是通过传递才依赖于主键，所以不符合第三范式(3NF)。

解决的办法是通过拆分Order表为Order(OrderID，OrderDate，CustomerID)和Customer(CustomerID，CustomerName，CustomerAddr，CustomerCity)两张表，从而达到3NF。

第二范式(2NF)和第三范式(3NF)的概念很容易混淆，区分它们的关键点在于，2NF：

非主键列是否完全依赖于主键,还是依赖于主键的一部分;3NF:非主键列是直接依赖于主键,还是直接依赖于非主键列。

总结一下,简单来说——范式将帮助我们来保证数据的有效性和完整性。规范化的目的如下:

1. 消灭重复数据。
2. 避免编写不必要的,用来使重复数据同步的代码。
3. 保持表的瘦身,以及减少从一张表中读取数据时需要进行的读操作数量。
4. 最大化聚集索引的使用,从而可以进行更优化的数据访问和联结。
5. 减少每张表使用的索引数量,因为维护索引的成本很高。

规范化旨在挑出复杂的实体,从中抽取出简单的实体。这个过程一直持续下去,直到数据库中每个表都只代表一件事物,并且表中每个描述的都是这件事物为止。

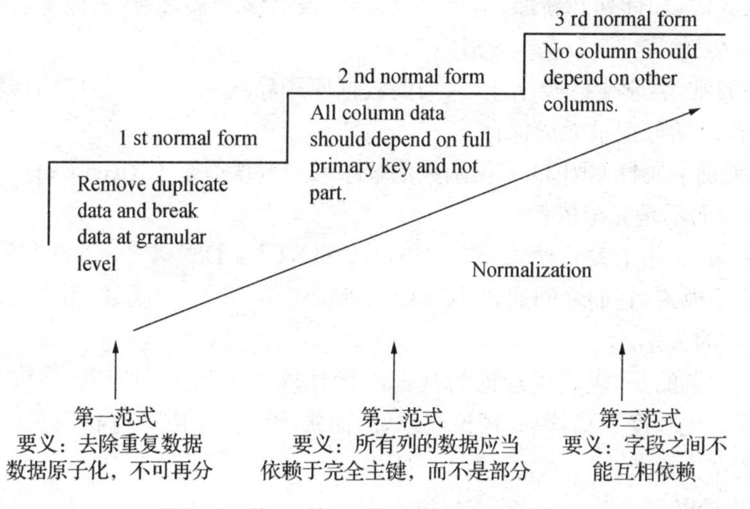

图 8.2　第一、第二、第三范式的不同要求

第一范式(1NF):每个属性都只应表示一个单一的信息值,而非多个值组合。

需要考虑几点:

即属性是原子性的,需要考虑是否分解的足够彻底,使得每个属性都表示一个单一的值。分解原则为:当你需要分开处理每个部分时才分解值,并且分解到足够用就行(即使当前不需要彻底分解属性,也应该考虑未来可能的需求变更。)。

因此实体必须符合 1NF(第 1 范式),每个属性描述的东西都必须针对整个键。

第二范式(2NF)是数据库规范化中所使用的一种正规形式。它的规则是要求数据表里的所有数据都要和该数据表的主键有完全依赖关系;如果有哪些数据只和主键的一部份有关的话,它就不符合第二范式。同时可以得出:如果一个数据表的主键只有单一一个字段的话，它就一定符合第二范式(前提是该数据表符合第一范式)。

采用投影分解法将一个1NF的关系分解为多个2NF的关系，可以在一定程度上减轻原1NF关系中存在的插入异常、删除异常、数据冗余度大、修改复杂等问题。

将一个1NF关系分解为多个2NF的关系，并不能完全消除关系模式中的各种异常情况和数据冗余。

例：选课关系SCI(SNO,CNO,GRADE,CREDIT)，其中SNO为学号，CNO为课程号，GRADE为成绩，CREDIT为学分。根据以上条件，关键字为组合关键字(SNO,CNO)。

在应用中使用以上关系模式有以下问题：

(1) 数据冗余，假设同一门课由40个学生选修，学分就重复40次。

(2) 更新异常，若调整了某课程的学分，相应的元组CREDIT值都要更新，有可能会出现同一门课学分不同。

(3) 插入异常，如计划开新课，由于没人选修，没有学号关键字，只能等有人选修才能把课程和学分存入。

(4) 删除异常，若学生已经结业，从当前数据库删除选修记录。某些门课程新生尚未选修，则此门课程及学分记录无法保存。

原因：非关键字属性CREDIT仅函数依赖于CNO，也就是CREDIT部分依赖组合关键字(SNO,CNO)而不是完全依赖。

解决方法：分成两个关系模式SC1(SNO,CNO,GRADE)，C2(CNO,CREDIT)。新关系包括两个关系模式，它们之间通过SC1中的外关键字CNO相联系，需要时再进行自然联接，恢复了原来的关系。

最后应当强调的是，规范化理论为数据库设计提供了指南和工具，但仅仅是指南和工具。并不是规范化程度越高，模式理论就越好，而必须结合应用环境和现实世界的具体情况合理的选择数据库模式。

第三范式3NF

每个非关键字列都独立于其他非关键字列，并依赖于关键字。第三范式指数据库中不能存在传递函数依赖关系。

采用投影分解法将一个2NF的关系分解为多个3NF的关系，可以在一定程度上解决原2NF关系中存在的插入异常、删除异常、数据冗余度大、修改复杂等问题。

将一个2NF关系分解为多个3NF的关系后，并不能完全消除关系模式中的各种异常情况和数据冗余。

例：如Student(SNO,SNAME,DNO,DNAME,LOCATION)各属性分别代表学号，姓名，所在系，系名称，系地址。

关键字(主键)SNO决定各个属性。由于是单个关键字，没有部分依赖的问题，肯定是2NF。但这关系肯定有大量的冗余，有关学生所在系的信息属性DEPTNO(系ID)，

DNAME(系名),LOCATION(系的位置)将重复存储,插入,删除和修改时也将产生类似以上例的情况。

原因:关系中存在传递依赖造成的。即 SNO -> DEPTNO。而 DEPTNO -> SNO 却不存在,DEPTNO -> LOCATION,因此关键字 SNO 对 LOCATION 函数决定是通过传递依赖 DEPTNO -> LOCATION 实现的。也就是说,SNO 不直接决定非主属性 LOCATION。

解决目的:每个关系模式(schema)中不能留有传递依赖。

解决方法:分为两个关系 Student(SNO,SNAME,DEPTNO),Dept(DEPTNO,DNAME,LOCATION)

注意:关系 Student 中不能没有外关键字 DEPTNO。否则两个关系之间失去联系。

除了以上介绍的第一范式(1NF),第二范式(2NF),第三范式(3NF)外,还有 BC 范式(BCNF),第四范式(4NF),第五范式(5NF),有兴趣的同学可参考其他资料了解该部分的内容。

总之,所有属性描述的都应该是体现被建模实体的本质的内容。至少必须有一个键,它唯一地标识和描述了所建实体的本质。

本章小结

本章讨论了关系数据库函数依赖及范式基本理论,重点介绍第一范式(1NF),第二范式(2NF),第三范式(3NF),这些范式在设计数据库表对象时,对于信息的相互依存、相关性等关系有很多帮助,帮助我们把表设计的更合理、查询更方便高效,数据的冗余更合理。除了以上范式外,还有 BCNF 范式,第四范式(4NF),第五范式(5NF),有兴趣的同学可参考其他资料了解该部分的内容。

习题

1. 简述数据库的函数依赖的含义。
2. 描述数据库表对象的候选码的含义。
3. 描述数据库表对象的全码的含义。
4. 简述何谓第 1 范式(1NF),并举例说明。
5. 简述何谓第 2 范式(2NF),并举例说明。
6. 简述何谓第 3 范式(3NF),并举例说明。

第 9 章　数据库设计

数据库设计(Database Design)是指对于一个给定的应用环境,构造最优的数据库模式,建立数据库及其应用系统,使之能够有效地存储数据、查询数据、操作数据和维护数据。满足各种用户的应用需求(信息要求和处理要求)。在数据库领域内,常常把使用数据库的各类系统统称为数据库应用系统。

数据库设计应该与应用系统的设计相结合。即数据库的设计内容主要包括二个方面,一是结构设计,也就是设计数据库框架或者数据库结构;二是行为设计,也就是应用程序和事务处理等的设计。

从数据库应用系统开发的全过程来考虑,可将数据库的设计归纳为以下 6 个方面:

1. 需求分析。
2. 概念结构设计。
3. 逻辑结构设计。
4. 数据库物理设计。
5. 数据库实施。
6. 数据库的运行与维护。

关系型数据库设计阶段大体要考虑以下三个阶段:

1. 逻辑阶段,除了实体关系,我们还应该考虑属性的域(值类型、范围、约束)。
2. 实现阶段。实现阶段主要针对选择的 RDBMS 定义 E－R 图对应的表,考虑属性类型和范围以及约束。
3. 物理阶段。物理阶段是一个验证并调优的阶段,是在实际物理设备上部署数据库,并进行测试和调优。

9.1　数据库设计总体原则

(1) 降低对数据库功能的依赖

功能应该由程序实现,而非 DB(数据库)实现。原因在于,如果功能由 DB 实现时,一旦

更换的 DBMS 不如之前的系统强大，不能实现某些功能，这时将不得不去修改代码。所以，为了杜绝此类情况的发生，功能应该用程序实现。

(2) 定义实体关系的原则

当定义一个实体与其他实体之间的关系时，需要考虑如下：

关系与表数量：

描述 1:1 关系最少需要 1 张表；

描述 1:n 关系最少需要 2 张表；

描述 n:n 关系最少需要 3 张表。

(3) 定义主键和外键

数据表必须定义主键和外键(如果有外键)。定义主键和外键不仅是 RDBMS 的要求，同时也是开发的要求。几乎所有的代码生成器都需要这些信息来生成常用方法的代码(包括 SQL 索引，定义主键和外键在开发阶段是必须的。

(4) 是否允许 NULL

关于 NULL 我们需要了解它的几个特性：

① 任何值和 NULL 拼接后都为 NULL；

② 所有与 NULL 进行的数学操作都返回 NULL；

③ 引入 NULL 后，逻辑处理时一定要考虑进行转换。

(5) 选择数据类型

数据库中数据的类型比较常用的是字符型类型，数字、数值型类型，正确的选择类型很重要，如姓名等采用字符类型，而工资或收费金额可以使用数值类型，如 decimal 或 numeric。如果定义工资或收费金额是字符类型，那么是不适用的，因为这些类型如果定义了字符，再在之上进行运算，这是非常不方便的，至少要进行类型的转换。

(6) 弄清楚将要开发的应用程序是什么性质的(OLTP 还是 OLAP)

当你要开始设计一个数据库的时候，应该首先要分析出设计的应用程序是什么类型的，它是“事务处理型”(Transactional) 的还是“分析型”(Analytical)的？许多开发人员采用标准化做法去设计数据库，而不考虑目标程序是什么类型的，这样做出来的程序很快就会陷入性能、客户定制化的问题当中。在开发前，有必要了解下，“基于事务处理”和“基于分析”的含义，下面让我们来了解一下这两种类型究竟说的是什么意思。

事务处理型：这种类型的应用程序，你的最终用户更关注数据的增查改删(Creating/Reading/Updating/Deleting)。这种类型更加官方的叫法是“OLTP”。

分析型：这种类型的应用程序，最终用户更关注数据分析、报表、趋势预测等等功能。这一类的数据库的“插入”和“更新”操作相对来说是比较少的。它们主要的目的是更加快速地查询、分析数据。这种类型更加官方的叫法是“OLAP”。

那么换句话说，如果你认为插入、更新、删除数据这些操作在你的程序中更为突出的话，那就设计一个规范化的表，否则的话就去创建一个扁平的、不规范化的数据库结构。

(7) 将数据按照逻辑意义分成不同的块，让查询及统计更快速、简单

这个规则其实就是“三范式”中的第一范式。违反这条规则的一个标志就是，你的查询使用了很多字符串解析函数，例如 substring、charindex 等等。如果是，那就需要应用这条规则了。

(8) 考虑并处理好重复、不统一的数据

重复的数据很容易形成误解，所以不要让重复的数据进入数据库中，解决方法之一是将这些数据完整地移到另外一个主表，然后通过外键引用过来。

(9) 当心被分隔符分割的数据，它们违反了“字段不可再分”

当一个字段信息中包含分隔符的数据列时需要特别注意，分析一下是否需要将这些字段移到另外一个表中，使用外键连接过去，同样地以便于更好的管理。

(10) 当心那些仅仅部分依赖主键的列

留心注意那些仅仅部分依赖主键的列。

这条规则只不过是“三范式”里的“第二范式”：“所有字段都必须完整地依赖主键而不是部分依赖”。

(11) 仔细地选择派生列

如果你正在开发一个 OLTP 型的应用程序，那强制不去使用派生字段会是一个很好的思路，除非有迫切的性能要求，比如经常需要求和、计算的 OLAP 程序，为了性能，这些派生字段就有必要存在了。

这个规则也被称为“三范式”里的第三条：“不应该有依赖于非主键的列”。不要盲目地运用这条规则，应该要看实际情况，冗余数据并不总是坏的。如果冗余数据是计算出来的，看看实际情况再来决定是否应用这第三范式。

(12) 如果性能是关键，不要固执地去避免冗余

不要把“避免冗余”当作是一条绝对的规则去遵循。如果对性能有迫切的需求，考虑一下打破常规。常规情况下你需要做多个表的连接操作，而在非常规的情况下这样的多表连接是会大大地降低性能的。

设计一个性能良好的数据库系统，除了以上数据库设计要求外，应明确应用环境对系统的要求是首要的和基本的。因此，应该把对用户需求的收集和分析作为数据库设计的重要环节来考虑。

9.2　需求分析

需求分析的主要任务是通过详细调查了解客户要处理的信息对象，包括某个组织、某个部门、某个企业的业务管理步骤及流程等等，充分了解原手工或原计算机系统的工作概况及工作流程，明确用户的各种需求，产生数据流图和数据字典，然后在此基础上确定新系统的功能，并产生需求说明书。值得注意的是，新系统必须充分考虑今后可能的扩充和改变，不能仅仅满足于当前应用需求来设计数据库。如数据库的规模，数据库表的设计是否合理，数据是否有许多冗余等。

需求分析具体可按以下几步进行：

(1) 用户需求的收集。

(2) 用户需求的分析。

(3) 撰写需求说明书。

需求分析设计要聚焦客户的组织机构，要对业务进行汇总，并确定系统的边界或接口，从而提出 E－R 概念结构设计规划，定义相应的数据字典。

如何有效进行需求的分析是数据库设计应用开发的重点，可通过现场调查、收集客户的数据产生的源，数据产生的量，数据输出的格式，客户对信息输入输出需求、功能需求、安全性与完整性要求。

信息需求是指用户需要从数据库中获得的信息的内容和性质。由用户的信息需求可以导出数据需求，即在数据库中应该存储哪些数据。

功能需求是指用户要求完成什么处理功能，对某种处理要求的响应时间处理方式指是联机处理还是批处理等。明确用户的功能需求，将有利于后期应用程序模块的设计。

挖掘客户需求的步骤大体如下：

(1) 了解组织架构、部门组成，各部门的职责是什么，为分析信息流程和功能模块提供场景(Scenarios)。

(2) 了解各部门的业务活动情况，调查各部门输入和使用什么数据，如何加工处理这些数据。输出什么信息，输出到什么部门，输出的格式等。在调查活动的同时，要注意对各种资料的收集，如票证、单据、报表、档案、计划、合同等，要特别注意了解这些报表之间的关系，各数据项的含义等(Input and Output)。

(3) 确定新系统的边界。确定哪些功能由计算机完成或将来准备让计算机完成，哪些活动由人工完成。

在调查过程中，根据不同的问题和条件，可采用的调查方法很多，如跟班作业、咨询行业专家、设计调查问卷、查阅历史记录等。但无论采用哪种方法，都必须有用户的积极参与和配合。

用户的参与是数据库设计的一大特点，特别是高层CIO人物的参与是系统成败的一个重要因素。

收集用户需求的过程实质上是数据库设计者对各类管理活动进行调查研究的过程。

主要的活动有以下：

设计模型，设计输入输出界面，通过界面把复杂的系统设计变的可视化和流程化，这些输入输出界面(GUI)多数人都能理解。

和前台或一线业务人员进行流程交流，使系统功能满足一线业务人员的认可，这点很重要再通过高层IT管理人员交流，开专门会议，及早确定系统功能。

概念阶段的主要工作是收集并分析需求。识别需求，主要是识别数据实体和业务规则。对于一个系统来说，数据库主要包括业务数据和非业务数据，而业务数据的定义，则依赖于在此阶段对用户需求的分析。要识别业务实体和业务规则，对系统的整体有初步的认识，并理解数据的流动过程。理论上，该阶段可输出可使用多种文档，比如“用例图”，“数据流图”以及其他一些项目文档。如果能够在该阶段完成这些成果，无疑将会对后期设计工作有莫大的帮助。

当该阶段结束时，你应该能够回答以下问题：

(1) 需要哪些数据？

(2) 数据该被怎样使用？

(3) 哪些规则控制着数据的使用？

(4) 谁会使用该种数据？

(5) 客户想在核心功能界面或者报表上看到哪些内容？

(6) 数据现在在哪里？

(8) 数据是否与其他系统有交互、集成或同步？

(9) 主题数据有哪些？

并且得到如下信息：

(1) 实体和关系。

(2) 属性和域。

(3) 可以在数据库中强制执行的业务规则。

(4) 需要使用数据库的业务过程。

下面就以二级公路亭端的收费流程来分析公路收费流程及需求分析：

从收费亭端看，有以下用例(Case)：

上班操作流程：

操作员按上班键启动登录对话框，在对话框中的工号栏内输入正确的工号，按下回车键(即确认键)；在密码栏内输入正确的密码，按下回车键；输入班次(例如，早班输入1、中班输入2、晚班输入3)，按回车键。如果以上输入都正确，则可进入正常的收费界面，如果以上输入有所错误便会弹出登录错误的提示框(提示框中的内容是提示验证工号密码)，按回车键，可以取

消登录错误提示框，如果要重新登录，需要重新按上班键。

下班操作流程：

在停止收费的情况下，如果下班，需要按下班键，此时会弹出一个提示框，按下提示框中的确定键就可以立即下班，按下取消键可以继续恢复到收费状态。

收费键盘以及功能定义：

◆ 数字键0~9。
◆ 上班键、下班键：处理上下班操作。
◆ 军车键：处理军车车种。
◆ 紧急键：处理特殊车辆，包括110、消防车、救护车等。
◆ 欠费键：处理通行车辆没有金额交费的情况。
◆ 月票键：对于刷卡不成功的月票车，按月票键弹出输入月票卡卡号对话框。
◆ 免费键：对于刷卡不成功的免费车，按免费键弹出输入免费卡卡号对话框。
◆ 公务键：对于刷卡不成功的公务车，按公务键弹出输入公务卡卡号对话框。
◆ 删除键：删除一次不必要的称重信息。
◆ 牵引键：处理牵引车收费。
◆ 放行键(回车键)：处理确认与放行车辆通过。
◆ 客车键(切换键)：在称重系统中称重到非称重状态的转换。
◆ 取消键
◆ 退格键：处理输入数字错误，删除最后一个数字。
◆ 栏杆键：栏杆落下。

该收费键盘是由特殊小键盘定制的，专门用于公路收费使用。

收费操作界面的内容：

此界面分为三部分：左边、右边、下部。

左边：

1. 当前收费车辆的车型以及需要缴纳的金额。

2. 当前收费车辆称重信息：包括被称车辆的准载重量、实际载重量和超速率。

3. 如果数据库网络不通，界面会弹出网络图标，当网络通畅的时候图标则不显示。

4. 车辆的数目以及车轴的数目，如2表示的是正在收费的车辆的轴数，4表示的从称重设备起到收费亭端总共有4辆车没有交费。

5. 栏杆图标“停”表示栏杆未抬起，因此车辆不能通过。

右边：

1. 右边上部分显示的是：由上往下依次为当前年月日、收费员的姓名与工号信息、班次、星期以及时间。

2. 右下部分显示的是由摄像头拍摄的抓拍图像。

下部：

消息的发布：站段向亭端发送消息。

收费操作流程内容：

正常车辆的收费流程：

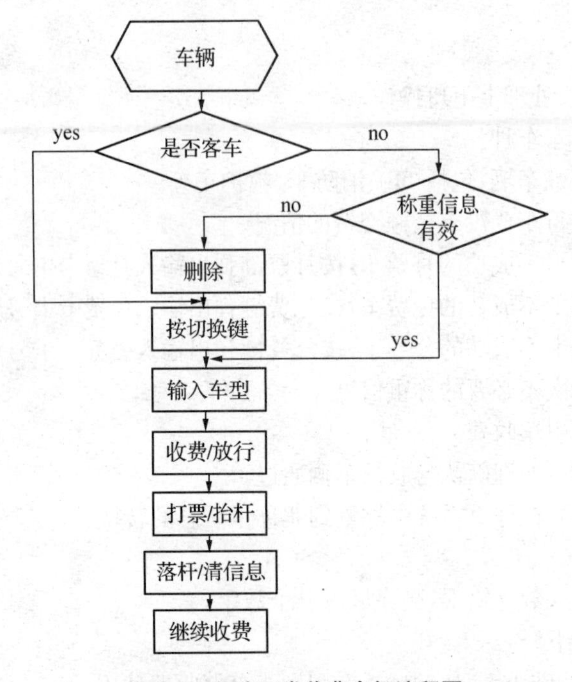

图 9.1　公路正常收费车辆流程图

◆ 车辆驶入收费车道停在收费亭前；

◆ 收费员判断是否为客车。如果是货车(称重车)，收费员需要输入车型，此时屏幕上会显示出称重信息以及缴纳金额；如果是客车，收费员需要按下客车键，然后输入车型，屏幕会显示收费金额。按客车键显示“非称重”提示框。

◆ 收费员收取现金，按下放行键；

◆ 打印机打印票据(如果票据打印失败，可以使用定额票据)；

◆ 电动栏杆抬起；

◆ 车辆驶过监视器，栏杆落下；

◆ 屏幕显示下一辆车称重信息，可进行下一车辆的收费。

9.3 概念结构设计

人们把数据库设计分为需求分析、概念结构设计、逻辑结构设计、物理结构设计、数据库实施、数据库运行与维护 6 个设计阶段。概念结构设计就是对信息世界进行建模，常用的概念模型是 E-R 模型，它是 P. P. S. Chen 于 1976 年提出来的。

概念数据模型的设计主要在系统开发数据库设计阶段使用，是按照用户的观点来对数据和信息进行建模，利用实体关系图来实现。它描述系统中的各个实体以及相关实体之间的关系，是系统特性和静态的描述。数据字典(DD，Data Dictionary)也将是系统进一步开发的基础。

概念模型是现实世界到机器世界的一个中间层次，是现实世界的第一个层次，是用户与设计人员之间进行交流的语言。因此，通常是将现实世界中的客观对象首先抽象为不依赖任何具体机器的信息结构，这种信息结构就是概念模型。在进行数据库设计时，概念设计是非常重要的一步，通常对概念模型有以下要求：

(1) 真实、充分地反映现实世界中事物和事物之间的联系，有丰富的语言表达能力，能表达用户的各种需求，包括描述现实世界中各种对象及其复杂的联系、用户对数据对象的处理要求的手段。

(2) 简明易懂，能够为非计算机专业的人员所接受。

(3) 容易向数据模型转换。易于从概念模式导出与数据库管理系统有关的逻辑模式。

(4) 易于修改。当应用环境或应用要求改变时，容易对概念模型修改和补充。

在概念模型中涉及的主要概念有：

(1) 实体(Entity)：客观存在并可相互区别的事物称为实体。实体可以是具体的人、事、物，例如一名学生，一门课程等；也可以是抽象的概念或联系，例如一次选课，一场竞赛等。

(2) 属性(Attribute)：每个实体都有自己的一组特征或性质，这种用来描述实体的特征或性质称为实体的属性。例如，学生实体具有学号、姓名、性别等属性。不同实体的属性是不同的。实体属性的某一组特定的取值(称为属性值)确定了一个特定的实体。属性的可能取值范围称为属性域，也称为属性的值域。例如，学号的域为 8 位整数，姓名的域为字符串集合，性别的域为(男，女)。实体的属性值是数据库中存储的主要数据。根据属性的类别可将属性分为基本属性和复合属性。基本属性(也称为原子属性)是不可再分割的属性。例如，性别就是基本属性，因为它不可以再进一步划分为其他子属性。而某些属性可以划分为多个具有独立意义的子属性，这些可再分解为其他属性的属性就是复合属性(也称为非原子属性)。例如，地址属性可以划分为邮政编码、省名、市名、区名和街道子属性，街道可以进一步划分为街道名和门牌号码两个子属性。因此，地址属性与街道都是复合属性。根据属性的取值可将属性分为单值属性和多值属性。

同一个实体只能取一个值的属性称为单值属性。多数属性都是单值属性。例如,同一个人只能具有一个出生日期,所以人的生日属性是一个单值属性。同一实体可以取多个值的属性称为多值属性。如零件的价格也是多值属性,因为一种零件可能有代销价格、批发价格和零售价格等多种销售价格。

(3) 码(Key):唯一标识实体的属性集称为码。例如学号是学生实体的码。码也称为关键字或简称为键。

(4) 实体型(Entity Type):具有相同属性的实体必然具有共同的特征和性质。用实体名及其属性名集合来抽象和刻画同类实体,称为实体型。例如学生(学号,姓名,性别)就是一个实体型。

9.4 逻辑结构设计

数据库的逻辑结构设计的主要任务是把概念结构设计阶段设计好的数据模型 E-R 转换为与所选用的 RDBMS 产品所支持可以处理的数据库的逻辑结构。本节主要介绍以下内容:

- 逻辑模型
- 关系模型
- 关系规范化
- 逻辑结构设计的任务

9.4.1 逻辑模型

概念模型经过转换成为逻辑模型(也称为结构数据模型、组织层数据模型,常简称为数据模型)。它直接面向数据库的逻辑结构,直接与所选用的 DBMS 厂家有关。

(1) E-R 图向关系模型的转换

关系模型是目前最重要、应用最广泛的一种数据模型。现在主流的数据库系统大都是基于关系模型的关系数据库系统(Relational Database System)。关系模型是由美国 IBM 公司 San Jose 研究室的研究员 E. F. Codd 于 1970 年首次提出的。20 世纪 80 年代以来,计算机新推出的 DBMS 几乎都支持关系模型。

(2) 数据结构。在关系数据模型中,把二维表格称为关系,表中的列称为属性,属性的取值范围称为域,表中的一行称为一个元组,元组用关键字标识。关系模型是由若干关系模式组成的集合。在关系模型中用二维表表示实体集及其属性,用二维表描述实体集间的联系。

逻辑结构设计的任务是把在概念结构设计阶段设计好的 E-R 模型转换为具体的数据库管理系统支持的数据模型。本节以关系模型为例,介绍逻辑结构设计的任务,主要包括两个步骤:将 E-R 模型转换为关系模型和关系模型的优化。

1. E-R 模型向关系模型的转换

图 9-2 所示的 E-R 图中的 4 个实体学生、课程、教师、系分别转换成以下 4 个关系模式：

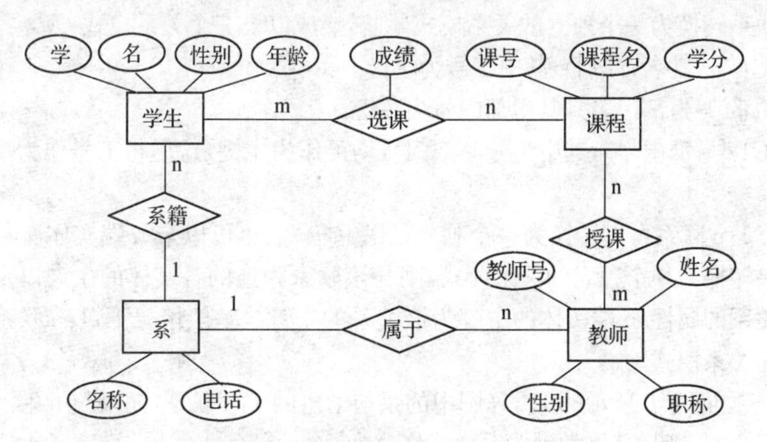

图 9.2　教务管理系统的 E-R 图

学生(学号,姓名,性别,年龄)

课程(课程号,课程名,学分)

教师(教师号,姓名,性别,职称)

系(系名,电话)

2. 联系的转换

(1) 一个 1∶1 联系可以转换为一个独立的关系模式,也可以与任意一端实体所对应的关系模式合并。如果转换为一个独立的关系模式,则与该联系相连的各实体的主键以及联系本身的属性转换为关系的属性,每个实体的主键均可以作为该关系的主键。如果是与联系的任意一端实体所对应的关系模式合并,则需要在该关系模式的属性中加入另一个实体的主键和联系本身的属性。一般情况下,1∶1 联系不要转换为一个独立的关系模式。

例如,对于如图 9.3 所示的 E-R 图,如果将联系与经理一端所对应的关系模式合并,则转换成以下两个关系模式：

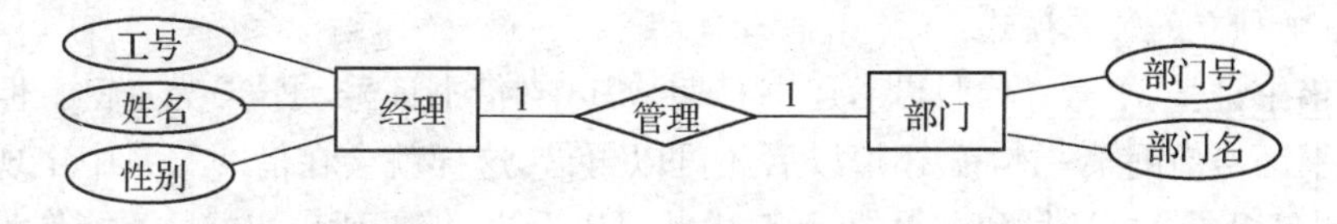

图 9.3　1:1 联系示例

经理(工号,姓名,性别,部门号),其中工号为主键,部门号为引用部门关系的外键。

部门(部门号,部门名),其中部门号为主键。

如果将联系与部门一端所对应的关系模式合并,则转换成以下两个关系模式：

① 经理(工号,姓名,性别),其中工号为主键。

② 部门(部门号,部门名,工号),其中部门号为主键,工号为引用经理关系的外键。

如果将联系转换为一个独立的关系模式,则转换成以下三个关系模式:

① 经理(工号,姓名,性别),其中工号为主键。

② 部门(部门号,部门名),其中部门号为主键。

③ 管理(工号,部门号),其中工号与部门号均可作为主键(这里将工号作为主键),同时也都是外键。

(2) 一个 1:n 联系可以转换为一个独立的关系模式,也可以与 n 端实体所对应的关系模式合并。如果转换为一个独立的关系模式,则与该联系相连的各实体的主键以及联系本身的属性转换为关系的属性,n 端实体的主键为该关系的主键。一般情况下,1:n 联系也不要转换为一个独立的关系模式。

例如,对于如图 9.2 所示的 E-R 图中的系与学生的 1:n 联系,如果与 n 端实体学生所对应的关系模式合并,则只需将学生关系模式修改为:

学生(学号,姓名,性别,年龄,系名),其中学号为主键,系名为引用系的外键。

如果将联系转换为一个独立的关系模式,则需增加以下关系模式:

学生系藉(学号,系名),其中学号为主键,学号与系名均为外键。

(3) 一个 m:n 联系要转换为一个独立的关系模式,与该联系相连的各实体的主键以及联系本身的属性转换为关系的属性,该关系的主键为各实体主键的组合。

例如,对于如图 9.2 所示的 E-R 图中的学生与课程的 m:n 联系,需转换为如下的一个独立的关系模式:

选课(学号,课程号,成绩),其中(学号,课程号)为主键,同时也是外键。

(4) 三个或三个以上的实体间的一个多元联系可以转换为一个关系模式,与该多元联系相连的各实体的主键以及联系本身的属性均转换为该关系的属性,关系的主键为各实体主键的组合。

此外,具有相同主键的关系模式可以合并。上述 E-R 图向关系模型的转换原则为一般原则,对于具体问题还要根据其特殊情况进行特殊处理。按照上述转换原则,借阅联系需转换为如下的一个独立的关系模式:

借阅(借书证号,书号,借阅日期,还书日期),其中(借书证号,书号)为主键。但实际情况是:一个借书证号借阅某一本书,还掉以后还可以再借,这样就会在借阅关系中出现两个或两个以上的具有相同借书证号和书号的元组,由此可以看出,借书证号和书号不能作为该关系的主键,必须增加一个借阅日期属性,即(借书证号,书号,借阅日期)为主键。

在 E-R 图向关系模式的转换中可能涉及到命名和属性域的处理、非原子属性的处理、弱实体的处理等问题。

(1) 命名和属性域的处理。关系模式的命名,可以采用 E-R 图中原来的命名,也可以另

行命名。命名应有助于对数据的理解和记忆,同时应尽可能避免重名。DBMS 一般只支持有限的几种数据类型,而 E-R 数据模型是不受这个限制的。如果 DBMS 不支持 E-R 图中某些属性的域,则应做相应的修改。

(2) 非原子属性的处理。E-R 数据模型中允许非原子属性,而关系要满足的四个条件中的第一条就是关系中的每一列都是不可再分的基本属性。因此,在转换前必须先把非原子属性进行原子化处理。

(3) 弱实体的处理。图 9.4 是一个弱实体的例子,家属是个弱实体,职工是其所有者实体。弱实体不能独立存在,它必须依附于一个所有者实体。在转换成关系模式时,弱实体所对应的关系中必须包含所有者实体的主键,即职工号。职工号与家属的姓名构成家属的主键。弱实体家属对应的关系模式为:家属(职工号,姓名,性别,与职工关系)

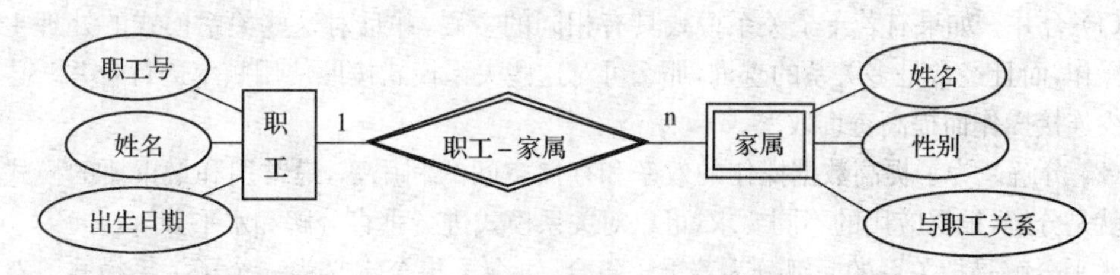

图 9.4 含弱实体的 E-R 图实例

9.4.2 关系模型的优化

数据库逻辑设计的结果不是唯一的。为了进一步提高数据库应用系统的性能,还应该根据应用的需要对数据模型的结构进行适当的修改和调整,这就是数据模型的优化。关系数据模型的优化通常以规范化理论为指导,方法如下。

1. 实施规范化处理

考查关系模式的函数依赖关系,确定范式等级,逐一分析各关系模式,考查是否存在部分函数依赖、传递函数依赖等,确定它们分别属于第几范式。确定范式级别后,逐一考察各个关系模式,根据应用要求,判断它们是否满足规范要求。

2. 模式评价

关系模式的规范化不是目的而是手段,数据库设计的目的是最终满足应用需求。因此,为了进一步提高数据库应用系统的性能,还应该对规范化后产生的关系模式进行评价、改进,经过反复多次的尝试和比较,最后得到优化的关系模式。

模式评价的目的是检查所设计的数据库是否满足用户的功能与效率要求,确定加以改进的部分。模式评价包括功能评价和性能评价。

(1) 功能评价。功能评价指对照需求分析的结果,检查规范化后的关系模式集合是否支持用户所有的应用要求。关系模式必须包括用户可能访问的所有属性。在涉及多个关系模式

的应用中，应确保连接后不丢失信息。如果发现有的应用不被支持，或不完全被支持，则应改进关系模式。发生这种问题的原因可能是在逻辑结构设计阶段，也可能是在系统需求分析或概念结构设计阶段。

(2) 性能评价。对于目前得到的数据库模式，由于缺乏物理设计所提供的数量测量标准和相应的评价手段，所以性能评价是比较困难的。只能对实际性能进行估计，包括逻辑记录的存取数、传送量以及物理设计算法的模型等。

3. 模式改进

根据模式评价的结果，对已生成的模式进行改进。如果因为系统需求分析、概念结构设计的疏漏导致某些应用不能得到支持，则应该增加新的关系模式或属性。如果因为性能考虑而要求改进，则可采用合并或分解的方法。

(1) 合并。如果有若干个关系模式具有相同的主码，并且对这些关系模式的处理主要是查询操作，而且经常是多关系的查询，那么可对这些关系模式按照使用频率进行合并。这样可以减少连接操作而提高查询效率。

(2) 分解。为了提高数据操作的效率和存储空间的利用率，最常用和最重要的模式优化方法就是分解，根据应用的不同要求，可以对关系模式进行垂直分解和水平分解。

水平分解是把关系的元组分为若干子集合，每个子集合定义为一个子关系模式。对于经常进行大量数据的分类条件查询的关系，可进行水平分解，这样可以减少应用系统每次查询需要访问的记录，从而提高了查询性能。

垂直分解是把关系的属性分解为若干子集合，每个子集合定义为一个子关系模式。垂直分解可以提高某些事务的效率，但也有可能使另一些不利因素不得不执行连接操作，从而降低了效率。因此是否要进行垂直分解要看分解后的所有事务的总效率是否得到了提高。垂直分解要保证分解后的关系具有无损连接性和函数依赖保持性。

经过多次的模式评价和模式改进后，最终的数据库模式得以确定。逻辑设计阶段的结果是全局逻辑数据库结果。对于关系数据库系统来说，就是一组符合一定规范的关系模式组成的关系数据库模型。

9.4.3 设计用户子模式

在将概念模型转换为逻辑模型后，即生成了整个应用系统的模式后，还应该根据局部应用需求，结合具体 DBMS 的特点，设计用户的子模式(也称为外模式)。

目前关系数据库管理系统一般都提供了视图概念，可以利用这一功能设计更符合局部用户需要的用户外模式。定义数据库模式主要是从系统的时间效率、空间效率、易维护等角度出发。由于用户外模式与模式是独立的，因此在定义用户外模式时应该更注重考虑用户的习惯与方便，具体包括：

(1) 使用更符合用户习惯的别名。在合并各局部 E－R 图时，消除命名冲突，以使数据库

系统中同一关系和属性具有唯一的名字。这在设计整体结构时是必要的。

(2) 针对不同级别的用户定义不同的外模式,以满足系统安全性的要求。

(3) 简化用户对系统的使用。如果某些局部应用中经常要使用某些很复杂的查询,为了方便用户,可以将这些复杂查询定义为视图,用户每次只对定义好的视图进行查询,以使用户使用系统时感到简单、直观、易于理解。

9.5　数据库物理设计

数据库逻辑结构确定以后,在此基础上就可以设计一个有效可实现的数据库物理结构。数据库物理结构有时也被称为存储结构。物理设计常设计一些约束,如系统的响应时间,存储要求等。数据库的物理设计涉及数据库的存储结构,主要确定数据库数据存放的位置和存储结构,包括表(关系)、索引、聚簇、日记文件、备份文件等的存储安排和存储结构,规划系统的存储容量、系统的存取时间,存储空间的利用率,维护成本及存储空间的未来增长等。数据库物理结构不仅和生产环境的具体的计算机系统有关,也与选择的数据库厂家的系统有关。

9.5.1　数据库物理设计步骤

1. 存储记录结构设计

这主要考虑记录的组成、数据项的类型和长度,以及逻辑记录到存储记录的映射。

对数据项类型特征作分析,对存储记录进行格式设计,同时考虑是否进行数据压缩或代码化。

对含有较多属性的关系(表),按其中属性的使用频率不同进行行列分割。对含有较多记录的关系,按其中记录的使用频率不同进行记录行分割。并把分割后的关系定义在相同或不同类型的物理设备上,或在同一设备的不同区域上,从而使访问数据库的代价最小,提高数据库的性能。

2. 确定数据存储方式是物理设计中最重要的一个部分,是把存储记录在全范围内进行物理安排,存放方式有以下四种:

A: 顺序存放,按数据插入数据库的先后顺序存放,这样其平均查询次数为关系的记录数的1/2。

B: 杂凑存放,查询次数由杂凑算法决定。

C: 索引存放,要确定建立何种索引,以及建索引的表和字段。

D: 聚簇存放,记录聚簇是指将不同类型的记录分配到相同的物理区域中,这样可提高查询访问速度,即把经常在一起使用的记录聚簇在一起,以减少I/O次数。

3. 设计访问方法。访问方法设计主要为存储在物理设备上的数据提供存储结构和查询

路径，这要基于具体的数据库管理系统进行考虑。

4. 完整性和安全性设计考虑。根据数据字典等文档提供的对数据库的约束条件的限制，基于操作系统的安全特征和硬件环境，设计数据库的完整性和安全性方案。

5. 要有详细的物理设计文档记录存储格式，记录存储的位置分布及访问方法、能满足的操作设计。

在物理设计中，应充分注意物理数据的独立性。好的数据独立性能，消除了由于物理数据结构设计变动而引起的对应用程序的修改。

除了上面的这些设计要求或步骤，还有数据库的设计性能方面，下面就谈下设计性能问题。

9.5.2 设计性能

数据库的性能可以用开销(Overhead)即时间、空间及可能的费用来衡量。在数据库应用系统生存期中，总的开销(Overhead)包括规划开销、设计开销、实施和测试开销、操作开销和运行维护开销。这些开销有的很直接，有的比较间接，所以在性能设计时，要考虑的因素很多，大致可分为以下各项性能：

1. 查询和响应时间。响应时间包括 CPU 服务时间，CPU 队列等待时间、I/O 服务时间、I/O 队列等待时间，封锁延迟时间和通信延迟时间等。

2. 更新事务(Transaction)的开销，主要含修改索引、重写物理块或文件、写数据校验等方面的开销。

3. 主存储空间开销及其他参数，包括程序和数据所占用的空间的开销。如缓冲区分配作适当控制，以减少空间开销。可用参数进行设置，如内存分配参数，缓冲区分配参数，存储分配参数，物理块(Block)的大小，物理块装填因子，时间片大小，锁的数目等。

4. 辅助存储空间，分为数据块和索引块两种空间。设计者可以控制索引块的大小，装载因子，指针选择项和数据冗余度等。

为改善上述各项性能，应主要考虑如下几个方面的数据库设计：

1. 在数据库物理设计中，最重要和最基本的数据对象就是表和索引，根据应用的实际需要，确定他们所需的表空间的尺寸，决定哪些表空间物理地安装在哪个磁盘上和哪些表空间可以结合在一起。

2. 为表和索引建立不同的表空间，禁止在系统表空间中放入非核心系统表或对象。确保数据库表空间和索引表空间位于不同的磁盘驱动器上。

3. 把最经常查询和一般查询的对象放在不同的物理磁盘上，并进行相应的测试和验证。

4. 当数据库中有一些特大的表进行分割，存储在多个磁盘上，以减少瓶颈。

5. 在独立的各盘上至少要创建二个用户定义的回滚段表空间，以存放用户自己的回滚段，在初始化文件中安排回滚段的次序，使它们在多个磁盘间进行切换。

6. 将重做日志(REDO LOG)文件放在一个读写较少的盘上,对于每个数据库实例要建立二个以上的重做日志组,同组的二个成员放在不同的设备上。图 9.5 是 ORACLE 的日志文件配置图:

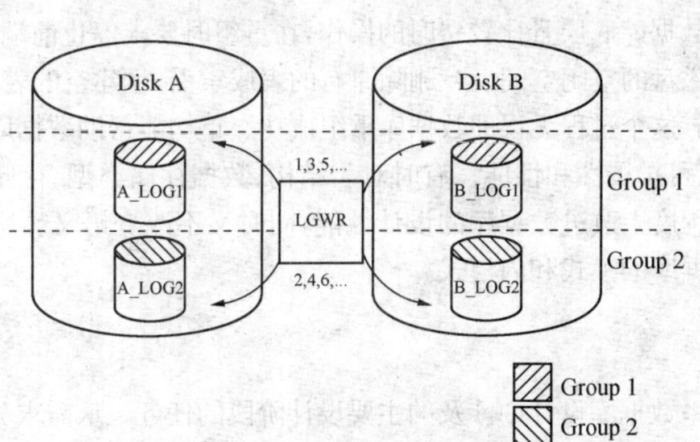

图 9.5　ORACLE 日志组成员存放在不同的磁盘上

9.6　数据库的实施和维护

数据库的实施主要是进行两项集成工作,一项是数据的载入,另一项是应用程序的开发和程序的调试、布署工作。

数据库正式投入使用,标志着数据库设计和应用开发工作告一段落,而生产运行和维护则作为主要任务,运行与维护阶段其工作主要是:

1. 测试数据库的安全性和完整性。及时修改密码和创建角色授权,设计日志、数据验证并恢复数据库。

2. 监控并调整数据库性能:分析评估数据库响应时间和存储结构,必要时进行再组织或修改调整物理结构,修改系统参数,甚至返回到逻辑结构的修改。

3. 监控并调整数据库应用程序的性能:分析评估应用响应时间和程序算法,必要时进行业务逻辑的调整,或使用存储过程设计业务逻辑。

4. 数据库的重组与重构。

数据库重组即是将数据库的相关信息重新组织。

在数据库运行一段时间后,由于数据库数据记录不断进行增、删、改,会对数据库的物理存储的有序性和数据的存取效率有较大影响,使得数据的分布索引及相关数据会变得比较凌乱,导致数据库性能的下降,这时 DBA 要通过重组或重构进行来提高数据库系统的性能。

数据库重组可分为:

① 索引的重组。

② 单表的重组。

③ 表空间的重组。

数据库重组是数据库底层且比较费时的操作，在重组时要求停止前端业务，同时要把数据库里表的数据放到磁盘的空闲空间上。删除原有的表或索引，重建空的表或索引后，再把数据导入新表或索引中。这个过程无误即数据库重组成功。重构能帮助数据库管理人员改进系统设计及其可维护性、可扩展性和性能。有时对表结构、数据存储类型、存储过程和触发器的小小改动就能在很大程度上改进数据库的设计性能，同时又不改变语义。所以数据库的重构要涉及到部分修改数据库的模式和内模式。

本章小结

本章讨论了关系数据库设计中涉及的主要设计阶段的任务。从需求分析、结构概念设计、逻辑设计、数据库物理设计、数据库实施和数据库运行与维护的各阶段的内容。阐述了数据库设计总体原则，需求分析中的主要任务和要注意的事项，对完成实际数据库应用开发帮助非常大，要结合实际开发项目进行系统设计，可确保项目在启动时就在正确的路线上运行，保护开发者和应用使用者客户之间的满意度或开发进度。

习题

1. 简述数据库设计的 6 个方面的问题。
2. 简述数据库设计的总体原则。
3. 描述数据库应用开发时需求分析阶段的具体步骤和方法。
4. 简述何谓 E－R 图，并举例说明。
5. 简述如何将 E－R 图转换为关系模型（包括关系名、属性名、码和完整性约束条件），并举例说明。
6. 什么是数据库的再组织和重构造？为什么要进行数据库的再组织和重构造？

第 10 章　数据库编程

标准 SQL 是非过程化的查询语言，具有操作统一、面向集合、功能丰富、使用简单等优点。但和程序设计语言相比，高度非过程化的优点也造成了他的一个弱点：缺少流程控制能力，难以实现应用业务中的逻辑控制，而在各行业应用中存在很多很复杂的业务逻辑，简单的标准式 SQL 语言不能承担该角色，这就提出可以面向过程的如 PL/SQL、T－SQL 语言，还有通过嵌入 SQL 方式在宿主语言中使用，也可使用 ODBC、JDBC 方式等应用 API 进行数据库的编程。SQL 编程技术可以有效克服 SQL 语言实现复杂应用方面的不足，提高应用系统和数据库管理系统间的互操作性。本章先介绍 PL/SQL 编程基础，并举例说明，重点在于如何使用游标，如何创建存储过程。同时对 PL/SQL 函数和包(Package)也做一简单介绍。对另外包括如何在宿主语言 C 中如何连入数据库、操作数据库中的数据举例说明。最后简单讨论一下 ODBC 的编程问题，以及如何在 PHP 中使用 SQL 语言和数据库的交互。

10.1　ORACLE PL/SQL

SQL　99 标准支持过程和函数的概念，SQL 可以使用程序设计语言来定义过程和函数，也可以用关系数据库管理系统的过程语言来定义。Oracle 的 PL/SQL、Microsoft SQL Server 的 Transact－SQL(T－SQL)、IBM DB2 的 SQL PL 都是过程化的 SQL 编程语言。

PL/SQL 常用来编写数据库应用逻辑的实现部分，构成 PL/SQL 程序的基本单元是语句块，所有 PL/SQL 程序都是由语句块来构成的，语句块之间还可以进行相互嵌套。

10.1.1　PL/SQL 块结构

基本的 SQL 是高度非过程化的语言。嵌入式 SQL 将 SQL 语句嵌入程序设计语言，借助高级语言的控制功能实现过程化。过程化 SQL 是对 SQL 的扩展，使其增加了过程化语句功能。

过程化 SQL 程序的基本结构是块(Block)。所有的过程化 SQL 程序都由块组成的。这些块之间可以相互嵌套，每一个块完成一个逻辑操作。

一个完整的 PL/SQL 语句块由以下 3 大部分组成：

DECALRE 定义部分（该声明定义部分是可选的）。

BEGIN

执行处理部分，一般包含流程控制，数据查询，DML，事务处理，游标处理等数据库操作的功能。此部分是必须的。

END

EXCEPTION 异常处理部分（该部分是可选部分）。

声明定义部分主要是变量和常量的定义：

1. 变量定义

变量名 数据类型 [[NOT NULL]:=初值表达式]

2. 常量定义

常量名 数据类型 CONSTANT :=常量表达式

常量必须要给一个值，并且该值保留存在期间或常量的作用域内不能改变。如果试图修改它，过程化 SQL 将返回一个异常。

3. 赋值语句

变量名:=表达式

10.1.2 ORACLE PL/SQL 程序控制语句

PL/SQL 为了能够更好地处理面向记录的数据库数据，必须有功能强大的流程控制语句。

过程化 SQL 程序提供了流程控制语句，主要有条件控制语句和循环控制语句。这些语句的语法、语义和一般的高级语言(如 C 语言)类似，这里只做概要的介绍。

1. 条件控制语句

一般有三种形式的 IF 语句：IF - THEN 语句、IF - THEN - ELSE 语句和嵌套的 IF 语句。

(1) IF 语句

```
IF condition THEN
    Sequence_of_statements;              /*条件为真时语句序列才被执行*/
END IF
                      /* 条件为假或 NULL 时什么也不做，控制转移至下一个语句 */
```

(2) IF - THEN 语句

```
IF condition THEN
    Sequence_of_statements1;        /*条件为真时执行语句序列 1*/
ELSE
    Sequence_of_statements2;        /*条件为假或 NULL 时执行语句序列 2*/
END IF;
```

(3) 嵌套的 IF 语句

在 THEN 和 ELSE 子句中还可以再包含 IF 语句,即嵌套 IF 语句。

2. 循环控制语句

过程化 SQL 有三种循环结构:LOOP,WHILE－LOOP 和 FOR－LOOP。

(1) 最简单的循环语句 LOOP

```
LOOP
    Sequence_of_statements;          /* 循环体,一组过程化 SQL 语句 */
END LOOP;
```

多数数据库服务器的过程化 SQL 都是提供 EXIT、BREAK 或 LEAVE 等循环结束语句,以保证 LOOP 语句块能够在适当的条件下提前结束。

(2) WHILE－LOOP 循环语句

```
WHILE condition LOOP
    Sequence_of_statements;          /* 条件为真时执行循环体内的语句序列 */
END LOOP;
```

每次执行循环语句之前首先要对条件进行求值,如果条件为真则执行循环体的语句序列,如果条件为假则跳过循环并把控制传递给下一个语句。

(3) FOR - LOOP 循环语句

```
FOR count IN [REVERSE] bound1.. bound2 LOOP
    Sequence_of_statements;
END LOOP;
```

FOR 循环的基本执行过程是:将 count 设置为循环的下界 bound1,检查它是否小于上界 bound2。当指定 REVERSE 时则将 count 设置为循环的上界 bound2,检查 count 是否大于下界 bound1。如果越界则执行跳出循环,否则执行循环体,然后按照步长(+1 或－1)更新 count 的值,重新判断条件。

10.1.3　PL/SQL 异常处理语句

PL/SQL 语句常常在异常情况下需要进行错误处理,SQL 在执行时出现异常,则应该让程序在产生异常的语句处停下来,根据异常的类型去执行异常处理语句。

SQL 标准对数据库服务提供什么样的异常处理作出了建议,要求过程化 SQL 管理器提供完善的异常处理机制。相对于嵌入式 SQL 简单地提供执行状态信息 SQLCODE,这里的异常处理就复杂多了。读者要根据具体系统的支持情况来进行错误处理。

10.2　PL/SQL 游标(Cursor)

在查询语句返回多条记录时，就要使用游标对结果集进行处理。一个游标与一个 SQL 语句相关联，可以以循环的方式对 SELECT 语句返回的多行记录进行逐条处理。

在 PL/SQL 中使用游标要先声明游标，打开游标和关闭游标。如下是声明游标的格式：

```
DECLARE cursor_name IS select_statement;
```

其中，cursor_name 是所定义的游标名，它是与某个查询结果集联系的符号名，而 select_statement 则是本次声明游标的数据源，即 select 语句的查询结果作为游标的数据源。

例如，以下是一个游标定义的声明：

```
DECLARE
    CURSOR employee_cur
        IS
            SELECT employee_name, detp_no from employee where sex = 'man';
```

打开游标使用 OPEN 语句，格式为

```
OPEN cursor_name;
```

其中 cursor_name 是要打开的游标名称，该名称必须是在定义部分已经定义的游标。

当执行游标定义时的 SELECT 语句，将查询结果在缓冲区中缓存。游标指针指向缓冲区中结果集的第一个记录。

打开游标后，就可以读取数据了，读取数据使用 FETCH 语句，其格式为：

```
FETCH cursor_name INTO variable_name1, …, variable_namen];
```

这样通过 SELECT 语句获取的记录就通过 FETCH INTO 语句放到变量 variable_name1，variable_name2，…，variable_namen 中进行本地处理。

取记录的过程中，应该有游标状态可供查询或判断，游标的四个属性变量分别是：

%ISOPEN，%FOUND，%NOTFOUND 和%ROWCOUNT。

如果游标已打开，则%ISOPEN 返回 TRUE，否则返回 FALSE。

判断最近一次执行 FETCH 语句后，是否从缓冲区中提取到数据，如果能提取到，则%FOUND 为真，返回 TRUE，否则返回 FALSE。而%NOTFOUND 与%FOUND 相反。

而%ROWCOUNT 这个属性返回的是到目前为止已经从游标缓冲区提取的数据的行数，在 FETCH 语句没有执行之前，该属性的值为 0。

数据取出处理完毕后，要关闭游标，格式如下：

```
Close cursor_name;
```

其中 cursor_name 是指游标的名称。

10.2.1　使用游标(cursor)更新数据

通过使用游标既可以逐行对结果集中的记录进行处理,又可以更新或删除当前游标行的数据。如果要通过游标更新或删除数据,在定义游标时必须要带有 FOR UPDATE 子句,格式如下:

```
Cursor cursor_name IS select_statement
    For update [OF column_reference][NOWAIT]
```

其中,FOR_UPDATE 子句用于在游标结果集数据上加行共享锁(ROW SHARE LOCK),以防止其他用户在相应的行上执行 DML 操作;OF 子句为可选项,当 select_statement 引用了多个表时,选用 OF 子句可以确定哪些表要加锁,若没有选用 OF 子句,则会在 select_statement 所引用的全部表上加锁。

NOWAIT 子句为可选项,用于是否指定不等待锁。

下面在 Oracle 的 sql * plus 环境下使用游标来浏览数据。

```
SQL> SET SERVEROUTPUT ON
SQL> DECLARE
  v_deptno employee.deptno % TYPE;
  v_emp_name employee.emp_name % TYPE;
  v_emp_date employee.emp_date %  TYPE;
  Cusor employee_cur
  IS
    Select emp_name, emp_date From employee Where deptno = v_deptno;
  Open employee_cur
  DBMS_OUTPUT.PUT_LINE('员工姓名    出生日期')
LOOP
  FETCH employee_cur into v_emp_name, v_emp_date;
  EXIT WHEN employee_cur % NOTFOUND;
DBMS_OUTPUT.PUT_LINE(v_emp_name||'      '|| v_emp_date);
END LOOP;
  CLOSE employee_cur;
  END;
```

执行后,输入部门号 10:输出如下的值:

```
员工姓名            出生日期
王存存          07-4月-88
王存浩          07-2月-81
```

王存宽　　　　04－9月－88

王紫　　　　　09－5月－88

韩林　　　　　27－5月－98

10.2.2　使用游标(Cursor)修改数据

当用游标修改数据时,必须在 UPDATE 语句中使用 where current of 子句。语句格式如下:

```
Update table_name SET … WHERE CURRENT OF cursor_name;
```

定义游标 employee_cur_update。通过使用游标 employee_cur_update,根据职称调整员工的工资。

```
SQL> DECLARE
  v_title employee.title%TYPE;
  v_emp_name employee.emp_name%TYPE;
  v_emp_date employee.emp_date% TYPE;
  Cusor employee_cur_update
  IS
    Select title From employee FOR update;
Begin
  Open employee_cur_update;
  LOOP
    FETCH employee_cur_update into v_title;
    EXIT WHEN employee_cur_update%NOTFOUND;
Case
WHEN v_title='教授' then
  UPDATE employee set salary=1.1*salary where current of employee_cur_update;
WHEN v_title='高工' OR v_title='副教授' then
  UPDATE employee set salary=1.06*salary where current of employee_cur_update;
ELSE
  UPDATE employee set salary=1.04*salary where current of employee_cur_update;
END CASE;
END LOOP;
  CLOSE employee_cur_update;
END;
```

10.2.3　使用游标(cursor)删除数据

当用游标删除当前游标行数据时，必须在 DELETE 语句中使用 where current of 子句。语句格式如下：

DELETE from table_name　WHERE CURRENT OF cursor_name;

例：定义游标 employee_cur_delete。通过使用游标 employee_cur_delete 删除项目组为"20"的员工记录。

```
SQL> DECLARE
  v_project_num   employee.project_num%TYPE;
  v_emp_name   employee.emp_name%TYPE;
    Cusor employee_cur_delete
  IS
    Select emp_name,project_num From employee FOR update;
Begin
  Open employee_cur_delete;
  FETCH employee_cur_delete into v_project_num;
    While employee_cur_delete%FOUND
    LOOP
    If v_project_num='20' THEN
          DELETE FROM employee WHERE CURRENT OF employee_cur_delete ;
    END IF;
      FETCH employee_cur_delete into v_project_num;
    END LOOP;
  CLOSE employee_cur_delete;
  END;
```

这样，在 PL/SQL 过程中实现利用游标方式处理删除的数据。

10.2.4　用循环 FOR ... LOOP 处理数据

游标 FOR 循环是为简化游标使用过程而专门设计的。使用游标 FOR 循环检索游标时，游标的打开、数据的提取、数据是否检索到的判断与游标的关闭都是 ORACLE 自动进行的。

FOR 循环有二种格式，第一种格式如下：

```
FOR record_name IN cursor_name LOOP
  Statement1;
```

```
    Statement2;
    …
END LOOP;
```

当使用游标 FOR 循环时，在执行循环体内语句之前，ORACLE 系统会自动打开游标，并且随着循环的进行，每次提取一行数据时，ORACLE 系统会自动判断数据是否提取完毕，提取完毕便自动退出循环并关闭游标。

例：定义游标 employee_cur_for。通过使用游标 for 循环，逐个显示项目组为'10'员工姓名和出生日期，并在每个员工姓名前加上序号。

```
SQL> DECLARE
  v_project_num   employee.project_num%TYPE;
    Cusor employee_cur_for
  IS
    Select emp_name,emp_date From employee Where project_num = v_project_num;
Begin
  v_project_num: = '&project_num';
  DBMS_OUTPUT.PUT_LINE('序号   员工姓名   出生日期');
  FOR employee_record IN employee_cur_for LOOP
  DBMS_OUTPUT.PUT_LINE(employee_cur_for%ROWCOUNT|| employee_record.emp_
name||'    '|| employee_record.emp_date);
  END LOOP;
  END;
```

以上是第一种 FOR 循环方式。

FOR 第二种格式是在 FOR 循环中直接使用子查询，隐式定义游标，格式如下：

```
FOR record_name IN subquery LOOP
    Statement1;
    Statement2;
    …
END LOOP;
```

用 FOR 第二种方式定义游标 employee_cur_for。通过使用游标 For 循环，逐个显示项目组为'10'的员工姓名和出生日期，并在每个员工姓名前加上序号。

```
SQL > DECLARE
    v_project_num employee.project_num%TYPE;
        Cusor employee_cur_for
    IS
```

```
        Select emp_name, emp_date From employee Where project_num = v_project_num;
    Begin
        v_project_num: = '&project_num';
    DBMS_OUTPUT.PUT_LINE('员工姓名  出生日期');
    FOR employee_record IN
    (select emp_name, emp_date from employee where project_num = v_project_
num) LOOP
    DBMS_OUTPUT.PUT_LINE(employee_record.emp_name||'  '|| employee_record.emp_
date);
    END LOOP;
    END;
```

10.2.5　使用带参数的游标(Cursor)

当使用游标查询时,可以带有参数,定义参数的游标格式如下:

```
Cursor cursor_name(para_name1 datatype[,para_name2 datatype]…)
Is select_statement;
```

当打开游标时,需要给参数赋值,语句格式如下:

```
OPEN cursor_name[value1[,value2]…];
```

定义游标,其中使用职称和工资两个参数。

```
SQL> SET SERVEROUTPUT ON
SQL> DECLARE
    v_deptno employee.deptno%TYPE;
    v_emp_name employee.emp_name%TYPE;
    v_emp_salary employee.emp_salary% TYPE;
    Cusor employee_cur(t_title varchar2, t_salary number)
    IS
        Select emp_name, emp_salary From employee Where emp_title = v_title and
emp_salary>t_salary;
  Begin
    Open employee_cur('副教授',6000);
    FETCH employee_cur into v_emp_name, v_emp_salary;
    While employee_cur%FOUND LOOP
    DBMS_OUTPUT.PUT_LINE(v_tname||'   '||v_salary);
    FETCH employee_cur into v_emp_name, v_emp_salary;
```

```
END LOOP;
CLOSE employee_cur;
END;
```

和嵌入式SQL一样，在过程化SQL中如果SELECT语句只返回一条记录，可以将该结果存放到变量中。当查询返回多条记录时，就要使用游标对结果集进行处理。

10.3 存储过程

过程化SQL块主要有两种类型，即命名块和匿名块。前面介绍的都是匿名块。匿名块每次执行时都要进行编译，它不能被存储到数据库中，也不能在其他过程化SQL块中调用，存储过程和函数包是命名块，它们被编译后保存在数据库中，称为持久性存储模块，可以被反复调用，运行速度较快，因而实际编程中常常是在写命名块的存储过程。

存储过程是过程化SQL语句，这个过程经编译和优化后存储在数据库服务器中，因此称它为存储过程，使用时只需要在数据库环境或宿主语言中调用即可。

存储过程(Stored Procedure)是一组为了完成特定功能的SQL语句集。允许用户声明变量，存储过程是由流控制和SQL语句书写的过程，这个过程经编译和优化后存储在数据库服务器中。这样每次调用可节省调用者发送SQL请求的开销，存储过程可由应用程序通过调用来执行，也可在数据库中创建、调试或运行，而且在创建存储过程中，也可以使用游标来处理多行记录的操作，这样存储过程既有SQL的非过程化特性，也有CURSOR游标的指针灵活性，面向记录的过程化特性，所以在数据库编程中，存储过程是非常重要的一个方法。

存储过程是数据库中的一个重要对象，用户通过指定存储过程的名字并给出参数(如果该存储过程带有参数)来执行它。

同时，存储过程可以接收和输出参数、返回执行存储过程的状态值，也可以嵌套调用。

存储过程的优点是明显的，使用存储过程具有以下优点：

由于存储过程不像解释执行的SQL语句那样在提出操作请求时才进行语句分析和优化工作，因而运行效率高，它提供在服务器端快速执行SQL语句的有效途径。

存储过程降低了客户机和服务器之间的通信量。客户机上的应用程序只要通过网络向服务器发出调用存储过程的名字和参数，就可以让关系数据库管理系统执行其中的多条SQL语句并进行数据处理。最终的处理结果返回客户端。

方便实施企业规则(业务逻辑)。可以把企业规则的运算程序写成存储过程放入数据库服务器中，由关系数据库管理，既有利于集中控制，又能够方便地进行维护。当企业规则发生变化时只要修改存储过程即可。

存储过程的能力大大增强了SQL语言的功能和灵活性。

存储过程可以用流控制语句编写，有很强的灵活性，可以完成复杂的判断和较复杂的业

务逻辑及运算。

存储过程可保证数据的安全性和完整性，主要原因如下：

理由 1：通过存储过程可以使没有权限的用户在控制之下间接地存取数据库，从而保证数据的安全。

理由 2：通过存储过程可以使相关的动作在一起发生，从而可以维护数据库的完整性。

在运行存储过程前，数据库已对其进行了语法和句法分析，存储过程只在创造时进行编译，以后每次执行存储过程都不需再重新编译，而一般 SQL 语句每执行一次就编译一次，所以使用存储过程可提高数据库执行速度。并给出了优化执行方案。

这种已经编译好的过程可极大地改善 SQL 语句的性能。由于执行 SQL 语句的大部分工作已经完成，所以存储过程能以极快的速度执行。

存储过程也可以降低网络的通信量，主要是因为客户端调用存储过程只需要传存储过程名和相关参数即可，与传输 SQL 语句相比自然数据量少了很多。

同时存储过程使企业规则的运算程序放入数据库服务器中，以便：

(1) 集中控制。

(2) 当企业规则发生变化时在服务器中改变存储过程即可，无须修改任何应用程序。

企业规则的特点是要经常变化，如果把体现企业规则的运算程序放入应用程序中，则当企业规则发生变化时，就需要修改相应的应用程序工作量非常之大(修改、发行和安装应用程序)。

如果把体现企业规则的运算放入存储过程中，则当企业规则发生变化时，只要修改存储过程就可以了，应用程序无须任何变化。

另外存储过程可以重复使用，可减少数据库开发人员的工作量。同时安全性高，可设定只有某些用户才具有对指定存储过程的使用权。

10.3.1　存储过程的功能

用户通过下面的 SQL 语句创建执行修改和删除存储过程。

创建存储过程

CREATE OR REPLACE PROCEDURE 过程名(【参数 1,参数 2...】)

AS <过程化 SQL 块>;

存储过程包括过程首部和过程体。在过程首部，“过程名”是数据库服务器合法的对象标识；参数列表【参数 1,参数 2....】用名字来标识调用时给出的参数值，参数必须指定相应的数据类型。可以定义输入参数、输出参数或输入输出参数，默认为输入参数，也可以无参数。

过程体是一个<过程化 SQL 块>，包括声明部分和可执行语句部分。

下面举例说明如何创建一个存储过程(PL/SQL)。

例：利用存储过程实现下面的应用：从账户 1 转指定数额的款项到账户 2 中，假设账户

关系表为 Account (Accountnum char(11), Total numeric(7,2))。

```
CREATE OR REPLACE TRANSFER (inAccount char(11), outAccount char(11), amount
FLOAT)
AS DECLARE
totalDeposit Float;
inAccountume INT;
BEGIN                                                  /*检查转出账号的余额*/
SELECT Total INTO totalDeposit FROM Account WHERE accountnum = outAccount;
IF totalDeposit IS NULL THEN                           /*帐户不存在或帐户中没有存款*/
ROLLBACK;                                              /*回滚*/
RETURN;                                                /*返回*/
END IF;
IF totalDeposit<amount THEN                            /*转出账户余款不足*/
ROLLBACK;
RETURN;
END IF;
SELECT Accountnum INTO inAccountnum FROM Account    /*判断转入账户是否存在*/
WHERE accountnum = inAccount;
IF inAccountnum IS NULL THEN
ROLLBACK;
RETURN;
END IF;
UPDATE Account SET total = total-amount WHERE accountnum = outAccount;
UPDATE Account SET total = total + amount WHERE accountnum = inAccount;
COMMIT;
END;
```

(2) 执行存储过程

CALL/PERFORM PROCEDURE 过程名([参数 1,参数 2…]);

使用 CALL 或者 PERFORM 等方式激活存储过程的执行。在过程化 SQL 中,数据库服务器支持在过程体中调用其他存储过程,即实现在存储过程中再调用其它存储过程。

【例 2】从账户 '01003815868' 转 10000 元到 '01003813828' 账户中。

```
CALL PROCEDURE TRANSFER('01003815868','01003813828',10000);
```

(3) 修改存储过程

可以使用 ALTER PROCEDURE 重命名一个存储过程:

```
ALTER PROCEDURE 过程名:RENAME TO 过程名 2;
```

可以使用 ALTER PROCEDURE 重新编译一个存储过程;

```
ALTER PROCEDURE 过程名 COMPILE;
```

删除存储过程

```
DROP PROCEDURE 过程名;
```

10.4 包

将数据和子过程(过程或函数)组合在一起可构成包(Package)。类似 C++和 JAVA 程序中的类一样,用以实现面向对象的程序设计技术。使用 PL/SQL 包,可以简化程序设计,提高应用性能,实现信息的隐藏,子程序重载等功能。

包规范是包与调用它的应用程序之间的接口。定义包规范的语句格式如下:

```
CREATE OR REPLACE PACKAGE package_name
  IS | AS
    Package_specification
  END [package_name];
```

其中 package_name 指定定义包的名称;

Package_specification 给出包规范,包括定义的常量、变量、游标、过程、函数和异常等,其中过程和函数只包括原型信息(调用时使用的信息),但不包含任何代码的实现。

例如:以下定义一个获取员工信息的包 employee_info_package 的规范,其中包括函数 display_salary 和过程 add_department.

具体规范如下:

```
Create or replace package employee_info_package IS
Function display_salary(v_empno number)
Return number;
PROCEDURE add_department
(v_id number,v_name varchar2,v_address varchar2);
END employee_info_package
```

使用包之前要定义包体,格式如下:

```
CREATE OR REPLACE PACKAGE BODY package_name
IS | AS
```

```
    Package_body
END [package_name]
```

其中,package_name 指包的名字,必须与包规范中指定的包的名字一致:

```
SQL > CREATE OR REPLACE PACKAGE BODY employee_info_package IS
    FUNCTION display_salary(v_empno NUMBER)
    RETURN NUMBER
AS
    v_salary employee.salary%TYPE;
    BEGIN
        SELECT emp_salary into v_salary from employee Where empno = v_empno ;
    RETURN v_salary;
EXCEPTION
    WHEN NO_DATA_FOUND THEN
    DBMS_OUTPUT.PUT_LINE('该员工号不存在');
    END display_salary;
PROCEDURE add_department
(v_id NUMBER,v_name varchar2,v_address varchar2)
As
Begin
    Insert into department values(v_id,v_name,v_address);
Exception
    When DUP_VAL_ON_INDEX THEN
    DBMS_OUTPUT.PUT_LINE('插入部门号时不能重复')
END add_department;
END employee_info_package;
```

这样包体(PACKAGE BODY)就建好了,可供调用者使用它。

调用包中的函数如下所示:

```
SQL > VARIABLE salary NUMBER
SQL > EXEC:salary: = employee_info_package.diplay_salary(1101)
PL/SQL 过程已成功完成.
SQL > PRINT:salary
    Salary
--------------
```

```
6000
```

调用包中的过程如下所示：

SQL>exec employee_info_package. add_department(222,'后勤部','综合楼 2 号')

这样就完成了包中过程的调用。通过查询语句查询该部门是否添加上：

```
SQL > SELECT * FROM DEPARTMENT;
```

10.5　ORACLE 函数

除了前面介绍的存储过程，数据库中把一些常用的数据库查询或操作中一些特定功能的单元定义成函数的方式被调用者反复使用。函数也称自定义函数，因为是用户自己使用过程化 SQL 设计定义的。函数和存储过程类似，都是持久性存储模块。函数的定义和存储过程也类似，不同之处是函数必须指定返回的类型。

函数的定义语句格式：

```
CREATE OR REPLACE FUNCTION 函数名([参数 1,参数 2...]) RETRNS <类型>
AS <过程化 SQL 块>;
```

函数的执行语句格式：

```
CALL/SELECT 函数名([参数 1,参数 2,...]);
```

修改函数：

可以使用 ALCER FUNCTION 重命名一个自定义函数；

ALTER FUNCION 过程名 1 RENAME TO 过程名 2；

可以使用 ALTER FUNCION 重新编译一个函数；

ALTER FUNCION 函数名 COMPILE；

由于函数的概念与存储过程类似，这里不再赘述。

10.6　嵌入式 SQL 编程

10.6.1　嵌入式 SQL 的处理过程

SQL 语言提供了两种不同的使用方式，一种是交互式，另一种是嵌入式，为什么要引入嵌入式 SQL？主要因为 SQL 语言是非过程性语言，在 SQL 中没有复杂的高级编程语言强大而灵活的循环，控制过程，以及其他高级语言的跨平台性，虽然 PL/SQL 能提供复杂的循环，控制等过程，能处理更复杂的事务和业务逻辑流，但只能是一组 SQL 语句的组合。

而嵌入式 SQL 是将 SQL 语句嵌入到各类程序设计语言中，被嵌入的程序设计语言可以是 C、C++、Java 等称为宿主语言，简称主语言。这类主语言在编程中可以随时调用数据库中的数据，实现数据库中数据的操作。一般的 SQL 处理过程，是在宿主语言按照规定格式写入 SQL 操作语句，这样在编译过程中，要用宿主语言的 DB Run Time Library 库进行目标连接，最后产生可执行的目标代码程序。具体的处理嵌入式 SQL 语句要按照一定的格式进行，如为了区分 SQL 语句与主语言语句，所有 SQL 语句必须加前缀 EXEC SQL。

如主语言为 C 语言时，语句格式如下：

EXEC SQL <SQL 语句>；

嵌入式 SQL 的基本处理过程：

(1) 含嵌入式 SQL 语句的主语言程序

(2) 关系数据库管理系统预处理程序转换嵌入式 SQL 语句函数调用

(3) 转换后的程序

(4) 主语言编译程序编译处理

(5) 目标语言程序(可执行代码)

具体的编译处理过程可参看如下图 10.1 所示的 oracle 对嵌入式 SQL 处理的过程：

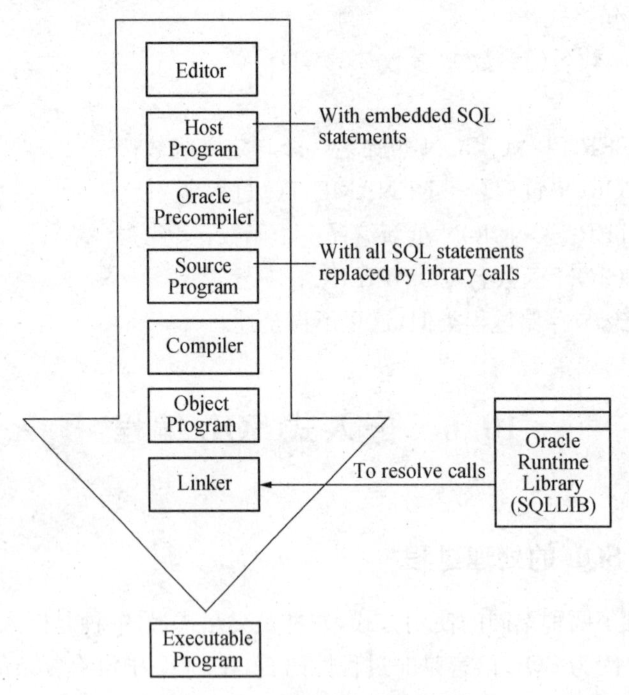

图 10.1　Embedded SQL 处理流程

10.6.2 嵌入式SQL语句与主语言之间的通信

将SQL嵌入到高级语言中混合编程,SQL语句负责操纵数据库,高级语言语句负责控制逻辑流程。程序中会含有两种不同计算模型的语句:

1. SQL语句

描述性的面向集合的语句,负责操纵数据库

2. 高级语言语句,如C/C++语言的语句

过程性的面向记录的语句,负责控制逻辑流程。

SQL通信区的设置主要目的就是使数据库工作单元与源程序工作单元之间能进行通信。

其功能如下:

(1) 向主语言传递SQL语句的执行状态信息,使主语言(C/C++,JAVA)等能够据此控制程序流程,主要用SQL通信区实现。

(2) 主语言向SQL语句提供参数,主要用主变量实现。

(3) 将SQL语句查询数据库的结果交主语言处理,主要用主变量和游标实现。

SQL通信区在应用程序中用EXEC SQL INCLUDE SQLCA加以定义。SQL通信区中有一个变量SQLCODE,用来存放每一次执行SQL语句后返回的代码。

应用程序每执行完一条SQL语句之后都应测试SQLCODE的值,以了解该SQL语句执行情况并做相应处理。如果SQLCODE等于0或者预定义的常量SUCCESS,则表示SQL语句成功,否则SQLCODE存放错误代码。

10.6.3 SQLCA定义使用方法

SQLCA(SQL Communication Area)是一个内存数据结构区。SQLCA的用途是:

当SQL语句执行后,系统反馈给应用程序信息,此信息描述系统当前工作状态及运行环境,这些信息将送到SQL通信区中,应用程序从SQL通信区中取出这些状态信息,据此决定接下来执行语句还是终止退出。

1. 主变量

嵌入式SQL语句中可以使用主语言的程序变量(即主变量)来输入或输出数据。在SQL语句中使用的主语言程序变量简称为主变量(Host Variable)。

2. 主变量的类型

输入主变量由应用程序对其赋值,SQL语句引用;

输出主变量由SQL语句对其赋值或设置状态信息,返回给应用程序;

指示变量是一个整型变量,用来“指示”所指主变量的值或条件;

一个主变量可以附带一个指示变量(Indicator Variable);

指示变量的用途：指示输入主变量是否为空值，检测输出变量是否为空值，值是否被截断等。

3. 在 SQL 语句中使用主变量和指示变量的方法

(1) 说明主变量和指示变量

```
BEGIN DECLARE SECTION
...
...          说明主变量和指示变量）
...
END DECLARE SECTION
```

(2) 使用主变量

说明之后的主变量可以在 SQL 语句中任何一个能够使用表达式的地方出现。

为了与数据库对象名（表名、视图名、列名等）区别，SQL 语句中的主变量名前要加冒号（:）作为标志，使用指示变量，指示变量前也必须加冒号，标志必须紧跟在所指主变量之后。

在 SQL 语句之外（主语言语句中）使用主变量和指示变量的方法，是可以直接引用，不必加冒号。

在宿主语言中，也可采用嵌入式游标（Cursor），游标是系统为用户开设的一个数据缓冲区，存放 SQL 语句的执行结果，每个游标区都有一个名字，用户可以用 SQL 语句逐一从游标中获取记录，并赋给主变量，交由主语言进一步处理。

4. 建立和关闭数据库连接

嵌入式 SQL 程序访问数据库必须先连接数据库，关系数据库管理系统根据用户信息对连接请求进行合法性验证，只有通过身份验证，才能建立一个可用的合法连接。

建立数据库连接语句格式：

```
EXEC SQL CONNECT TO target[AS connection-name][USER user-name];
```

其中：target 是要连接的数据库服务器

常见的服务器标识串，如< dbname >@< hostname >:< port >

包含服务器标识的 SQL 串常量，connect-name 是可选的连接名，连接名必须是一个有效的标识符。

在整个程序内只有一个连接时可以不指定连接名. 在程序运行过程中可以修改当前连接。

```
EXEC SQL SET CONNECTION connection-name |DEFAULT;
```

使用完数据库后，要关闭数据库连接，使用 DISCONNECT。

语句：

```
EXEC SQL DISCONNECT [connection];
```

必须使用游标的 SQL 语句的情况是很多的，如在编程语言中，要查询的结果为多条记

录的 SELECT 语句,这时就需采用游标的 SQL 语句。

使用游标的步骤:

(1) 说明游标使用 DECLARE 语句

语句格式:

```
EXEC SQL DECLARE <游标名> CURSOR
                    FOR < SELECT 语句>;
```

这是一条说明性语句,这时关系数据库管理系统并不执行 SELECT 语句。

(2) 打开游标

```
EXEC SQL OPEN <游标名>;
```

打开游标实际上是执行相应的 SELECT 语句,把查询结果取到缓冲区中。

这时游标处于活动状态,指针指向查询结果集中的第一条记录。

(3) 推进游标指针并记取当前记录

使用 FETCH 语句

```
EXEC SQL FETCH <游标名>
    INTO <主变量>[<指示变量>]  [,<主变量>[<指示变量>]]…;
```

功能指定方向推动游标指针,同时将缓冲区中的当前记录取出来送至主变量供主语言进一步处理。

(4) 关闭游标语句格式

```
EXEC SQL CLOSE <游标名>;
```

游标被关闭后,就不再和原来的查询结果集相联系。

被关闭的游标可以再次被打开,与新的查询结果相联系。

例:使用宿主语言 C 程序中使用数据库的程序实例,依次检查某个部门的员工记录,交互式更新某些员工工资。

```
EXEC SQL BEGIN DECLARE SECTION;              /*主变量说明开始*/
    char Deptname[20];
    char HIDno[9];
    char HEname[20];
    int HEsalary;
    int NEWSalary;
EXEC SQL END DECLARE SECTION;                /*主变量说明结束*/
long SQLCODE;
EXEC SQL INCLUDE SQLCA;                      /*定义 SQL 通信区*/
int main(void)                               /*C 语言主程序开始*/
{
```

```
int  count = 0;
char  yn;                              /* 变量 yn 代表 yes 或 no */
printf("Please choose the department name(finacial/develop/egnieer): ");
scanf(" % s",deptname);                /* 为主变量 deptname 赋值 */
EXEC SQL CONNECT TO TEST@localhost:54321 USER
    "SYSTEM"/"MANAGER";                /* 连接数据库 TEST */
EXEC SQL DECLARE emp_cur CURSOR FOR    /* 定义游标 emp_cur */
SELECT Employee_no,Employee_name,Employee_salary
                                                  /* emp_cur 对应的语句 */
FROM Employee
WHERE Employee_Dept = :deptname;
EXEC SQL OPEN emp_cur;
                             /* 打开游标 emp_cur,指向查询结果的第一行 */
for (; ; )                             /* 用循环语句逐条处理结果集中的记录 */
{
    EXEC SQL FETCH emp_cur INTO:HIDno,:HEname,:HESalary;
                                       /* 绑定游标,将当前数据放入主变量 */
    if (SQLCA.SQLCODE! = 0)            /* SQLCODE ! = 0,表示操作不成功 */
    break;
                                 /* 利用 SQLCA 中的状态信息决定退出循环 */
    if(count ++== 0)
                                 /* 如果是第一行的话,先打出 title 标题 */
    printf("\n % - 10s % - 20s % - 10s % - 10s\n",
        "employee_no","employee_name", "employee_salary");
    printf(" % - 10s % - 20s % - 10s % - 10d\n",HEIDno,HEname,HESalary);
                                                      /* 输出查询结果 */
    printf("UPDATE salary (y/n)?"); /* 是否要更新该员工的工资 */
    do{scanf(" % c",&yn);}
    while(yn != 'N' && yn!= 'n' && yn!= 'Y' && yn!= 'y');
    if (yn == 'y' || yn == 'Y')        /* 如果确认更新操作 */
    {
        printf("INPUT NEW salary:");
        scanf(" % d",&NEWSalary);      /* 用户输入新员工工资到主变量中 */
        EXEC SQL UPDATE employee       /* 嵌入式 SQL 更新语句 */
```

```
            SET employee_salary = :NEWSalary
            WHERE CURRENT OF emp_cur;
        }                                   /* 对当前游标指向的员工工资进行更新 */
    }
    EXEC SQL CLOSE emp_cur;                 /* 关闭游标 SX,不再和查询结果对应 */
    EXEC SQL COMMIT WORK;                   /* 提交更新 */
    EXEC SQL DISCONNECT TEST;               /* 断开数据库连接 */
}
```

以上是采用嵌入式游标(Cursor)的方式对数据库中的表进行遍历并且按提示条件 yes/no 来修改数据库中表记录(员工的工资)。也有不采用游标的场合。下面介绍一下不用游标的 SQL 语句。

不用游标的 SQL 语句：

有的嵌入式 SQL 语句不需要使用游标，他们是说明性语句、数据定义语句、数据控制语句，查询结果为单记录的 SELECT 语句、非 CURRENT 形式的增删改语句。

查询结果为单记录的 SELECT 语句，这类语句不需要使用游标，只需用 INTO 子句指定存放查询结果的主变量。

例：根据学生号码查询学生信息。

```
EXEC SQL SELECT Sno, Sname, Ssex, Sage, Sdept
    INTO:Hsno, :Hname, :Hsex, :Hage, :Hdept
        FROM Student
    WHERE Sno = :sno;
/* 把要查询的学生的学号赋给为了主变量 sno */
```

INTO 子句、WHERE 子句和 HAVING 短语的条件表达式中均可以使用主变量。

查询返回的记录中，可能某些列为空值 NULL。

如果查询结果实际上并不是单条记录，而是多条记录，则程序出错，关系数据库管理系统会在 SQLCA 中返回错误信息。

10.7　动态 SQL

静态嵌入式 SQL 语句是在事先处理的数据已获取的情况下，静态嵌入式 SQL 语句能够满足一般操作要求，但有些在运行条件下才能获取的输入信息采用静态就无能为力了，无法满足要到执行时才能够确定要提交的 SQL 语句、查询的条件，在此种情形下，需要采用动态嵌入式 SQL，允许在程序运行过程中临时“组装”SQL 语句。

支持动态组装 SQL 语句和动态参数两种形式：

1. 使用 SQL 语句主变量

SQL 语句主变量是指程序主变量包含的内容是 SQL 语句的内容，而不是原来保存数据的输入或输出变量。

SQL 语句主变量在程序执行期间可以设定不同的 SQL 语句，然后立即执行。

[例] 创建基本表 TEST。

```
EXEC SQL BEGIN DECLARE SECTION;
    const char * stmt = "CREATE TABLE test(a int);";
                                    /* SQL 语句主变量，内容是创建表的 SQL 语句 */
EXEC SQL END DECLARE SECTION;
    ...
EXEC SQL EXECUTE IMMEDIATE:stmt;            /* 执行动态 SQL 语句 */
```

2. 动态参数的方法也是数据库编程中适用的一种方法，其基本方式是 SQL 语句中的可变元素使用参数符号(?)表示该位置的数据在运行时设定，动态参数的输入不是编译时完成绑定，而是通过 PREPARE 语句准备主变量和执行语句 EXECUTE 绑定数据或主变量来完成。

使用动态参数的步骤：

(1) 声明 SQL 语句主变量

(2) 准备 SQL 语句(PREPARE)

EXEC SQL PREPARE <语句名>

FROM <SQL 语句主变量>;

(3) 执行准备好的语句(EXECUTE)

(4) EXEC SQL EXECUTE <语句名>

[INTO <主变量表>]

[USING <主变量或常量>];

[例] 向 TEST 表中插入元组：

```
EXEC SQL BEGIN DECLARE SECTION;
    const char * stmt = "INSERT INTO test VALUES(?);";
                                    /* 声明 SQL 主变量内容是 INSERT 语句 */
EXEC SQL END DECLARE SECTION;
...
EXEC SQL PREPARE mystmt FROM:stmt; /* 准备语句 */
...
EXEC SQL EXECUTE mystmt USING 100;
                                    /* 执行语句，设定 INSERT 语句插入值 100 */
```

```
EXEC SQL EXECUTE mystmt USING 200;
                    /* 执行语句,设定 INSERT 语句插入值 200 */
```

10.8　ODBC/JDBC 编程

本节主要介绍的是如何运用 ODBC 来进行数据库应用程序的设计,使用 ODBC 编写的应用程序更加的灵活,可移植性强,为访问各种数据源提供了统一标准。

开放数据库互连(Open Database Connectivity,ODBC)是微软公司开放服务结构(WOSA,Windows Open Services Architecture)中有关数据库的一个组成部分,它建立了一组规范,并提供了一组对数据库访问的标准 API(应用程序编程接口)。这些 API 利用 SQL 来完成其大部分任务。ODBC 本身也提供了对 SQL 语言的支持,用户可以直接将 SQL 语句送给 ODBC。开放数据库互连(ODBC)是 Microsoft 提出的数据库访问接口标准。

ODBC 通过驱动程序提供数据独立性。驱动程序与具体的数据库有关,但基于 ODBC 的应用程序对数据库的操作不依赖于任何 DBMS,也不直接与 DBMS 交互,所有的数据库操作由对应数据库服务器的 ODBC 驱动程序完成。也就是说,不论何种数据库,均可以通过 ODBC API 进行访问。

目前 ODBC 一般是指在微软开发工具中使用数据库信息时,使用 VC,VC,.NET 或其它第三方支持 ODBC 接口的等使用的数据库的方法,而 JDBC 则是目前流行的 JAVA 程序中使用各类数据库资源时,要连接上 JDBC 驱动才行。

10.8.1　通过 ODBC 访问数据库

在微软平台上,通过 ODBC 开发应用数据库系统,主要由四个部分构成:用户应用程序、驱动器程序管理器、数据库驱动程序、数据库源。

(1) 应用程序 (Application):定义了系统的应用逻辑,负责和用户的交互管理,它调用 ODBC 函数向数据库服务器提交数据访问请求,获取结果并返回给用户。

ODBC 应用程序,基本功能包括:

1. 请求连接数据库;
2. 向数据源发送 SQL 语句;
3. 为 SQL 语句执行结果分配存储空间,定义所读取的数据格式;
4. 获取数据库操作结果,或处理错误;
5. 进行数据处理并向用户提交处理结果;
6. 请求事物的提交和回滚操作;
7. 断开与数据源的连接。

(2) ODBC 管理器 (ODBC Manager),它为应用程序加载和调用 ODBC 驱动程序,负责应用程序和驱动程序的交互控制。但应用程序需要执行 ODBC 函数时,它会根据应用程序提供的连接数据源找到它相应的驱动程序,并将驱动程序中同名的函数和应用程序绑定。

ODBC 管理器由 Microsoft 提供,该程序位于 WINDOWS 控制面板的 32 位 ODBC 内,包含在 ODBC 32. dll 中,对用户是透明的。其主要任务是管理 ODBC 的驱动程序和数据源。

(3) ODBC 驱动程序(ODBC Drivers),它是一些 DLL,提供 ODBC32 和数据库之间的接口。应用程序最终调用驱动程序提供的函数操作数据库。在一个程序内要操作不同类型的数据库需要加载不同的 ODBC 驱动程序。

驱动程序完成数据库访问请求的提交和结果集接收,应用程序使用驱动程序提供的结果集管理接口操纵执行后的结果数据。

(4) 数据源 (Data Sources,数据库):包含数据库的位置和数据库类型等信息,实际上是一种数据连接的抽象。

10.8.2 通过 JDBC 访问数据库

JDBC(Java Data Base Connectivity,java 数据库连接)是一种用于执行 SQL 语句的 Java API,可以为多种关系数据库提供统一访问,它由一组用 Java 语言编写的类和接口组成。JDBC 提供了一种基准,据此可以构建更高级的工具和接口,使数据库开发人员能够编写数据库应用程序。

下面是一个实例去介绍 MySQL 数据库的连接,其它数据库连接方法类似,只是数据库名称、端口号不同而已。

```
import java.sql.DriverManager;
import java.sql.ResultSet;
import java.sql.SQLException;
import java.sql.Connection;
import java.sql.Statement;
public class MysqlDemo {
    public static void main(String[] args) throws Exception {
        Connection conn = null;
        String sql;
        //MySQL 的 JDBC URL 编写方式:jdbc:mysql://主机名称:连接端口/数据库
的名称?参数=值
        //避免中文乱码要指定 useUnicode 和 characterEncoding
        //执行数据库操作之前要在数据库管理系统上创建一个数据库
```

```
        //下面语句之前就要先创建 javademo 数据库
        String url = "jdbc:mysql: //localhost:3306 /javademo?"
                +
    "user = root&password = root&useUnicode = true&characterEncoding = UTF8";

        try {
            //使用 MySQL 的驱动,
            Class.forName("com.mysql.jdbc.Driver"); //动态加载 mysql 驱动
            //or:或下面方式
            //com.mysql.jdbc.Driver driver = new com.mysql.jdbc.Driver();
            //or:
            //new com.mysql.jdbc.Driver();

            System.out.println("成功加载 MySQL 驱动程序");
            //一个 Connection 代表一个数据库连接
            conn = DriverManager.getConnection(url);
            //Statement 可运行 executeUpdate 可以实现插入,更新和删除等
            Statement stmt = conn.createStatement();
            sql = "create table student(NO char(20),name varchar(20),primary
key(NO))";
            int result = stmt.executeUpdate(sql); //executeUpdate 语句会返回
一个受影响的行数,返回 -1 不成功
            if (result != -1) {
                System.out.println("创建数据表成功");
                  sql = " insert into student(NO,name) values('2012001',
'JACK')";
                result = stmt.executeUpdate(sql);
                sql = "insert into student(NO,name) values('2012002','TOM')";
                result = stmt.executeUpdate(sql);
                sql = "select * from student";
                ResultSet rs = stmt.executeQuery(sql); //executeQuery 会返回
结果的集合,否则返回空值
                System.out.println("ID\t NAME");
                while (rs.next()) {
```

```
                        System. out. println(rs. getString(1) + "\t" + rs.
getString(2));
                    }
                }
            } catch (SQLException e) {
                System.out.println("MySQL 操作错误");
                e.printStackTrace();
            } catch (Exception e) {
                e.printStackTrace();
            } finally {
                conn.close();
            }

        }

    }
```

以上就是通过 JDBC 在 JAVA 程序中连接 MySQL 数据库,并通过建表,插入数据,并最终显示数据。

本章小结

本章讨论数据库编程方面的内容,主要介绍 Oracle 数据库中游标、函数、包、存储过程、宿主嵌入编程、ODBC/JDBC 等内容,以及主流数据库产品。基本变量的定义与语句写法不同,要注意区别。本章重点介绍了 ORACLE PL/SQL 编程方面的各类问题,包括 PL/SQL 块结构、程序控制语句及异常处理,使之在程序开发过程中更严谨,为了处理表中多行记录,通过游标方式进行数据的逐条循环处理,使数据的存取修改方便快捷。通过把行业业务逻辑可以采用存储过程方式进行创建部署在服务器端,将大大节省网络通信的成本,其快速响应能力也会显著提高。为便于封装,采用包形式把功能相同的包函数集中存放,另外也介绍了 ODBC 和 JDBC 编程,并举例说明如何在 C 宿主语言中嵌入 SQL 操作,同时也涉及在 JAVA 语言中通过 JDBC 对 MySQL 中的数据进行存取操作。对完成实际数据库应用开发帮助非常大,要结合实际开发项目进行系统的编程设计,可确保项目在启动时就在正确的路线上运行,保护开发者和应用使用者客户之间的满意度或开发进度。

习题

1. 简述数据库设计中为什么要采用 PL/SQL 过程语言。
2. 简述 PL/SQL 块结构语句的组成。

3. 简述什么是存储过程？创建一个支付的存储过程，从一方转账 100 元给对方的具体步骤。

4. 简述嵌入式 SQL 编程，结合本章例子说明。

5. 简述如何使用游标进行数据库表对象记录的更新。

6. 什么是 ODBC？什么是 JDBC？

第 11 章　MYSQL＋PHP 建数据库应用网站

网络教学信息化发展使考试方式产生巨大变化，在线考试就是一个例子。新的在线考试教学方式给学生带来了很大的方便，并且效率高。本章介绍采用 MySQL 数据库和 PHP 网页嵌入式编程语言，创建数据库应用网站。其重用性（resuable）、效率（performance）都较传统的考试有其优越性。网络考试不受时间、地点的限制，大大提升了考试的灵活性。而且缩短了考试的周期、减少了老师的工作量，是一个有意义的 E-Learing 系统。

采用 MySQL＋PHP 创建的数据库在线考试系统，主要包括组卷、批改试卷、成绩查询、考生和管理员的信息管理等功能的一个考试系统，是基于数据库与 PHP 的网页嵌入实现。主要使用 PHP，Html 以及 MySQL 的一个综合应用。学生可以登录界面进入在线考试系统，然后将管理员预先设置好并生成的试题在规定时间内答完，时间到了自动强制提交试卷，并显示出本次考试成绩，同时提供考生查询本次考试成绩。

11.1　软件安装及介绍

建立一个在线的 WEB 应用，必须选择开发工具、WEB 服务器、数据库软件等，本章采用 PHP＋MySQL＋Apache，其中 Apache 是 WEB 服务器，选择 PHP now-1. 5. 6 安装包，该包集成的软件有 MySQL 、PHP、Apache 等多个软件。该软件能够快速地搭建完整的运行环境。下面对各个软件做一简单介绍：

(1) PHP 语言简介

PHP 是一种通用的面向对象的计算机脚本语言，世界上 70％以上的网站采用了 PHP 技术建网，建立具有交互功能的 WEB 网站，同样 PHP 也是一种嵌入式 HTML 脚本语言。PHP 的语法和 C 语言、JAVA 等相近。PHP 做出来的动态页面和其他的编程语言相比，主要的优势体现在 PHP 使程序嵌入到 HTML 文档去执行，而且它的执行效率高，PHP 具有的特点有很多，比如说开放的源代码，免费，跨平台性强，效率高，图像处理，面向对象等。

(2) Apache 服务器

Apache HTTP Server 的简称是 Apache，它是一个开放源代码的 Web 服务器，能够满足在很多的计算机操作系统中来运行起来的条件，它的安全性和跨平台特性，是用的最多的网页服务器端软件之一。

(3) MySQL 数据库简介

本章描述的在线考试系统，因为考虑到数据存储量不大，以及它的运行效率，所以 MySQL 是较好的选择。

MySQL 具有的特性体现在：

1. 可移植性强。

2. 支持 LINUX，Windows 等多种操作系统。

3. 提供应用程序 API 接口。提供数据存储的多语言支持，例如：C、C++、Java、PHP 等业界流行语言。

4. 具有优化 SQL 查询算法的功能，查询速度更快。

5. 提供多种数据库连接，例如：ODBC、JDBC、TCP/IP 等。

通过以上的快速安装，开发环境就准备好了，现在看看 PHP 开发时的应用程序框架，完成考试系统需求的部署和开发工作。

11.2　PHP 脚本应用程序框架

运行 PHP 脚本程序必须借助 PHP 预处理器、Web 应用服务器(以下简称 Web 服务器)和 Web 浏览器，必要时还需借助数据库服务器。其中，Web 服务器的功能是解析 HTTP；PHP 预处理器的功能是解释 PHP 代码；Web 浏览器的功能是显示执行结果；数据库服务器的功能是保证业务数据和执行结果。

1. Web 浏览器

Web 浏览器也称网页浏览器。浏览器是网络用户最为常用的客户机程序，主要功能是显示 HTML 网页内容，并让用户与这些网页内容产生互动。常见的浏览器如 IE 浏览器，搜狐浏览器，Firefox 浏览器等。

2. HTML 标记语言

HTML 是网页的静态内容，这些静态内容由 HTML 标记产生，浏览器识别这些 HTML 标记并解释执行。例如，浏览器识别 HTML 标记“
”，将“
”标记解析为一个换行。在 PHP 程序中，HTML 主要负责表单的设计，数据的收集，页面的

设计和布局。

3. Javascript

JavaScript 一种直译式脚本语言,是一种动态类型、弱类型、基于原型的语言,内置支持类型。它的解释器被称为 JavaScript 引擎,为浏览器的一部分,广泛用于客户端的脚本语言,和 HTML 紧密融合,用来给 HTML 网页增加动态功能。

4. PHP 预处理器

PHP 预处理的功能是将 PHP 程序中的 PHP 代码解释为文本信息,这些文本信息可以包含 HTML 标记。

5. WEB 服务器

常用的 WEB 服务器有微软的 Internet Information Server(IIS)服务器、IBM 的 WebSphere 服务器、开源的 Apache 服务器等。

6. 数据库服务器

数据库可选择的厂家很多,如 Oracle、MySQL 等,本开发选择开源的 MySQL 数据库。

以上就是 PHP 应用程序开发的框架,涉及多个开发语言和环境。

11.3 网上考试系统的系统综合设计分析

系统分析的目标是了解用户需求并详述用户需求。系统分析的任务是收集相关应用场景并确定系统需求,分析系统做什么。一般来说,可以将系统分析分为功能需求分析以及非功能需求分析。功能需求分析定义了系统必须完成的功能。非功能需求分析定义了系统的运行环境(软件及硬件部分)、性能指标、安全性、可用性、可靠性以及可扩展性等需求分析。系统分析一般由需求设计员、系统分析员、项目经理以及最终用户共同完成。

11.3.1 网上考试系统的功能需求分析

功能需求分析定义了系统必须完成的功能。网上在线考试系统主要为学生及教师提供服务,如果给学校使用,还需考虑教务部门的功能要求。

学员在参加考试前,要进行注册、登录、审核考试。

管理员可以后台维护考题的插入、修改及删除及组卷功能。

考生参加考试,选择考试后,开始计时,到时强制提交,也可提前交卷,并立即显示本次考试成绩。

已参加考试的学生可查询自己参加考试的各门功课的成绩。

为此登录界面如下：

图 11.1　考生在线考试登录模块

输入用户 ID 和密码 以及权限选项。

所有的文件存储在 c:\AppServ\www\kaoshi 目录下。

登录完成后，进入欢迎考生考试页面，页面内容如下：

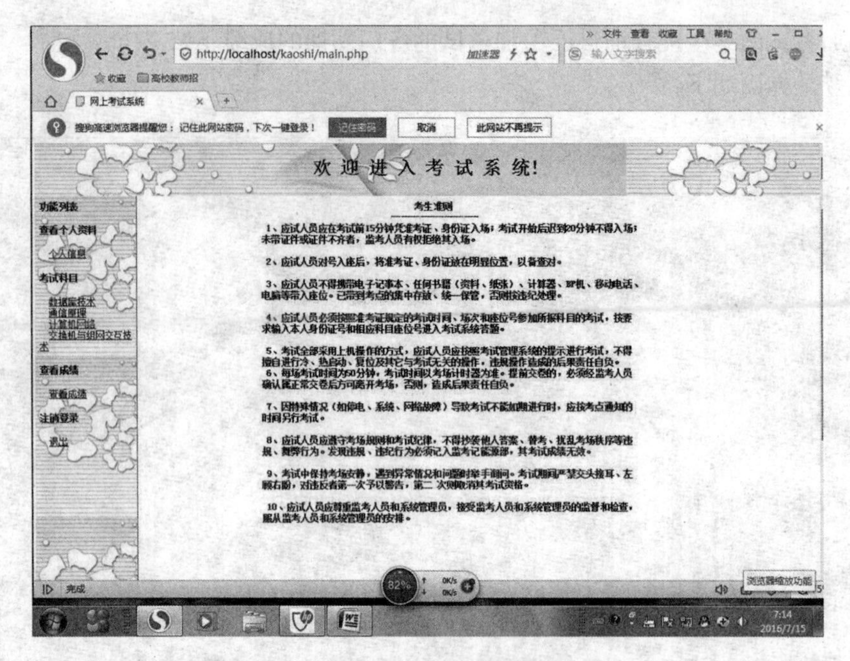

图 11.2　欢迎进入考试系统并显示考试规则

点击要考试的科目链接项，如点击数据库技术考试项目，则显示如下界面：

图 11.3　考生选择数据库库技术在线考试

点击开始考试，出现考试选择项的内容界面，如下图 11.4 所示。

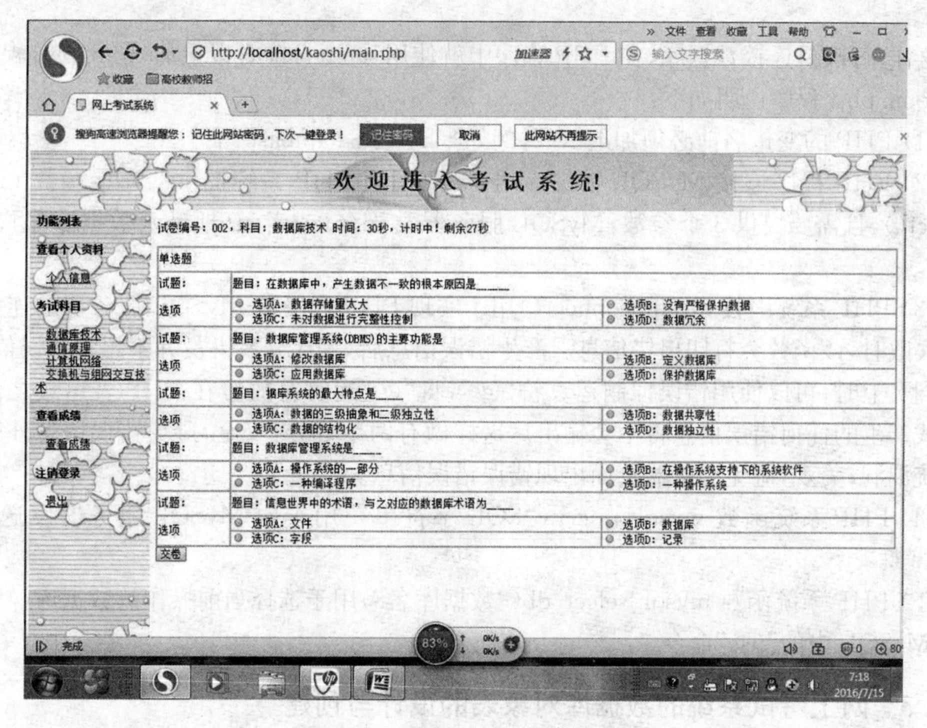

图 11.4　考试选择及提交页面

考试完毕，点交卷，则出现本次考试分值，并保存到成绩表“chengji”中。

11.3.2　在 PHP 中连接后台数据库

由于要建立动态的交互网站，各科目考试信息存放在后台数据库中，所以在 PHP 程序中必须实现数据库的连接。为此特设计一个连接的 PHP 程序 conn.php，源程序如下：

```
//源程序为 conn.php
<?php
//数据库链接文件
$host = 'localhost'; //数据库服务器
$user = 'root'; //数据库用户名
$password = '601009'; //数据库密码 '601009'
$database = 'test'; //数据库名  'test'
$conn = @mysql_connect($host, $user, $password) or die('数据库连接失败!');
@mysql_select_db($database) or die('没有找到数据库!');
```

```
mysql_query("set names 'gb2312'"); //使用 GB2312 字符集
?>
```

这样,每次要连接数据库,在 PHP 程序中就使用 include 包含以上的 conn. php 程序。

conn. php 程序说明如下:

(1) PHP 的变量名前必须加上“$”,例如$host、$database 等

(2) PHP 程序连接 MySQL 数据库时,需要调用 PHP 系统提供的连接函数 mysql_connect(),且需要提供 3 个参数:MySQL 服务器主机名(或者 IP 地址)、数据库账户名及密码。

(3) PHP 系统函数 mysql_connect()用于实现 PHP 程序与 MySQL 服务器的连接,当连接失败时,该函数会打印出错信息。产生错误信息后,程序开发人员并不想将错误信息显示在网页上时,可以使用错误抑制运算符“@”,将“@”运算符放置在 PHP 表达式之前,该表达式产生的任何错误信息将不会输出。这样做有两个好处:安全,避免错误信息外露,造成系统漏洞;美观,避免浏览器页面出现错误错误信息。

(4) PHP 系统函数 mysql_query(“SQL 字符串”)用于向 MySQL 服务器发送 SQL 语句。

(5) PHP 系统函数 mysql_select_db(“数据库名”)用于选择当前操作的数据库,功能类似于 MySQL 中的”use”命令

11.3.3 网上考试系统的数据库对象表的设计与创建

根据前一节的需求及应用场景,现在设计在线考试数据库对象设计,要建立以下的实体表对象:

考生表:kaosheng;(用于用户登录)

考试科目表信息表:kemuxinxi;(用于设置考试科目信息)

成绩表 chengji;(保存考试成绩)

管理员表: guanliyuan;(用户后台管理)

那么如何完成以上任务呢?

先创建考生表 kaosheng:

```
CREATE TABLE kaosheng
(id int(30) NOT NULL AUTO_INCREMENT,    //自动增加 id、考生登录次序 id
zhunkaozhenghao varchar(30) NOT NULL,
                        //考生的准考证号,用于登录,作为 username
  mima varchar(30) NOT NULL, //mima 为密码,作为登录的口令
  xingming varchar(30) NOT NULL, //考生姓名
  xingbie varchar(30) DEFAULT NULL, //考生性别
```

```
  PRIMARY KEY (id)               //定义主键
);
```

定义好以上表格信息后，在后台使用 SQL 插入要参加考试的学生信息，如下：

```
INSERT INTO  kaosheng  VALUES ('1', '111','111', '徐苏明', '男');
INSERT INTO  kaosheng  VALUES ('2', '222','222', '郁邦民', '男');
INSERT INTO  kaosheng  VALUES ('3', '333','333', '陈坤', '男');
INSERT INTO  kaosheng  VALUES ('4', '444','444', '庄大伟', '男');
INSERT INTO  kaosheng  VALUES ('5', '555','555', '张文斌', '男');
INSERT INTO  kaosheng  VALUES ('6', '666','666', '邹军', '男');
INSERT INTO  kaosheng  VALUES ('7', '777','777', '王文明', '男');
```

从表中取出来，如下所示：

```
mysql> select * from kaosheng;
+----+-----------------+------+---------+---------+
| id | zhunkaozhenghao | mima | xingming | xingbie |
+----+-----------------+------+---------+---------+
|  1 | 111             | 111  | 徐苏明   | 男      |
|  2 | 222             | 222  | 郁邦民   | 男      |
|  3 | 333             | 333  | 陈坤     | 男      |
|  4 | 444             | 444  | 庄大伟   | 男      |
|  5 | 555             | 555  | 张文斌   | 男      |
|  6 | 666             | 666  | 邹军     | 男      |
|  7 | 777             | 777  | 王文明   | 男      |
+----+-----------------+------+---------+---------+
13 rows in set (0.00 sec)
```

关于 MySQL 中的自动增加字段，如上表在的 ID 字段，有两种方式进行维护，一种是插入数据时，不显式给该字段赋值，则系统根据当前数据库该表当前的 id 值上递增 1 个数量，即系统自动为该考生自动分配一个 ID，然后插入。另一种方式是也可以人为赋值，但插入数据时，必须全部写出非空相应的字段和对应的插入值，否则出错。譬如考生表 kaosheng 中有 5 个字段，4 个字段不为空（NOT NULL），插入数据时则必须插入一个考生的序号 ID、准考证号、密码、姓名，这样也可人为定制考生的 ID 序号，但不能重复插入，否则系统因唯一性规则而拒绝。

以下二种方式插入数据案例：

```
mysql> INSERT INTO kaosheng VALUES ('14', '123','123', '徐苏明', '男');
Query OK, 1 row affected (0.00 sec)
```

以上为显式写上指定的ID值，插入表中，注意不要与表中已存在的ID相同，否则出错。

另一种插入方式，即在插入语句中，没有指定ID字段的值，则系统自动分配考生次序号ID，是隐含方式：

```
mysql> insert into kaosheng(zhunkaozhenghao,mima,xingming)
values('111','111', '徐苏明 ');
Query OK, 1 row affected (0.08 sec)
```

这时，仅列出了三个字段，没有指定插入ID的值，因为定义表时该字段是自动增加类型，所以会在当前存在的ID值上增一，也能自动完成这个插入任务。

而写成以下插入方式，则报错。

```
mysql> INSERT INTO 'kaosheng' VALUES ('111','111', 'BILL','男');
ERROR 1136 (21S01): Column count doesn't match value count at row 1
```

再建立一个考生考试科目信息表，用于考试科目：

```
CREATE TABLE kemuxinxi
(id int(30) NOT NULL AUTO_INCREMENT, //科目 ID 序号
  kemu varchar(30) DEFAULT NULL,  //科目名称
  PRIMARY KEY (id)
);
```

插入相应考试科目信息：

```
INSERT INTO  kemuxinxi  VALUES ('1','通信原理');
INSERT INTO  kemuxinxi  VALUES ('2', '数据库技术');
INSERT INTO  kemuxinxi  VALUES ('3', '计算机网络');
INSERT INTO  kemuxinxi  VALUES ('4', '移动通信与交互技术');
```

再从表中取出来，如下所示：

```
mysql> select * from kemuxinxi;
```

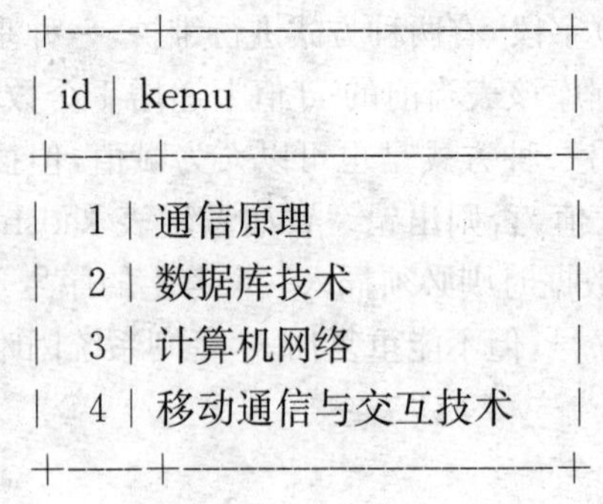

id	kemu
1	通信原理
2	数据库技术
3	计算机网络
4	移动通信与交互技术

4 rows in set (0.11 sec)

如果要提供某种考试，则必须提供该表内容。

然后创建建成绩表：

```
CREATE TABLE chengji //以下是创建一个成绩表：
(ID int(11) NOT NULL AUTO_INCREMENT,  //成绩序号,如考生参加了多次考试
  zhunkaozhenghao varchar(30) NOT NULL, //准考证号,为考生登录及考试时身份
  danxuanti int(30) DEFAULT NULL,  //本次考试单选题数量
  zongfen int(30) DEFAULT NULL, //总分
  bianhao varchar(30) DEFAULT NULL, //相应科目的编号
  kemu varchar(30) DEFAULT NULL, //考试科目
  PRIMARY KEY (ID)
);
```

这个成绩表记录是在程序中,由考试产生的。可查询一下其中的记录,有助于理解。

```
mysql> select * from chengji;
+----+-----------------+-----------+---------+----------+-----------+
| ID | zhunkaozhenghao | danxuanti | zongfen | bianhao  | kemu      |
+----+-----------------+-----------+---------+----------+-----------+
|  1 | 111             |         5 |      80 | 002      | 数据库技术 |
|  2 | 111             |        10 |      90 | 001      | 通信原理   |
2 rows in set (0.03 sec)
```

有了以上数据表对象,还需要定义一个考试题目题库,这个可以根据不同科目考试进行创建,本考试系统是按考试科目内容进行分开,也就是每门考试都应建立相应的考试题表,如本系统中提供了数据库技术考试内容、通信原理考试、计算机网络考试和交换机与组网交互技术这四门考试科目,所以分别建立了以下四个考试题表：

```
CREATE TABLE tydanxuanti (    //通原单选题
  id int(30) NOT NULL AUTO_INCREMENT,
  kemu varchar(30) DEFAULT NULL,
  timu varchar(150) DEFAULT NULL,
  xuanxiangA  varchar(150) DEFAULT NULL,
  xuanxiangB  varchar(150) DEFAULT NULL,
  xuanxiangC  varchar(150) DEFAULT NULL,
  xuanxiangD  varchar(150) DEFAULT NULL,
  daan varchar(150) DEFAULT NULL,
  PRIMARY KEY (id)
) ENGINE = InnoDB AUTO_INCREMENT = 13 DEFAULT CHARSET = gb2312;
CREATE TABLE jsjdanxuanti (    //计算机单选题
```

```
  id int(30) NOT NULL AUTO_INCREMENT,
  kemu varchar(30) DEFAULT NULL,
  timu varchar(150) DEFAULT NULL,
  xuanxiangA  varchar(150) DEFAULT NULL,
  xuanxiangB  varchar(150) DEFAULT NULL,
  xuanxiangC  varchar(150) DEFAULT NULL,
  xuanxiangD  varchar(150) DEFAULT NULL,
  daan varchar(150) DEFAULT NULL,
  PRIMARY KEY (id)
) ENGINE = InnoDB AUTO_INCREMENT = 13 DEFAULT CHARSET = gb2312;
CREATE TABLE sjkdanxuanti ( //数据库单选题
id int(30) NOT NULL AUTO_INCREMENT,
  kemu varchar(30) DEFAULT NULL,
  timu varchar(150) DEFAULT NULL,
  xuanxiangA  varchar(150) DEFAULT NULL,
  xuanxiangB  varchar(150) DEFAULT NULL,
  xuanxiangC  varchar(150) DEFAULT NULL,
  xuanxiangD  varchar(150) DEFAULT NULL,
  daan varchar(150) DEFAULT NULL,
  PRIMARY KEY (id)
) ENGINE = InnoDB AUTO_INCREMENT = 13 DEFAULT CHARSET = gb2312;
CREATE TABLE zwdanxuanti ( //组网单选题
id int(30) NOT NULL AUTO_INCREMENT,
  kemu varchar(30) DEFAULT NULL,
  timu varchar(150) DEFAULT NULL,
  xuanxiangA  varchar(150) DEFAULT NULL,
  xuanxiangB  varchar(150) DEFAULT NULL,
  xuanxiangC  varchar(150) DEFAULT NULL,
  xuanxiangD  varchar(150) DEFAULT NULL,
  daan varchar(150) DEFAULT NULL,
  PRIMARY KEY (id)
) ENGINE = InnoDB AUTO_INCREMENT = 13 DEFAULT CHARSET = gb2312;
```

以上的四门课程的考试题表的结构都是一样的，只是表名不同而已，字段包括题目序号，题目本身，四个选项及选择题答案。

配合以上的考题表，还要定义每门考试科目的相关科目考试考题组卷信息表，如下：

```
CREATE TABLE shujuku ( //数据库组卷表
    id int(30) NOT NULL AUTO_INCREMENT, //组卷序号
    bianhao varchar(30) NOT NULL, //科目编号
    danxuantishu varchar(30) DEFAULT NULL, //组卷题数
    danxuanfenzhi varchar(30) DEFAULT NULL, //每道题的分数
    danxuanti varchar(200) DEFAULT NULL, //本次组卷的试题序号，与通原单选题序号相同
    kemu varchar(30) DEFAULT NULL,
    PRIMARY KEY (id)
  ) ENGINE = InnoDB AUTO_INCREMENT = 1 DEFAULT CHARSET = gb2312;
```

其中 AUTO_INCREMENT＝9 的含义是 id 的增加序列从 1 开始，也可以取其它值，如 9，则表示序列从 9 开始。

有了这些考试题库表，就要把考试试题存放在数据库表中，如下是向通信原理考试表中插入考试题的，如下：

INSERT INTO tydanxuanti VALUES（'1'，'通信原理'，'数字复接中的同步指的是________'，'收、发定时同步'，'收、发各路信号对准'，'二次群的帧同步'，'各低次群数码率相同'，'A'）；

INSERT INTO tydanxuanti VALUES（'2'，'通信原理'，'在带宽与信噪比互换关系上，下列性能与理想通信系统性能差距最小________'，'SSB 系统'，'FM 系统'，'ΔM 系统'，'PCM 系统'，'B'）；

INSERT INTO tydanxuanti VALUES（'3'，'通信原理'，'传输速率为 9600B 的二进制数码流，所需的最小传输带宽为________'，'3.2 kHz'，'4.8 kHz'，'1.6 kHz'，'1.6 kHz'，'C'）；

INSERT INTO tydanxuanti VALUES（'4'，'通信原理'，'在相同的大信噪比下，通断键控信号(OOK)同步检测时的误码率比包络检波时的误码率________'，'低'，'高'，'一样'，'没有可比性'，'D'）；

INSERT INTO tydanxuanti VALUES（'5'，'通信原理'，'下列属于线性调制的是______'，'振幅键控'，'频移键控'，'相移键控'，'角度调制'，'D'）；

INSERT INTO tydanxuanti VALUES（'6'，'通信原理'，'在抗加性高斯白噪声性能方面，2ASK、2FSK、2PSK 从优到差的次序为________'，'2FSK、2ASK、2PSK'，'2ASK、2FSK、2PSK'，'2ASK、2PSK、2FSK'，'2PSK、2FSK、2ASK'，'D'）；

INSERT INTO tydanxuanti VALUES（'7'，'通信原理'，'衡量数字通信系统可靠性的主要指标是________'，'信息传输速率'，'信息传输速率'，'频带利用率'，'误码率'，'D'）；

INSERT INTO tydanxuanti VALUES（'8'，'通信原理'，'PCM 通信系统实现非均

匀量化的方法目前一般采用________’，‘非自适应法’，‘直接非均匀编解码法’，‘模拟压扩法’，‘自适应法’，‘A’)；

INSERT INTO tydanxuanti VALUES (‘9’，‘通信原理’，‘样值的绝对值相同其幅度码不相同的为________’，‘一般二进码’，‘折叠二进码’，‘格雷码’，‘折叠二进码和格雷码’，‘B’)；

INSERT INTO tydanxuanti VALUES (‘10’，‘通信原理’，‘帧同步码码型的选择主要考虑的因素是________’，‘产生容易，以简化设备’，‘捕捉时间尽量短’，‘产生伪同步码的可能性尽量小’，‘以上都不是’，‘B’)；

以上是向通原考试题表中添加10个选择题，每题有四项可选，并且把标准答案存入最后一个字段，这样在考试阅卷中，就以该答案和考生答案比较，据此计算成绩。

那么，每题的分数在哪体现呢，这可以单独创建一张表，以下是建立通信原理课考试课程综合信息表：

```
CREATE TABLE tongyuan //通原(通信原理考试组卷表)
(id int(30) NOT NULL AUTO_INCREMENT, //通原考试如A卷或B卷等的序号
  bianhao varchar(30) DEFAULT NULL, //单选题编号
  danxuantishu varchar(30) DEFAULT NULL, //单选题数目
  danxuanfenzhi varchar(30) DEFAULT NULL, //单选题分值
  danxuanti varchar(200) DEFAULT NULL, //单选题序号
  kemu varchar(30) DEFAULT NULL, //单选题科目
  PRIMARY KEY (id)
);
```

以上这个通原表设计是和 tydanxuanti(通原单选题表)相对应的，tydanxuanti(通原单选题表)中存放所有的题库，可以通过 tongyuan //通原(通信原理考试组卷表)进行组卷，譬如该表中有100道题，可以考其中的50道题，也可以考100道题，这时如果在通原表中插入如下数据

```
INSERT INTO 'tongyuan' VALUES
('1', '001', '20', '5', '1,2,3,4,5,6,7,8,9,10,11,12,13,14,15,16,17,18,19,20',
'通信原理');
```

则表明该通原考试只能组织一份考卷，‘001’为考试科目编号，其中的1表示通信原理(可参考)下表：

```
mysql> select * from kemuxinxi;
```

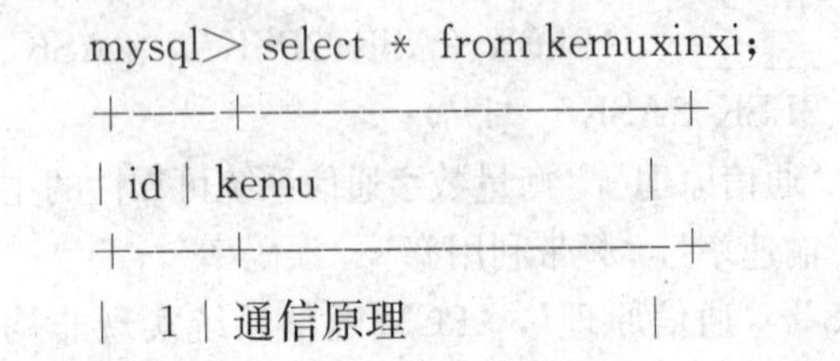

```
+----+-----------------+
| id | kemu            |
+----+-----------------+
|  1 | 通信原理        |
```

```
|  2 | 数据库技术         |
|  3 | 计算机网络         |
|  4 | 移动通信与交互技术 |
+----+--------------------+
```

而考试单选题将从 tydanxuanti(通原单选题表)中选取序号分别为 1,2,3,4,5,6,7,8,9,10,11,12,13,14,15,16,17,18,19,20 共 20 道题组卷,这样考生能看到 20 道选择题出现在该考试中,每题的分值为 5 分,如果想取出 100 道题,每题的分值为 1 分,则必须维护 tongyuan 这张表,同时 tydanxuanti 题库表中有足够的单选题可选择。

如果再插入一条记录,如

INSERT INTO　tongyuan　VALUES ('2', '001', '10', '10', '2,4,6,8,10,12,14,16,18,20', '通信原理');

则参加测试的学生可有二套通信原理考试卷可选,序号为 1 的是有 20 道习题的单选题,每个单选题的分数是 5 分,而序号为 2 的一份试卷的题数是 100,分值为 1 可供考生选择,具体见图 11.5 所示。

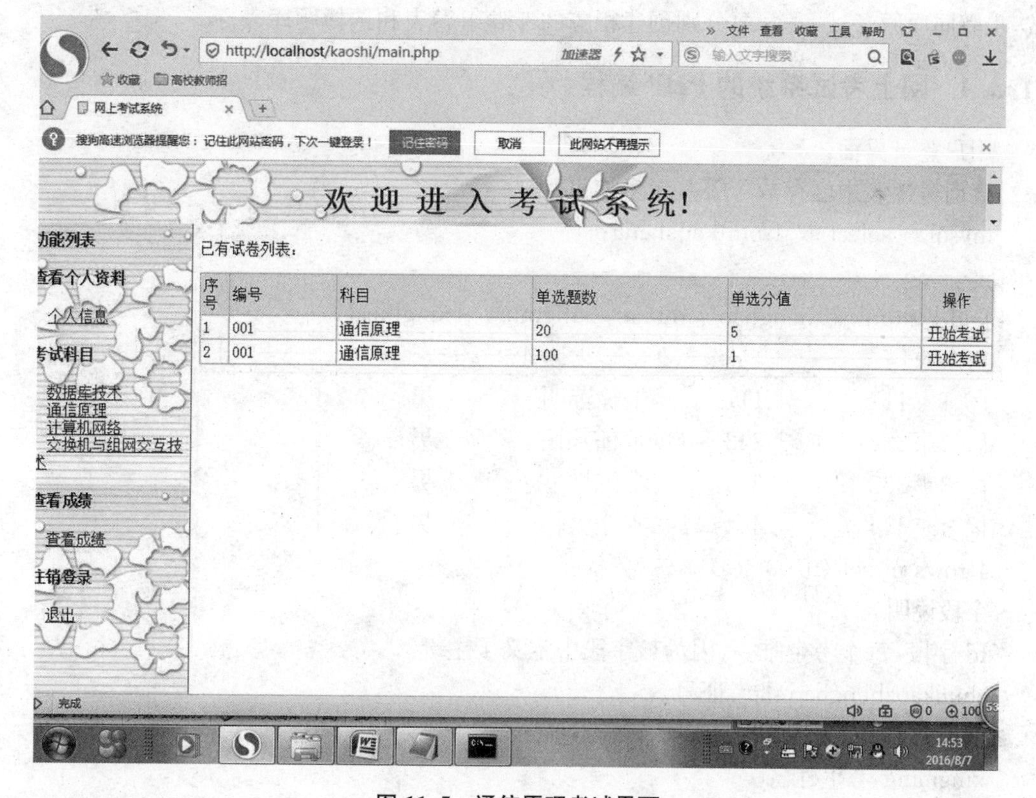

图 11.5　通信原理考试界面

以下是创建一个管理员表：

```
CREATE TABLE guanliyuan
(id int(30) NOT NULL AUTO_INCREMENT,          //用户 ID
  username varchar(30) NOT NULL,              //用户姓名
  pwd varchar(30) NOT NULL,                   //口令
  cx varchar(30) DEFAULT NULL,
  PRIMARY KEY (id)
) ENGINE = InnoDB AUTO_INCREMENT = 15 DEFAULT CHARSET = gb2312;
```

创建这张表中最后使用了以下选项来创建表：

```
ENGINE = InnoDB AUTO_INCREMENT = 15 DEFAULT CHARSET = gb2312;
```

其含义是使用了 InnoDB 数据库，AUTO_INCREMENT 分值从 15 开始，使用的字符集为 gb2312。

```
INSERT INTO guanliyuan VALUES ('1', 'xsm', 'xsm', '管理员');
```

除了通原课考试外，还涉及数据库技术考试、计算机网络考试、通信组网与交换技术考试，步骤同通原考试一样，要分别创建相应的考卷组卷表和选择题库表。

11.3.4 网上考试系统的 PHP 编程

用户登录界面：

查询考生表中已存放了哪些考生信息

```
mysql> select * from kaosheng;
+----+-----------------+------+----------+---------+
| id | zhunkaozhenghao | mima | xingming | xingbie |
+----+-----------------+------+----------+---------+
|  1 | 111             | 111  | 徐苏明    | 男      |
|  2 | 222             | 222  | 郁邦民    | 男      |
|  3 | 333             | 333  | 陈坤      | 男      |
|  4 | 444             | 444  | 庄大伟    | 男      |
4 rows in set (0.00 sec)
```

字段说明：

Id 字段，每个考生唯一，因为该字段中定义了主键。

zhunkaozhenghao 准考证号。

mima 登录密码。

xingming 考生姓名。

xingbie 考生性别。

这样用户可通过登录界面，进行登录，如徐苏明这位同学进行登录，用准考证号 111，密码为 111，权限选择为考生进行登录。

那么，login.html 中的程序如下：

```
<html xmlns = "http://www.w3.org/1999/xhtml">
<head>
<meta http-equiv = "Content-Type" content = "text/html; charset = gb2312" />
<title>在线考试系统</title>
<style type = "text/css">
<!--
body {
margin: 0px;
overflow:hidden;
background:url(images/fj3.jpg) no-repeat;
        background-position:center center;
}
.STYLE1 {color: #528311; font-size: 12px; }
.STYLE2 {
color: #72AC27;
font-size: 42pt;
}
-->
</style></head>
<body>
<table width = "44%" height = "92%" border = "0" align = "center" cellpadding
= "0" cellspacing = "0">
  <tr>
    <td height = "170" valign = "bottom"><table width = "72%" height = "51"
border = "0" align = "center">
      <tr>
        <td>
          <div class = "STYLE2">网上考试系统</div>
        </td>
      </tr>
    </table>
```

```
</td>
        </tr>
    <tr>
                <td height = "80"> </td>
            </tr>
            <tr>
                <td valign = " top" > < table width = " 100 % " border = " 0"
cellspacing = "0" cellpadding = "0">
                <tr>
                    <td width = "48 % "> </td>
                    <td width = "52 % "><table width = "82 % " border = "0" align
= "left" cellpadding = "0" cellspacing = "0">
                        <form name = " form1" method = " post" action = " login.
php">
                        <tr>
                            <td width = " 21 % " height = " 30" > < div align =
"center"><span class = "STYLE1">用户</span></div></td>
                            <td width = " 79 % " height = " 30" > < input name =
"username" type = " text" id = " username"   style = " height: 18px; width: 130px;
border:solid 1px #cadcb2; font - size:12px; color: #81b432;">
                        <input name = "login" type = "hidden" id = "login" value
= "1"></td>
                        </tr>
                        <tr>
                            <td height = "30"><div align = "center"><span
class = "STYLE1">密码</span></div></td>
                            <td height = " 30" > < input name = " pwd" type =
"password" id = " pwd"   style = " height: 18px; width: 130px; border: solid 1px #
cadcb2; font - size:12px; color: #81b432;"></td>
                        </tr>
                        <tr>
                            <td height = "30"><div align = "center"><span
class = "STYLE1">权限</span></div></td>
                        <td height = "30"><select name = "cx" id = "cx">
```

```
                    <option value = "管理员">管理员</option>
                    <option value = "考生">考生</option>
                  </select>
                </td>
              </tr>
              <tr>
                <td height = "30"> </td>
                <td height = "30"><input type = "submit" name =
"Submit" value = "登录">
                  <input type = "reset" name = "Submit2" value =
"重置"></td>
              </tr>
            </form>
          </table></td>
        </tr>
      </table></td>

  </tr>
</table>
</body>
</html>
```

以上程序中主要的内容如下：

<form name = "form1" method = "post" action = "login. php">

该 HTML 语句定义了一个表单 form，名称为 form1，相应的响应动作页面是 login. php

<input name = "username" type = "text" id = "username" style = "height:18px; width:130px; border:solid 1px #cadcb2; font - size:12px; color:#81b432;">

以上 input 定义了表单中的用户名 username，是一个单行文本框，本登录中，应该是准考证号。

<input name = "login" type = "hidden" id = "login" value = "1">

同时定义了一个文本框字段，名称是 login，但要注意的是，类型为"hidden" id="login"其值为 1，这是在某个页面设置一些状态标识，如在"login. php"程序中就有 $login=="1"的判断，因为 id="login"已定义了，所以 $login 是合法并且在 login. html 中赋值为"1"。

<input name = "pwd" type = "password" id = "pwd" style = "height:18px; width:130px; border:solid 1px #cadcb2; font-size:12px; color:#81b432;">

定义一个密码框(type="password"),其标识为 pwd

<input type = "submit" name = "Submit" value = "登录">

定义了一个提交按钮,名称为 Submit

<input type = "reset" name = "Submit2" value = "重置">

定义了一个重置按钮,名称为 Submit2

下拉选择框选择<select ></select>标签对之间。Option 子标签的 value 属性指定每个选项的值。Selected 属性指定初始状态时,该选项是选中状态。

<select name="cx" id="cx">定义了一个下拉选择框,其名称为"cx",id 标识为"cx"。这样通过引用 id 即可获得下拉框选中的内容。

这样,form 表单信息封装到 $_POST 数组中。其他页面可通过 $_POST 数组中进行查询。

以上是登录模块的 login.html 中的主要内容。

那么看一下其登录处理程序 login.php 中的内容,使用记事本打开该文件,其程序代码如下:

```
//login.php 源程序
<?php
//验证登陆信息
session_start();
include_once 'conn.php'; //连接 MySQL 数据库
$login = $_POST["login"]; //获取前页面传送来的表单信息中的字段
$username = $_POST['username']; //从 $_POST 数组中获取表单中的信息
$pwd = $_POST['pwd'];  //从 $_POST 数组中获取表单中的信息
$cx = $_POST['cx'];  //从 $_POST 数组中获取下拉表单中的信息
if($login = = "1")   //只要从 login.html 页面登录的,该条件始终满足
{
    if ($username! = "" && $pwd! = "")
    {
    if($cx = = "管理员") // 如果是管理员,则查询管理员表 guanliyuan
    {
        $sql = "select * from guanliyuan where username = '$username' and pwd = '$pwd'";
    }
```

```
    else    //否则是考生,则查询考生表 kaosheng,条件是通过准考证号和口令
    {
        $sql = "select * from kaosheng where zhunkaozhenghao = '$username'
and mima = '$pwd'";
    }
    $query = mysql_query($sql);
    $rows = mysql_num_rows($query); //如果存在,则返回的行数 $rows 应大于 0
        if($rows>0)
        {
            $_SESSION['username'] = $username;
            if($cx == "管理员")
            {
                $_SESSION['cx'] = mysql_result($query,0,"cx");
            }
            else
            {
                $_SESSION['cx'] = $cx;
            }
            echo "<script language = 'javascript'>alert('亲!您已成功登录!');
location = 'main.php';</script>";
        }
        else
        {
            echo "<script language = 'javascript'>alert('对不起亲!输入错误!');
history.back();</script>";
        }
    }
    else
    {
        echo "<script language = 'javascript'>alert('亲!请输入完整!');
history.back();</script>";
    }
}
/}
```

```
?>
```

以上登录处理程序 login. php 主要的功能是查询该用户是否存在，是管理员还是考生，并把相应的信息写回到会话变量数组中的 cx 中。

如果不成功则显示“对不起亲！ 输入错误!”进行重登录。

登录成功后，显示“亲！ 您已成功登录!”，并且把页面指向了 main. php 程序，即上面程序中的 script 语句：

```
<script language = 'javascript'>alert('亲!您已成功登录!');location = 'main.php';</script>
```

main. php 程序如下：

```
<!DOCTYPE html PUBLIC " - //W3C //DTD XHTML 1.0 Frameset //EN" "http: //www.w3.org /TR /xhtml1 /DTD /xhtml1 - frameset.dtd">
<html xmlns = "http: //www.w3.org /1999 /xhtml">
<head>
<meta http - equiv = "Content - Type" content = "text /html; charset = gb2312" />
<title>网上考试系统</title>
</head>
<frameset rows = "65, * " cols = " * " framespacing = "0" frameborder = "no" border = "0">
    <frame src = "top.php" name = "top" scrolling = "Yes" noresize = "noresize" id = "top" />
    <frame src = "center.php" name = "center" id = "center" />

</frameset>
<noframes><body>
</body>
</noframes></html>
```

main. php 程序主要是一个页面框架的安排，具体是中心位置对应 center. php，以及顶上部对应 top. php 二个程序。top. php 中就是由 HTML 语句写的“欢迎进入考生系统”。

重点来讨论一下 center. php 源程序：

主界面 center. php

```
<?php
session_start();
    if( $_SESSION['cx'] = = "管理员")
```

```
    {
        echo "<script>javascript:location.href='glyliebiao.html';</script
>";
    }
    else
    {
        echo "<script>javascript:location.href='ksliebiao.html';</script>";
    }
?>
```

其中的考试列表的页面如下：

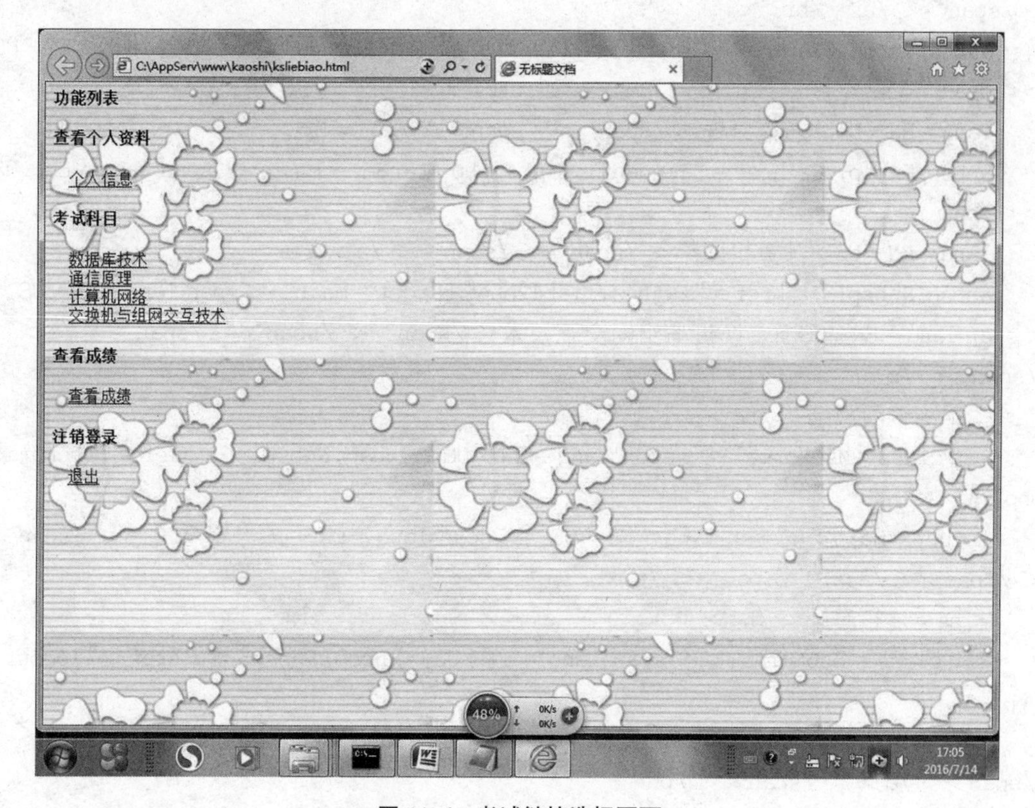

图 11.6　考试链接选择页面

以上的页面由 ksliebiao.html（考试列表）显示出来，下面主要介绍一下其中主要的几个链接部分，

如下：<div class=Section1>

<h4>功能列表</h4>

```
<h4>查看个人资料</h4>
<p class=MsoNormal><span lang=EN-US>  <a href="kaosheng_
updt2.php"
target=main alt=查看个人资料><span lang=EN-US><span lang=EN-US>个
人信息</span></span></a>
</span></p>
<h4>考试科目</h4>
<p class=MsoNormal><span lang=EN-US>  <a href="shujuku_
list3.php"
target=main><span lang=EN-US><span lang=EN-US>数据库技术</span>
</span></a><br>
  <a href="tongyuan_list2.php" target=main><span lang=EN-US
><span
lang=EN-US>通信原理</span></span></a><br>
  <a href="jisuanji_list4.php" target=main><span lang=EN-US
><span
lang=EN-US>计算机网络</span></span></a><br>
  <a href="zwjhjs_list4.php" target=main><span lang=EN-US>
<span lang=EN-US>交换机与组网交互技术</span></span></span></a><
/span></p>
<h4>查看成绩</h4>
<p class=MsoNormal><span lang=EN-US>  <a href="chengji.
php"
target=main><span lang=EN-US><span lang=EN-US>查看成绩</span>
</span></a></span></p>
<h4>注销登录</h4>
<p class=MsoNormal><span lang=EN-US>  <a href="logout.
php"
target=login><span lang=EN-US><span lang=EN-US>退出</span><
/span></a></span></p>
</div>
```

从图 11.6 所示，可知系统有四个考试科目，有数据库技术、通信原理、计算机网络、交换机与组网交互技术四类考试，其原理都是一样的，我们就以通信原理为例，来介绍其中的编程技术。

通信原理考试对应 php 程序是 tongyuan_list2.php，其源程序如下：

```
//tongyuan_list2.php 源程序
<?php
include_once 'conn.php';  //连接数据库
?>
<!DOCTYPE html PUBLIC "-//W3C//DTD XHTML 1.0 Transitional//EN" "http://www.w3.org/TR/xhtml1/DTD/xhtml1-transitional.dtd">
<html xmlns="http://www.w3.org/1999/xhtml">
<head>
<meta http-equiv="Content-Type" content="text/html; charset=gb2312" />
<title>试卷生成</title><link rel="stylesheet" href="css.css" type="text/css">
</head>
<body>
<p>已有试卷列表:</p>
<table width="100%" border="1" align="center" cellpadding="3" cellspacing="1" bordercolor="#00FFFE" style="border-collapse:collapse">
  <tr>
    <td width="24" bgcolor="#EBE2FB">序号</td>
    <td bgcolor='#EBE2FB'>编号</td>
    <td bgcolor='#EBE2FB'>科目</td>
    <td bgcolor='#EBE2FB'>单选题数</td><td bgcolor='#EBE2FB'>单选分值</td>
    <td width="71" align="center" bgcolor="#EBE2FB">操作</td>
  </tr>
  <?php
    $sql="select * from tongyuan"; //从 tongyuan 表中取出通信原理考试选择题
   $sql=$sql." order by id asc";     //按题号升序输出
  $query=mysql_query($sql);
  $rows=mysql_num_rows($query);
   for($a=0;$a<$rows;$a++)
  {
  ?>
  <tr>
```

```
<td width="24"><?php echo $a+1;?></td> //对应序号
<td><?php echo mysql_result($query,$a,bianhao);?></td> //对应编号
<td><?php echo mysql_result($query,$a,kemu);?></td> //对应科目
<td><?php echo mysql_result($query,$a,danxuantishu);?></td><td><?php echo mysql_result($query,$a,danxuanfenzhi);?></td> //对应本次考试单选题总数
<td width="71" align="center">
<a href="tongyuan_detail2.php?id=<?php
    echo mysql_result($query,$a,"id");
?>">开始考试</a></td>        //连接开始考试,其对应的链接 href 是 tongyuan_detail2.php
</tr>
  <?php
}
?>
</table>
</body>
</html>
```

点击开始考试时,对应的 PHP 程序脚本是 tongyuan_detail2.php,即本次参加的通信原理的考试。

```
// tongyuan_detail2.php 源程序如下:
<?php
include_once 'conn.php';   //连接数据库
session_start();    //启动会话
$id=$_GET["id"];
$jj=$_POST["jj"];   //获取交卷状态 如为1,则表示交卷了
if ($jj=="1")       //测试是否交卷
{
        $sql="select * from tongyuan where id=".$id;
        $query=mysql_query($sql);
        $rows=mysql_num_rows($query);
        $cj=0;
            $sql1="select * from tydanxuanti where id in (".mysql_result($query,$a,danxuanti).")";
```

```
        //从通原单选题表 tydanxuanti 中取出本次考试题所有信息,包括题目,
选项及答案
        $ query1 = mysql_query( $ sql1);
        $ rows1 = mysql_num_rows( $ query1);
        if( $ rows1>0)
        {
        for( $ a1 = 0; $ a1< $ rows1; $ a1 + + )
        {

          if ( $ _POST["xzt". $ a1] = = $ _POST["xztdaan". $ a1])
          //比较选择题答案,比较考生的答案和数据库中的答案
          {

            $ cj = $ cj + mysql_result( $ query,0,danxuanfenzhi);
           //从单选题中选出单选题分值 danxuanfenzhi,如单选题为 1 分还是 5 分,
由表定义
          }
        }

        }
         $ zongfen = $ cj;
          $ sql = " insert into chengji ( zhunkaozhenghao, danxuanti, zongfen,
bianhao,kemu) values ('". $ _SESSION [ "username"]. "',". $ cj. ",". $ zongfen. ", '".
mysql_result( $ query, $ a,bianhao). "', '". mysql_result( $ query, $ a,kemu). "')";
    mysql_query( $ sql);
          //把考试成绩插入成绩表 chengji 中
           echo "<script>javascript: alert(' 交卷成功! 您本次成绩为: 总分
". $ zongfen. "分!');location. href = 'tongyuan_list2. php';</script>";
    }
    ?>
    <!DOCTYPE html PUBLIC " - //W3C //DTD XHTML 1. 0 Transitional //EN" "http: //
www. w3. org /TR /xhtml1 /DTD /xhtml1 - transitional. dtd">
    <html xmlns = "http: //www. w3. org /1999 /xhtml">
    <head>
    <meta http - equiv = "Content - Type" content = "text / html; charset = gb2312"
```

```
/>
<title>单选题</title><link rel = "stylesheet" href = "css.css" type = "
text/css">
</head>
<body>
<?php
$sql = "select * from tongyuan where id = ".$id;
$query = mysql_query($sql);
$rows = mysql_num_rows($query);
if($rows>0)
{
?>
<p>试卷编号:<?php echo mysql_result($query,$a,bianhao)?>,科目:<?php
echo mysql_result($query,$a,kemu)?> 时间:30 分,计时中!剩余<SPAN id = tiao>
</SPAN>秒 </p>
<SCRIPT language = javascript>
<!--
function clock()              //定义一个时钟,i 为秒数
{i = i - 1
document.getElementById('tiao').innerHTML = i;
if(i>0)
{
setTimeout("clock();",1000); //1 秒,调用 javascript 中的 setTimeout 函数
}
else
{
alert("时间到,已强制交卷!");
document.form1.submit();
}
}
var i = 1800   //此处值为 1800,就是 1800 秒,30 分钟
clock()      //调用时钟函数
//-->
</SCRIPT>
<table bgcolor = "#ffffff" border = "0" cellspacing = "0"
```

```
                    height="200" width="100%">
    <tbody>
      <tr>
        <td><form action="?id=<?php echo $id?>" method="post" name=
"form1" id="form1">
          <table width="100%" height="100" border="1" cellpadding="1"
cellspacing="0" bordercolor="#F8C876">
            <tr>
              <td height="32" colspan="3">单选题</td>
            </tr>
          <?php
  $sql1="select * from tydanxuanti where id in (".mysql_result($query,$a,
danxuanti).")";
  $query1=mysql_query($sql1);
  $rows1=mysql_num_rows($query1);
  if($rows1>0)
  {
  for($a1=0;$a1<$rows1;$a1++)
  {
  ?>
            <tr>
              <td width="10%" height="32">试题:</td>
              <td colspan="2">题目:<?php echo mysql_result($query1,$a1,
timu)?>
                        <input name="xztdaan<?php echo $a1?>" type="hidden"
id="xztdaan<?php echo $a1?>" value="<?php echo mysql_result($query1,$a1,
daan)?>" /></td>
            </tr>
            <tr>
              <td rowspan="2">选项</td>
              <td width="50%"><input type="radio" name="xzt<?php echo
$a1?>" value="A" />
                  选项 A:<?php echo mysql_result($query1,$a1,xuanxiangA)?>
</td>
              <td width="40%"><input type="radio" name="xzt<?php echo
```

```
$ a1?>" value = "B" />
                    选项 B:<?php echo mysql_result( $ query1, $ a1, xuanxiangB)?>
</td>
          </tr>
          <tr>
            <td><input type = "radio" name = "xzt<?php echo $ a1?>" value
= "C" />
                    选项 C:<?php echo mysql_result( $ query1, $ a1, xuanxiangC)?>
</td>
            <td><input type = "radio" name = "xzt<?php echo $ a1?>" value
= "D" />
                    选项 D:<?php echo mysql_result( $ query1, $ a1, xuanxiangD)?>
</td>
          </tr>
         <?php
   }
   }
   ?>
        </table>
   <input type = "submit" name = "Submit" value = "交卷" />
         <input name = "jj" type = "hidden" id = "jj" value = "1" />
       </form>
          <p> </p></td>
      </tr>
    </tbody>
   </table>
   <p> </p>
   <p>  </p>
   <?php
   }
   ?>
   </body>
   </html>
```

以上涉及到 mysql_result()函数的使用。mysql_result() 函数返回结果集中一个字段的值。

如果成功，则该函数返回字段值。如果失败，则返回 false。

mysql_result(data，row，field)参数说明：

data 必需。规定要使用的结果标识符。该标识符是 mysql_query() 函数返回的。

row 必需。规定行号。行号从 0 开始。

field 可选。规定获取哪个字段。可以是字段偏移值，字段名或 table. fieldname。

如果该参数未规定，则该函数从指定的行获取第一个字段。

当作用于很大的结果集时，应该考虑使用能够取得整行的函数。这些函数在一次函数调用中返回了多个单元的内容，比 mysql_result() 快得多。

此外请注意，在字段参数中指定数字偏移量比指定字段名或者 tablename. fieldname 要快得多。

当数据库大时，本函数的效率低，这时可以使用 mysql_fetch_row()、mysql_fetch_array() 及 mysql_fetch_object() 等函数，比较快。

在开发较大的应用中，要考虑使用业务逻辑的封装本，把业务逻辑集中起来，这样在 PHP 中嵌入 HTML，嵌入 SQL 的就简洁明了，业务逻辑可以存放在存储过程来实现。比如上述的在线考试应用例中，可以设置一个存储过程来判断选题的正确。

本章小结

本章 PHP＋MYSQL＋HTML 建网站的目的主要使用 PHP 页面嵌入 SQL、HTML 技术，建立一个考试网站的信息，从中看出如何使用数据库 SQL 和 PHP 的集合来建立一个动态的考试网站，把数据库技术应用在动态网站的建设中，非常实用。

习题

1. 简述在 PHP 中如何连接数据库？
2. 简述 PHP 语言的基本功能。
3. 简述如何用 HTML 创建表单？结合书上例子，了解 HTML 的基本语法和使用方法。
4. 简述在线考试有哪些主要的表对象，里面内容是什么？
5. 简述考生表中的 ID 字段 auto_increment 的作用。
6. 页面之间传递信息采用 get 或 post，它们之间的区别在哪？如何使用？

第12章 关系查询处理和查询优化

数据库日常的应用之一就是查询,查询的性能好坏和很多因素有关,有策略和算法的问题,也有用户自身使用、设计 SQL 或者 T - SQL、PL/SQL 查询语句中的问题,还涉及到数据库和操作系统的问题,如块(Block)的大小问题,SQL 执行计划等问题,所以查询性能的优化和很多的因素有关,那么先看一下关系数据库是如何进行查询处理的?查询处理是如何把用户提交给 RDBMS 的查询语句转换为高效的执行计划的。通过执行计划,数据库是如何进行查询优化及性能调优的?以上这些内容本章做些简单讨论。

12.1 查询处理步骤

关系数据库 RDBMS 在查询处理阶段主要分为 4 个部分:查询分析、查询检查、查询优化和查询执行。

12.1.1 查询分析

首先,对查询语句进行扫描,进行词法分析和语法分析、符号名称的转换。从查询语句中识别出语言符号,如 SQL 关键字、属性名和关系名等,进行语法检查和语法分析,即判断查询语句是否符合 SQL 语法规则。这些是通过存储在数据库系统数据字典中的关系和数据来支持的。

例如 SQL 语句: SELECT * FRO employee;

则对以上查询语句进行扫描,发现 FRO 不是 SQL 的关键字,所以不符合 SQL 的语法规则。

正确的 SQL 语句应写成:SELECT * FROM employee;

12.1.2 查询检查

根据数据字典对合法的查询语句进行语义检查,即检查语句中的数据库对象,如属性名、关系名,是否存在和是否有效。

例如 SQL 语句: SELECT abc FROM employee;

则根据数据字典，查询到表 employee 中没有 abc 这个属性名，所以该 SQL 为无效的 SQL 语句。

还要根据数据字典中的用户权限和完整性约束定义对用户的存取权限进行检查。如果该用户没有相应的访问权限或违反了完整性约束，则拒绝执行该查询。

检查通过后系统把 SQL 查询语句转换成等价的关系代数表达式。RDBMS 一般都用查询树(Query Trcc)，也称为语法分析树(Syntax Tree)来表示扩展的关系代数表达式。这个过程中要把数据库对象的外部名称转换为内部表示。

12.1.3　查询优化

每个查询都会有许多可供选择的执行策略和操作算法，查询优化(query optimization)就是在多个策略下进行比较，最终选择一个高效的查询处理执行策略。

查询优化有多种方法。按照优化的层次一般可分为代数优化和物理优化。

代数优化是指关系代数表达式的优化，即按照一定的规则，改变代数表达式中操作的次序和组合，使查询执行更高效；

物理优化则是指存取路径和底层操作算法的选择。选择的依据可以是基于规则(rule based)的，也可以是基于代价(cost based)的，还可以是基于语义(semantic based)的。

实际在 RDBMS 中的查询优化器都综合运用了这些优化技术，从而获得最好的查询优化效果。

12.1.4 查询执行

依据优化器得到的执行策略生成查询计划，由代码生成器(Code Generator)生成执行这个查询计划的代码。

12.2　查询操作的实现

查询操作是数据库中最常用的操作，本节通过查询来了解数据库是如何实现查询操作的。

SELECT 语句中常常由于条件的不同，查询的速度可能相差较大，同时 SQL 语句有许多选项，因此实现的算法和优化策略也很复杂。

12.2.1　简单的全表扫描方法

对查询的基本表进行顺序扫描，逐一检查每个元组是否满足选择条件，把满足条件的元组作为结果输出。对于数据量较小的表，这种方法简单有效。对于数据量大的表顺序扫描查找十分费时，效率很低。

12.2.2 索引扫描方法

如果选择条件中的属性上有索引(例如通过主键自动建立或通过 create index 命令创建索引等),利用索引扫描方法进行查询。通过索引先找到满足条件的元组主码或元组指针,再通过元组指针直接在查询的基本表中找到元组。

例:Select * from payroll where EmpNO='10136';

该查询的条件是 EmpNO='10136',如果 EmpNO 列上有索引,则可以使用索引得到 EmpNO 为'10136'元组的指针,然后通过元组指针在 payroll 工资表中检索到该员工信息。

12.2.3 连接操作的实现

连接操作是查询处理中最耗时的操作之一。不失一般性,这里只讨论等值连接(或自然连接)最常用的实现算法。

例:SELECT * FROM EMP,payroll WHERE EMP. Eno=payroll. Eno

1. *嵌套循环方法* (nested loop)

通过对外层循环(EMP 表)的每一个元组(s),检索内层循环(payroll 表)中的每一个元组(p),并检查这两个元组在连接属性(Eno 员工号)上是否相等。如果满足连接条件,则串接后作为结果输出,直到外层循环表中的元组处理完为止。

2. *排序—合并方法*(Sort-merge join 或 merge join)

这也是常用的算法,尤其适合连接的诸表已经排好序的情况。

用排序—合并连接方法的步骤是:

(1) 如果连接的表没有排好序,首先 EMP 表和 payroll 表按连接属性 Eno 排序;

(2) 取 EMP 表中第一个 Eno,依次扫描 payroll 表中具有相同 Eno 的元组;把它们连接起来,如图 12.1 所示;

(3) 当扫描到 Eno 不相同的第一个 payroll 元组时,返回 EMP 表扫描它的下一个元组,再扫描 payroll 表中具有相同 Eno 的元组,把它们连接起来。

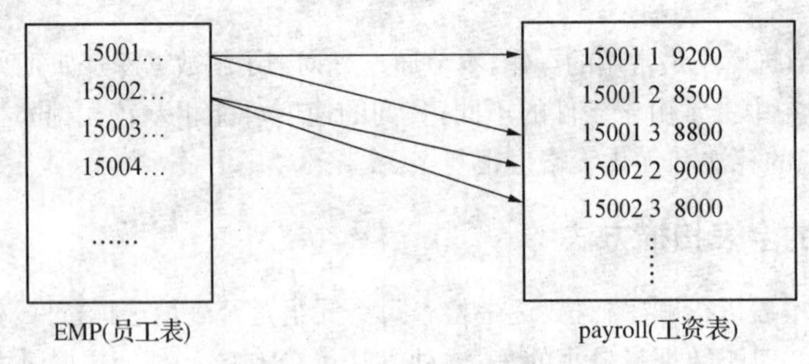

图 12.1 排序—合并连接方法示意图

重复上述步骤直到 EMP 表扫描完。

这样 EMP 表和 payroll 表都只要扫描一遍。当然,如果两个表原来无序,执行时间要加上对两个表的排序时间。即使这样,对于两个大表,先排序后使用 Sort－merge join 方法执行连接,总的时间一般会显著减少。

3. 索引连接(index join)方法

用索引连接方法的步骤是:

(1) 在 Payroll 表上建立属性 Eno 的索引,如果原来没有的话。

(2) 对 EMP 中的每一个元组,由 Eno 值通过 payroll 的索引查找相应的 payroll 元组;

(3) 把这些 payroll 元组和 EMP 元组连接起来。

循环执行(2)(3),直到 EMP 表中的元组处理完为止。

4. Hash Join 方法

把连接属性作为 hash 码,用同一个 hash 函数把连接关系 R 和 S 中的元组散列到同一个 hash 文件中。第一步,划分阶段(Partitioning phase),对包含较少元组的表(比如 R)进行一遍处理,把它的元组按 hash 函数分散到 hash 表的桶中;第二步,试探阶段(Probing phase),也称为连接阶段(join phase),对另一个表(S)进行一遍处理,把 S 的元组散列到适当的 hash 桶中,并把元组与桶中所有来自 R 并与之相匹配的元组连接起来。

上面 Hash Join 算法假设两个表中较小的表在第一阶段后可以完全放入内存的 hash 桶中。不需要这个前提条件的 hash join 算法以及许多改进的算法这里就不介绍了。

12.2.4 ORACLE 查询执行计划

本小节全面详细介绍 oracle 执行计划的相关的概念,访问数据的存取方法,表之间的连接等内容。

第 3 章提到 Rowid 的概念:rowid 是一个伪列,既然是伪列,那么这个列就不是用户定义,而是系统自己给加上的。对每个表都有一个 rowid 的伪列,但是表中并不物理存储 ROWID 列的值。不过你可以像使用其它列那样使用它,但是不能删除该列,也不能对该列的值进行 修改、插入。一旦一行数据插入数据库,则 rowid 在该行的生命周期内是唯一的,即使该行产生行迁移,行的 rowid 也不会改变。

有时为了执行用户发出的一个 SQL 语句,Oracle 必须执行一些额外的语句,我们将这些额外的语句称之为 ''recursive calls'' 或 ''recursive SQL statements''。如当一个 SQL 定义 DDL 语句发出后,ORACLE 总是隐含的发出一些 recursive SQL 语句,来修改数据字典信息,以便用户可以成功的执行该 DDL 语句。当需要的数据字典信息没有在共享内存中时,经常会发生 Recursive calls,这些 Recursive calls 调用会将数据字典信息从硬盘读入内存中。

Row Source(行源):用在查询中,由上一操作返回的符合条件的行的集合,既可以是表

的全部行数据的集合；也可以是表的部分行数据的集合；也可以为对上 2 个 row source 进行连接操作(如 join 连接)后得到的行数据集合。

组合索引(concatenated index)：由多个列构成的索引，如 create index idx_emp on emp (col1, col2, col3, ……)，则我们称 idx_emp 索引为组合索引。在组合索引中有一个重要的概念：引导列(leading column)。在上面的例子中，col1 列为引导列。当我们进行查询时可以使用"where col1 = ? "，也可以使用"where col1 = ? and col2 = ?"，这样的限制条件都会使用索引，但是"where col2 = ? "查询就不会使用该索引。所以在限制条件中包含先导列时，该限制条件才会使用该组合索引。

可选择性(selectivity)：比较一下列中唯一键的数量和表中的行数，就可以判断该列的可选择性。如果该列的"唯一键的数量/表中的行数"的比值越接近 1，则该列的可选择性越高，该列就越适合创建索引，同样索引的可选择性也越高。在可选择性高的列上进行查询时，返回的数据就较少，比较适合使用索引查询。

在 oracle 数据库中，访问数据的存取方法可以有多种，如全表扫描(Full Table Scans, FTS)、为实现全表扫描，Oracle 读取表中所有的行，并检查每一行是否满足语句的 WHERE 限制条件一个多块读操作可以使一次 I/O 能读取多块数据块(db_block_multiblock_read_count 参数设定)，而不是只读取一个数据块，这极大的减少了 I/O 总次数，提高了系统的吞吐量，所以利用多块读的方法可以十分高效地实现全表扫描，而且只有在全表扫描的情况下才能使用多块读操作。在这种访问模式下，每个数据块只被读一次。

使用 FTS 的前提条件：在较大的表上不建议使用全表扫描，除非取出数据的比较多，超过总量的 5% —— 10%，或你想使用并行查询功能时。

使用全表扫描的例子：

```
SQL> explain plan for select * from dual;
Query Plan
SELECT STATEMENT[CHOOSE] Cost =
TABLE ACCESS FULL DUAL
```

通过 ROWID 的表存取(Table Access by ROWID 或 rowid lookup)中记录，行 ROWID 指出了该行所在的数据文件、数据块以及行在该块中的位置，所以通过 ROWID 来存取数据可以快速定位到目标数据上，是 Oracle 存取单行数据的最快方法。

这种存取方法不会用到多块读操作，一次 I/O 只能读取一个数据块。我们会经常在执行计划中看到该存取方法，如通过索引查询数据。

例：使用 ROWID 存取的方法：

```
SQL> explain plan for select * from dept where rowid = ''AAAAyGAADAAAAATAAF'';
Query Plan
------------------------------------
```

```
SELECT STATEMENT [CHOOSE] Cost = 1
TABLE ACCESS BY ROWID DEPT [ANALYZED]
```

索引扫描(Index Scan 或 index lookup)例子

我们先通过 index 查找到数据对应的 rowid 值(对于非唯一索引可能返回多个 rowid 值),然后根据 rowid 直接从表中得到具体的数据,这种查找方式称为索引扫描或索引查找(index lookup)。一个 rowid 唯一的表示一行数据,该行对应的数据块是通过一次 I/O 得到的,在此情况下该次 I/O 只会读取一个数据库块。

在索引中,除了存储每个索引的值外,索引还存储具有此值的行对应的 ROWID 值。

索引扫描可以由 2 步组成:

(1) 扫描索引得到对应的 rowid 值。

(2) 通过找到的 rowid 从表中读出具体的数据。

每步都是单独的一次 I/O,但是对于索引,由于经常使用,绝大多数都已经 CACHE 到内存中,所以第 1 步的 I/O 经常是逻辑 I/O,即数据可以从内存中得到。但是对于第 2 步来说,如果表比较大,则其数据不可能全在内存中,所以其 I/O 很有可能是物理 I/O,这是一个机械操作,相对逻辑 I/O 来说,是极其费时间的。如下列所示:

```
SQL> explain plan for select empno, ename from emp where empno = 10;
        Query Plan
        ------------------------------------
        SELECT STATEMENT [CHOOSE] Cost = 1
        TABLE ACCESS BY ROWID EMP [ANALYZED]
        INDEX UNIQUE SCAN EMP_I1
```

但是如果查询的数据能全在索引中找到,就可以避免进行第 2 步操作,避免了不必要的 I/O,此时即使通过索引扫描取出的数据比较多,效率还是很高的。

```
SQL> explain plan for select empno from emp where empno = 10;-- 只查询 empno
列值
        Query Plan
        ------------------------------------
        SELECT STATEMENT [CHOOSE] Cost = 1
        INDEX UNIQUE SCAN EMP_I1
```

进一步讲,如果 sql 语句中对索引列进行排序,因为索引已经预先排序好了,所以在执行计划中不需要再对索引列进行排序

```
SQL> explain plan for select empno, ename from emp
        where empno > 7876 order by empno;
        Query Plan
```

```
                ------------------------------------------------
                SELECT STATEMENT[CHOOSE] Cost = 1
                TABLE ACCESS BY ROWID EMP [ANALYZED]
                INDEX RANGE SCAN EMP_I1 [ANALYZED]
```

从这个例子中可以看到:因为索引是已经排序了的,所以将按照索引的顺序查询出符合条件的行,因此避免了进一步排序操作。

根据索引的类型与 where 限制条件的不同,有 4 种类型的索引扫描:

索引唯一扫描(index unique scan)

索引范围扫描(index range scan)

索引全扫描(index full scan)

索引快速扫描(index fast full scan)

(1) 索引唯一扫描(index unique scan)

通过唯一索引查找一个数值经常返回单个 ROWID,如果存在 UNIQUE 或 PRIMARY KEY 约束(它保证了语句只存取单行)的话,Oracle 经常实现唯一性扫描。

使用唯一性约束的例子:

```
SQL> explain plan for
                select empno, ename from emp where empno = 10;
                Query Plan
                ---------------------------------
                SELECT STATEMENT [CHOOSE] Cost = 1
                TABLE ACCESS BY ROWID EMP [ANALYZED]
                INDEX UNIQUE SCAN EMP_I1
```

(2) 索引范围扫描(index range scan)

使用一个索引存取多行数据,在唯一索引上使用索引范围扫描的典型情况下是在谓词(where 限制条件)中使用了范围操作符(如>、<、<>、>=、<=、between)

使用索引范围扫描的例子:

```
SQL> explain plan for select empno, ename from emp
                where empno > 7876 order by empno;
                Query Plan
                ------------------------------------------------
                SELECT STATEMENT[CHOOSE] Cost = 1
                TABLE ACCESS BY ROWID EMP [ANALYZED]
                INDEX RANGE SCAN EMP_I1 [ANALYZED]
```

在非唯一索引上,谓词 col = 5 可能返回多行数据,所以在非唯一索引上都使用索引范

围扫描。

使用 index range scan 的 3 种情况：

(a) 在唯一索引列上使用了 range 操作符(＞ ＜ ＜＞ ＞＝ ＜＝ between)

(b) 在组合索引上，只使用部分列进行查询，导致查询出多行

(c) 对非唯一索引列上进行的任何查询。

(3) 索引全扫描(index full scan)

与全表扫描对应，也有相应的全索引扫描。而且此时查询出的数据都必须从索引中可以直接得到。

全索引扫描的例子：

假定索引 BE_IX 是一复合索引，是 emp 表中的 empno、ename 列上建立的复合索引的名称　即：Index BE_IX is a concatenated index on emp (empno, ename)

```
SQL> explain plan for select empno, ename from emp order by empno,ename;
                  Query Plan
                  ------------------------------------------

                  SELECT STATEMENT[CHOOSE] Cost = 26
                  INDEX FULL SCAN BE_IX [ANALYZED]
```

由于采用了复合索引，查询出的数据依照索引全扫描的方式并按序获得，索引其计划成本 Cost=26 很高，速度也不是很好。

(4) 索引快速扫描(index fast full scan)

扫描索引中的所有的数据块，与 index full scan 很类似，但是一个显著的区别就是它不对查询出的数据进行排序，即数据不是以排序顺序被返回。在这种存取方法中，可以使用多块读功能，也可以使用并行读入，以便获得最大吞吐量与缩短执行时间。

索引快速扫描的例子：

BE_IX 索引是一个多列索引：emp (empno,ename)

```
SQL> explain plan for select empno,ename from emp;
                  Query Plan
                  ------------------------------------------

                  SELECT STATEMENT[CHOOSE] Cost = 1
                  INDEX FAST FULL SCAN BE_IX [ANALYZED]
```

这样和上例进行比较，其计划成本 Cost=1，因此查询返回数据速度很快。

如果只选择多列索引的第 2 列进行查询，看一下其执行计划：

```
SQL> explain plan for select ename from emp;
                  Query Plan
                  ------------------------------------------
```

```
SELECT STATEMENT[CHOOSE] Cost = 1
INDEX FAST FULL SCAN BE_IX [ANALYZED]
```

和上例进行比较,其计划成本 Cost=1,因此对多列索引的第 2 列查询返回数据速度也很快。

目前为止,无论连接操作符如何,典型的连接类型共有 3 种:

排序—合并连接(Sort Merge Join (SMJ))

嵌套循环(Nested Loops (NL))

哈希连接(Hash Join)

另外,还有一种 Cartesian product(笛卡尔积),一般情况下,尽量避免使用。

SMJ 连接的例子:

```
SQL> explain plan for
        select /* + ordered * /e.deptno, d.deptno
        from emp e, dept d
        where e.deptno = d.deptno
        order by e.deptno, d.deptno;
        Query Plan
        ------------------------------------------
        SELECT STATEMENT [CHOOSE] Cost = 17
        MERGE JOIN
        SORT JOIN
        TABLE ACCESS FULL EMP [ANALYZED]
        SORT JOIN
        TABLE ACCESS FULL DEPT [ANALYZED]
```

排序是一个费时、费资源的操作,特别对于大表。基于这个原因,SMJ 经常不是一个特别有效的连接方法,但是如果 2 个数据源都已经预先排序,则这种连接方法的效率也很高。

嵌套循环(Nested Loops, NL):

这个连接方法有驱动表(外部表)的概念。其实,该连接过程就是一个 2 层嵌套循环,所以外层循环的次数越少越好,这也就是我们为什么将小表或返回较小 row source 的表作为驱动表(用于外层循环)的理论依据。但是这个理论只是一般指导原则,因为遵循这个理论并不能总保证使语句产生的 I/O 次数最少。有时,不遵守这个理论依据,反而会获得更好的效率。如果使用这种方法,决定使用哪个表作为驱动表很重要。有时如果驱动表选择不正确,将会导致语句的性能很差。

NL 连接的例子:

```
SQL> explain plan for
            select a.dname, b.ename
            from dept a, emp b
            where a.deptno = b.deptno;
            Query Plan
            ------------------------------------
            SELECT STATEMENT [CHOOSE] Cost = 5
            NESTED LOOPS
            TABLE ACCESS FULL DEPT [ANALYZED]
            TABLE ACCESS FULL EMP [ANALYZED]
```

哈希连接(Hash Join, HJ)

HASH 连接的例子:

```
SQL> explain plan for
            select /* + use_hash(emp) * /empno
            from emp, dept
            where emp.deptno = dept.deptno;
            Query Plan
            ------------------------------------
            SELECT STATEMENT[CHOOSE] Cost = 3
            HASH JOIN
            TABLE ACCESS FULL DEPT
            TABLE ACCESS FULL EMP
```

要使哈希连接有效,需要设置 HASH_JOIN_ENABLED=TRUE,缺省情况下该参数为 TRUE,另外,不要忘了还要设置 hash_area_size 参数,以使哈希连接高效运行,因为哈希连接会在该参数指定大小的内存中运行,过小的参数会使哈希连接的性能比其他连接方式还要低。

注意在下面的语句中,在 2 个表之间没有连接。

```
SQL> explain plan for
            select emp.deptno, dept, deptno
            from emp, dept
            Query Plan
            ------------------------------
            SLECT STATEMENT [CHOOSE] Cost = 5
            MERGE JOIN CARTESIAN
```

```
TABLE ACCESS FULL DEPT
SORT JOIN
TABLE ACCESS FULL EMP
```

CARTESIAN关键字指出了在2个表之间做笛卡尔乘积。假如表emp有n行,dept表有m行,笛卡尔乘积的结果就是得到n * m行结果。

最后,总结一下,在哪种情况下用哪种连接方法比较好:

排序—合并连接(Sort Merge Join, SMJ):

a) 对于非等值连接,这种连接方式的效率是比较高的。

b) 如果在关联的列上都有索引,效果更好。

c) 对于将2个较大的row source做连接,该连接方法比NL(嵌套循环)连接要好一些。

d) 但是如果sort merge返回的行(row source)过大,则又会导致使用过多的rowid在表中查询数据时,数据库性能下降,因为涉及过多的I/O。

嵌套循环(Nested Loops, NL):

a) 如果driving row source(外部表)比较小,并且在inner row source(内部表)上有唯一索引,或有高选择性非唯一索引时,使用这种方法可以得到较好的效率。

b) NESTED LOOPS有其它连接方法没有的的一个优点是:可以先返回已经连接的行,而不必等待所有的连接操作处理完才返回数据,这可以实现快速的响应时间。

12.3 关系及其查询优化

查询优化在关系数据库系统中有着非常重要的地位。关系数据库系统和非过程化的SQL之所以能够取得巨大的成功,关键是得益于查询优化技术的发展。关系查询优化是影响RDBMS性能的关键因素。

关系数据库系统的查询优化既是RDBMS实现的关键技术又是关系系统的优点所在。它减轻了用户选择存取路径的负担。用户只要提出“干什么 WHAT TO DO”,不必指出“怎么干 HOW TO DO”。

查询优化的优点不仅在于用户不必考虑如何最好地表达查询以获得较好的效率,而且在于系统可以比用户程序的“优化”做得更好。

这是因为:

(1) 优化器可以从数据字典中获取许多统计信息,例如关系中的元组数、关系中每个属性值的分布情况等。优化器可以根据这些信息选择有效的执行计划,而用户程序则难以获得这些信息。

(2) 如果数据库的物理统计信息改变了，系统可以自动对查询进行重新优化以选择相适应的执行计划。在非关系系统中必须重写程序，而重写程序在实际应用中往往是不太可能的。

(3) 优化器可以考虑数百种不同的执行计划，而程序员一般只能考虑有限的几种可能性。

(4) 优化器中包括了很多复杂的优化技术，这些优化技术往往只有程序员才能掌握。系统的自动优化相当于使得所有人都拥有这些优化技术。

关系数据库查询优化的总目标是：选择有效的策略，求得给定关系表达式的值。

实际系统对查询优化的具体实现一般可以归纳为四个步骤：

1. 将查询转换成某种内部表示，通常是语法树。

2. 根据一定的等价变换规则把语法树转换成标准(优化)形式。

3. 选择低层的操作算法。

对于语法树中的每一个操作需要根据存取路径、数据的存储分布、存储数据的聚簇等信息来选择具体的执行算法。

4. 生成查询计划。

查询计划也称查询执行方案，是由一系列内部操作组成的。这些内部操作按一定的次序构成查询的一个执行方案。通常这样的执行方案有多个，需要对每个执行计划计算代价，从中选择代价最小的一个。

在集中式数据库中，查询的执行开销主要包括：

总代价 ＝ I/O 代价 ＋ CPU 代价

在多用户环境下：

总代价 ＝ I/O 代价 ＋ CPU 代价 ＋ 内存代价

在分布式系统中：

总代价 ＝ I/O 代价 ＋ CPU 代价 ＋ 内存代价＋通讯代价

12.4　关系表达式等价变换规则

关系代数表达式的优化是查询优化的基本课题。而研究关系代数表达式的优化最好从研究关系表达式的等价变换规则开始。

所谓关系代数的等价是指相同的关系代替两个表达式中相应的关系所得到的结果是相同的。

下面的代数优化策略一般能提高查询效率，但不一定是所有策略中最优的。其实‘优

化'一词并不确切，也许'改进'或'改善'更恰当些。

1. 选择运算应尽可能先做。

在优化策略中这是最重要、最基本的一条。它常常可使执行时间节约几个数量级，因为选择运算一般使计算的中间结果显著变小。

2. 把投影运算和选择运算同时进行。

如有若干投影和选择运算，并且它们都对同一个关系操作，则可以在扫描此关系的同时完成所有的这些运算以避免重复扫描关系(表)。

3. 把投影同其前或其后的双目运算结合起来，没有必要为了去掉某些字段而扫描一遍关系。

4. 把某些选择同在它前面要执行的笛卡尔积结合起来成为一个连接运算，连接特别是等值连接运算要比同样关系上的笛卡尔积省很多时间。

5. 找出公共子表达式。

如果这种重复出现的子表达式的结果不是很大的关系，并且从外存中读入这个关系比计算该子表达式的时间少得多，则先计算一次公共子表达式并把结果写入中间文件是合算的。当查询的是视图时，定义视图的表达式就是公共子表达式的情况。

12.5 物理优化

12.5.1 基于启发式规则的选择优化

(1) 选择操作的启发式规则有：

1. 对于小关系，使用全表顺序扫描，即使选择列上有索引。

2. 对于选择条件是"主码＝值"的查询，查询结果最多是一个元组，可以选择主码索引。一般的 RDBMS 会自动建立主码索引。

3. 对于选择条件是"非主属性＝值"的查询，并且选择列上有索引，则要估算查询结果的元组数目，如果比例较小(＜10％)可以使用索引扫描方法，否则还是使用全表顺序扫描。

4. 对于选择条件是属性上的非等值查询或者范围查询，并且选择列上有索引，同样要估算查询结果的元组数目，如果比例较小(＜10％)可以使用索引扫描方法，否则还是使用全表顺序扫描。

5. 对于用 AND 连接的合取选择条件，如果有涉及这些属性的组合索引，则优先采用组合索引扫描方法；如果某些属性上有一般的索引，则可以采用索引扫描方法，否则使用全表顺序扫描。

6. 对于用 OR 连接的析取选择条件，一般使用全表顺序扫描。

(2) 连接操作的启发式规则有：

1. 如果两个表都已经按照连接属性排序，则选用排序—合并方法。

2. 如果一个表在连接属性上有索引，则可以选用索引连接方法。

3. 如果上面 2 个规则都不适用，其中一个表较小，则可以选用 Hash join 方法。

4. 最后可以选用嵌套循环方法，并选择其中较小的表，确切地讲是占用的块数(B)较少的表，作为外表(外循环的表)。理由如下：

设连接表 R 与 S 分别占用的块数为 Br 与 Bs，连接操作使用的内存缓冲区块数为 K，分配 K－1 块给外表。如果 R 为外表，则嵌套循环法存取的块数为 Br＋(Br/K－1)Bs，显然应该选块数小的表作为外表。

上面列出了一些主要的启发式规则，在实际的 RDBMS 中启发式规则要多得多。

12.5.2　基于代价的计算

启发式规则优化是定性的选择，比较粗糙。但是实现简单而且优化本身的代价较小，适合解释执行的系统。因为解释执行的系统，优化开销包含在查询总开销之中。

在编译执行的系统中，一次编译优化，多次执行，查询优化和查询执行是分开的。因此，可以采用精细复杂一些的基于代价的优化方法。

(1) 统计信息

基于代价的优化方法要计算各种操作算法的执行代价。为此在数据字典中存储了优化器需要的统计信息(database statistics)，主要包括如下几个方面。

1. 对每个基本表，该表的元组总数(N)、元组长度(L)、占用的块数(B)、占用的溢出块数(B0)；

2. 对基表的每个列，该列不同值的个数(m)、选择率(f)（如果不同值的分布是均匀的，f＝1/m；如果不同值的分布不均匀，则每个值的选择率＝具有该值的元组数/N)、该列最大值、最小值，该列上是否已经建立了索引，是哪种索引(B＋树索引、Hash 索引、聚集索引)；

3. 对索引，例如 B＋树索引，该索引的层数(L)、不同索引值的个数、索引的选择基数 S(有 S 个元组具有某个索引值)、索引的叶结点数(Y)等等。

(2) 代价估算示例

下面给出若干操作算法的执行代价估算。

1. 全表扫描算法的代价估算公式

如果基本表大小为 B 块，全表扫描算法的代价 cost＝B；

如果选择条件是码＝值，那么平均搜索代价 cost＝B/2；

2. 索引扫描算法的代价估算公式

如果选择条件是码＝值，采用该表的主索引，若为 B＋树，层数为 L，需要存取 B＋树中从根结点到叶结点 L 块，再加上基本表中该元组所在的那一块，所以 cost＝L＋1。

如果选择条件涉及非码属性，若为 B+树索引，选择条件是相等比较，S 是索引的选择基数(有 S 个元组满足条件)。因为满足条件的元组可能会保存在不同的块上，所以(最坏的情况)cost=L+S。

如果比较条件是>，>=，<，<=操作，假设有一半的元组满足条件，那么就要存取一半的叶结点，并通过索引访问一半的表存储块。

代价 cost=L+Y/2+B/2。如果可以获得更准确的选择基数，可以进一步修正 Y/2 与 B/2。

3. 嵌套循环连接算法的代价估算公式

代价 cost=Br+BrBs/(K−1)

如果需要把连接结果写回磁盘，则 cost=Br+BrBs/(K−1)+ (Frs * Nr * Ns)/Mrs

其中 Frs 为连接选择性(join selectivity)，表示连接结果元组数的比例，Mrs 是存放连接结果的块因子，表示每块中可以存放的结果元组数目。

4. 排序—合并连接算法的代价估算公式

如果连接表已经按照连接属性排好序，则 cost=Br+Bs+(Frs * Nr * Ns)/Mrs。

其中 Frs 为连接选择性(join selectivity)，表示连接结果元组数的比例，Mrs 是存放连接结果的块因子，表示每块中可以存放的结果元组数目。

如果必须对文件排序，那么还需要在代价函数中加上排序的代价。对于包含 B 个块的文件排序的代价大约是$(2 * B)+(2 * B * \log_2 B)$。

12.6　索引查询优化

数据库查询优化有很好的比较效应，有的查询化了几分钟或更长的时间，而有的连0.01秒都不到，这样大的查询时间结果表明查询优化的意义。人们越来越关心查询的效率问题。影响查询效率的因素很多，诸如处理器的速度、内存的容量，I/O 速度、存储器的容量、操作系统、采取何种的数据库服务软件系统等。但是对于特定服务器来说查询的效率主要取决于 DBA(数据库管理员)所给定的查询语句，如何利用数据库现有的对象，如索引 (index)，如何写出效率高的 SQL 语句，下面给出一些案例，供参考。

12.6.1　合理使用索引

数据库服务器对数据进行访问一般采用下面的两种方式：① 索引扫描，通过索引访问数据；② 表扫描，读表中的所有页。当对一个表进行查询时，如果返回的行数占全表总行数的 10%到 15%时，使用索引可以极大的优化查询的性能。但是如果查询涉及到全表 40%以上的行时，表扫描的效率比使用索引扫描的效率高。在具体使用的过程中，要结合实际的

数据库和用户的需求来确定要不要索引以及在什么字段上建立什么样的索引：

1. 在经常用作过滤器或者查询频率较高字段上建立索引；

2. 在 SQL 语句中经常进行 GROUP BY、ORDER BY 的字段上建立索引；

3. 在不同值较少的字段上不必要建立索引，如性别字段；

4. 对于经常存取的列避免建立索引；

5. 用于联接的列（主健/外健）建立索引；

6. 在经常存取的多个列上建立复合索引，但要注意复合索引的建立顺序要按照使用的频度来确定。

7. 对查询进行优化，应尽量避免全表扫描，首先应考虑在 where 及 order by 涉及的列上建立索引。

8. 应尽量避免在 where 子句中对字段进行 null 值判断，否则将导致引擎放弃使用索引而进行全表扫描，如：

select id from t where num is null

可以在 num 上设置默认值 0，确保表中 num 列没有 null 值，然后这样查询：

select id from t where num＝0

9. 应尽量避免在 where 子句中使用！＝或<>操作符，否则将引擎放弃使用索引而进行全表扫描。

10. 应尽量避免在 where 子句中使用 or 来连接条件，否则将导致引擎放弃使用索引而进行全表扫描，如：

select id from t where num＝10 or num＝20　　可以这样查询：　select id from t where num＝10　union all select id from t where num＝20

11. in 和 not in 也要慎用，否则会导致全表扫描，如：

select id from t where num in(1,2,3)　　对于连续的数值，能用 between 就不要用 in：　如 select id from t where num between 1 and 3

12. 下面的查询也将导致全表扫描：　select id from t where name like '%abc%'　若要提高效率，可以考虑全文检索。

如果在 where 子句中使用参数，也会导致全表扫描。因为 SQL 只有在运行时才会解析局部变量，但优化程序不能将访问计划的选择推迟到运行时；它必须在编译时进行选择。然而，如果在编译时建立访问计划，变量的值还是未知的，因而无法作为索引选择的输入项。如下面语句将进行全表扫描：　select id from t wherenum＝@num

可以改为强制查询使用索引：

select id from t with(index(索引名)) wherenum = @num

13. 应尽量避免在 where 子句中对字段进行表达式操作，这将导致引擎放弃使用索引而进行全表扫描。如：　select id from t where num/2＝100

应改为：　　select id from t where num=100 * 2

14. 应尽量避免在 where 子句中对字段进行函数操作，这将导致引擎放弃使用索引而进行全表扫描。如：　select id from t where substring(name,1,3)='abc'——name 以 abc 开头的 id

select id from t where datediff(day,createdate,'2005-11-30')=0—'2005-11-30'生成的 id.

书写高效的 SQL 语句，虽然特定的数据库服务器都会对输入的查询语句进行一定的优化操作，但是查询效率主要取决于 DBA 所书写的 SQL 语句的好坏。为确保编写的 SQL 语句有较好的性能，应考虑以下的优化方法：

(1) 尽量减少使用负逻辑的操作符和函数，因为它们会导致全表扫描，而且容易出错。

(2) 字段提取要多少，取多少，避免使用"select *"格式，因为在数据量较大的时候，影响查询性能的最大因素不在于数据的查找，而在于物理 I/O 的操作。

(3) 避免使用 LIKE、EXISTS、IN 等标准表达式，他们会使字段上的索引无效，引起全表扫描。尽量减少表的联接操作，不可避免的时候要适当增加一些冗余条件，使参与联接的字段集尽量少。

(4) OR 会使字段上的索引失效，引起全表扫描。下面的例子中，可以把 or 子句分开，在把结果做加法和算，也可以编写一个存储过程来避免索引的失效。

Select work-name, work-dept from work where work-id='2' or work-id='3';

(5) 尽量减少使用联接字段而把所有的条件分列出来用 and 来进行连接，可以充分的利用在某些字段上已经存在的索引。

如果把条件分开来写成下面的格式，系统的查询性能可以得到一定的提高。

select work-no from salary where work-salary=$2000 and work-dept=' teacher ';

(6) 尽量避免使用相关的嵌套查询。

12.6.2　使用聚集索引

聚集索引是指行的物理顺序与行的索引顺序相同的索引。一个表只能有一个聚集索引。对查询时有大量重复值、且经常有范围查询(between,>,<,>=,<=)和 order by、group by 发生的列，可考虑建立聚集索引，而对于频繁修改的列、或者返回小数目的不同值的这些情况应该避免建立聚集索引。

使用聚集索引的最大好处就是能够根据查询要求，迅速缩小查询范围，避免全表扫描。比如要返回 2004 年 4 月 1 日到 2004 年 10 月 1 日之间的数据，如果在日期的字段建立了聚集索引，那么数据本来就是按照日期的顺序排列的，只要找到开始和结尾日期的数据就可以了，可以极大的节省时间。

一个表只能按照一个固定的顺序来存储数据，因此，在建立聚集索引的时候一定要和实

际查询相结合,看哪个字段对于查询贡献大,而且操作不是很频繁。索引有助于提高检索性能。但过多或不当的索引也会导致系统低效。因为用户在表中每添加一个索引,数据库就要做更多的工作。过多的索引甚至会导致索引碎片。所以说,我们要合理使用索引体系,特别是对索引的创建,更应精益求精,使数据库的性能得到更好的发挥。

12.6.3　Where 子句的影响

1. Where 子句提供查询过滤的条件,直接决定查询的性能

因此在 where 子句的书写及应用中要多加注意。书写 where 子句时尽量避免使用不兼容的数据类型,避免对 where 子句中的条件参数使用其他的数学操作符,尽可能的把操作转化到式子的左边,这样可以有效的利用已有的索引技术。

对于 where 字句中的多个选择条件,要选取结果集小的先执行。

下面给出一些不规范书写。

```
select work-id from salary where work-salary>4000;

select work-id from salary where work-salary * 2> $ 4000;
```

对于第一个查询来说,4000 是整数,而工人的工资是 money 格式的,系统在查询的时候需要耗费时间来进行格式转化。对于第二个例子,任何在运算符左边的操作都会使 SQL 查询采用全表扫描。

对表中的每个数据项做相应的操作来比较是否满足条件。

如果这个字段有索引,则索引失效。因此上面两个例子最好可以写成下面的格式:

```
select work-no from salary where work-salary> $ 4000;
select work-no from salary where work-salary> $ 2000;
```

2. 提高 select 子句的查询速度

(1) 建立索引

若经常要通过表中的某一字段来查询数据,就可以将这个字段设置为表的一个索引。在 select 查询中如果发现查询的列是一个索引列,则数据库会从索引表中扫描数据,不再需要从整个数据表中扫描,性能会极大的提高。

(2) 在 select 子句中避免使用“*”

数据库在解析的过程中,会将“*”依次转换成所有的列名,这个工作是通过查询数据字典完成的,这意味着将耗费更多的时间。最好可以把列名一一写出,节省物理 I/O 的操作。

(3) 尽量减少使用负逻辑的操作符合函数,因为它们会导致全表扫描,且使用负逻辑,

易出错。

(4) 避免使用 LIKE　EXISTS　IN 等标准表达式,他们会使字段上的索引无效,引起全表扫描。

(5) 尽量减少表的连接操作,不可避免时可考虑适当增加一些冗余条件,使参与连接的字段集尽量少。

(6) OR 会使字段上的索引失效,引起全表扫描。

(7) 尽量避免使用相关的嵌套查询。

3. 避免使用耗费资源的操作

带有 DISTINCT,UNION,MINUS,INTERSECT,ORDER BY 的 SQL 语句会启动 SQL 引擎执行耗费资源的排序(SORT)功能。DISTINCT 需要一次排序操作, 而其他的至少需要执行两次排序。GROUP BY 会触发嵌入排序(NESTED SORT);执行 UNION 时,唯一排序(SORT UNIQUE)操作被执行,而且它晚于嵌入排序。嵌入排序的深度会大大影响查询的效率。

4. 优化 where 子句来提高查询速度

(1) SQL 语句用大写:因为 Oracle 总是先解析 sql 语句,把小写的字母转换成大写的再执行。

(2) WHERE 子句中的连接顺序:ORACLE 采用自下而上(从右到左)的顺序解析 WHERE 子句。根据这个原理,表之间的连接必须写在其他 WHERE 条件之前, 那些可以过滤掉最大数量记录的条件必须写在 WHERE 子句的末尾。

(3) 用 WHERE 子句替换 HAVING 子句: 避免使用 HAVING 子句, HAVING 只会在检索出所有记录之后才对结果集进行过滤. 这个处理需要排序,总计等操作. 如果能通过 WHERE 子句限制记录的数目,那就能减少这方面的开销.

(4) 当查询多个表时,使用表的别名:可以减少解析的时间并减少那些由 Column 歧义引起的语法错误。

(5) 用 EXISTS 替代 IN、用 NOT EXISTS 替代 NOT IN、用 EXISTS 替换 DISTINCT:在子查询中,NOT IN 子句将执行一个内部的排序和合并. 无论在哪种情况下,NOT IN 都是最低效的(因为它对子查询中的表执行了一个全表遍历). 为了避免使用 NOT IN ,我们可以把它改写成外连接(Outer Joins)或 NOT EXISTS。EXISTS 使查询更为迅速,因为 RDBMS 核心模块将在子查询的条件一旦满足后,立刻返回结果。

(6) 优化 GROUP BY:为提高 group by 语句的效率,可在其之前先过滤不需要的记录。

(7) 高效使用 where 子句:某些 where 子句不使用索引,可以替换(索引只会告诉表中内容,不能告诉表中不存在的),如用 a>0 and a<0 替换 a! =0、a<>0,用 in 代替 or。

另外在查询优化过程中也可使用存储过程对查询的效率进行优化,主要的好处是:

1) 存储过程由 SQL 语句和 SPL 语言的语句组组成,往往一个存储过程包含多个 SQL

语句，效率高。

2）存储过程创建后转换为可执行代码，作为数据库的一个对象存储在数据库中。

3）存储过程的代码驻留在服务器端，因而执行时不需要将 SQL 语句从客户端向服务器端传送，节省了网络开销，可以大大减轻网络负载，加快系统响应时间。

4）由于存储过程已编译为可执行代码，不需要每次执行时进行分析和优化工作，从而减少了预处理所花费的时间，提高了系统的效率。

所以在工程中，我们可以把经常用到的查询业务逻辑或功能编写成一个存储过程，并利用参数实现动态查询过程来响应客户的请求；

本章对查询的实现过程作了一个简单介绍，主要介绍了数据库数据存取方法，如全表扫描(Full Table Scans, FTS)法取数据，也可通过索引扫描的办法进行查询读取数据，如通过索引唯一扫描(index unique scan)、索引范围扫描(index range scan)、索引全扫描和索引快速扫描，以及 ORACLE 中的 ROWID 来快速存取表中数据，这些内容的理解对于写出高效率的查询 SQL 语句应该是非常必要的。

习题

1. 简述数据库查询处理的步骤。
2. 简述何谓全表扫描查询法。
3. 简述什么是索引？创建一个带索引的表。
4. 什么是 ORACLE 执行计划。
5. ROWID 是不是最快存取数据库行记录的方法？
6. 什么是基于规则的查询？什么是基于代价的查询？

第 13 章　数据库恢复技术

数据库恢复技术是数据库必须应对的场景(Scenarios),如异常操作,误删除数据库中的对象,数据库遇到硬件故障,系统软件如操作系统的错误及故障,恶意的破坏等。为了防止或避免数据库中的数据全部或部分丢失,或数据库数据的一致性,必须提供一个可靠的数据库恢复机制,具有把数据库从异常或错误的状态恢复到某一个时间点时的正确状态,数据库的恢复管理是数据库的一个重要组成部分。数据库中的一系列操作其实就是各类事务的处理,所以事务是数据库应用程序必须涉及到的概念,是数据库应用程序的基本逻辑单元。为此,先介绍事务的概念,然后讨论数据库运行中出现的各类异常,以及故障种类,最后介绍如何进行数据库恢复的方法及技术。

13.1　事务的概念

事务(Transaction)是用户定义的一个数据库操作序列,这些操作要么全做,要么全不做,是一个不可分割的工作单位。事务和程序是两个概念,一般来说,一个程序包含一个或多个事务。那么事务可以是:

(1) 在关系数据库中,一个事务可以是一条 SQL 语句,一组 SQL 语句或整个程序

(2) 一个程序通常包含多个事务

事务是恢复和并发控制的基本单位,事务的开始和结束部分可以用下面用户显式定义:

```
BEGIN TRANSACTION
COMMIT
ROLLBACK
```

其中:COMMIT 是提交的含义,表示:

A. 事务正常结束。

B. 提交事务的所有操作(读出数据并且更新)。

C. 事务中所有对数据库的更新要永久写回到磁盘上的物理数据库对应的文件中

而 ROLLBACK 则表示:

A. 事务异常终止。

B. 事务运行的过程中发生了故障，不能继续执行。

C. 系统将事务中对数据库的所有已完成的操作全部撤销。

D. 事务滚回到开始时的状态或某个事务保持点处。

事务具有以下的四个 A、C、I、D 特性：

(1) 原子性(Atomicity)

(2) 一致性(Consistency)

(3) 隔离性(Isolation)

(4) 持续性(Durability)

事务是数据库的逻辑工作单位，事务中包括诸操作要么都做(提交)，要么都不做(回滚)，而事务执行的结果必须是使数据库从一个一致性状态变到另一个一致性状态。

事务中的数据涉及 Insert、Delete、Update 等的修改，正常情况下应该使数据处于一致性状态。

而在事务处理的过程中，发生了各种故障，还有未完成的事务，这样就使事务处理中的部分事务数据一修改了，另一部分则停止修改，造成了数据不一致的状态。

例如客户从银行转账：从账号 A 中取出一万元，存入账号 B。

这个过程就可定义定义一个事务，该事务包括两个操作：

(1) 定义事务开始 Begin

(2) 从账号 A 中查询账号中的金额是否大于等于一万元

(3) 如果条件不满足，则终止推出，显示账号 A 金额不够

(4) 如果条件满足，则判断账号 B 的账户是否存在，如存在，则从账号 A 中取出一万元，存入账号 B 中。

通过以上例子可知，一个事务的执行不能被其他事务干扰。同时对并发执行的各个事务之间不能互相干扰。至少要求如下：

隔离性：一个事务内部的操作及使用的数据对其他并发事务是隔离的。

持续性：持续性也称永久性(Permanence)。

一个事务一旦提交，它对数据库中数据的改变就应该是永久性的。

接下来的其他操作或故障不应该对其执行结果有任何影响。

保证事务 ACID 特性是事务处理的基本任务。

破坏事务 ACID 特性的因素可能是：

(1) 多个事务并行运行时，不同事务的操作交叉执行。

数据库管理系统必须保证多个事务的交叉运行不影响这些事务的隔离性

(2) 事务在运行过程中被强行停止。

数据库管理系统必须保证被强行终止的事务对数据库和其他事务没有任何影响。

但系统的故障，硬件的故障，软件的错误，操作员的失误，黑客的恶意破坏等是不可避免

的从而导致数据库中数据异常，数据被破坏，全部或部分数据丢失。

这时，要考虑数据库能否通过有效的手段进行数据库的恢复，数据库管理系统必须具有把数据库从错误状态恢复到某一已知的正确状态（亦称为一致状态或完整状态）的功能，这就是数据库的恢复管理系统对故障恢复的基本要求，恢复子系统是数据库管理系统的一个重要组成部分 。数据库恢复技术是衡量数据库系统优劣的重要指标，如 ORACLE 数据库具有多种恢复机制和恢复策略。

13.2 故障分类

故障多种多样，主要考虑以下情景：系统发生故障、介质故障和事务故障等场景。下面分别讨论。

13.2.1 系统故障

系统故障又分多种情况，如 CPU 的故障，操作系统的故障，网络的故障，软件系统自身等，这类故障对正在运行的数据库事务产生重大影响，有些已完成的事务可能一部分或者全部留在缓冲区中，这部分数据还未写回到磁盘上的物理数据库中，系统故障使得这些事务对数据库的修改可能部分或全部丢失，而导致数据库处于一个不一致状态，理想的解决方案是将这些已提交的结果（事务）重新写入数据库。所以系统重启后，数据库恢复子系统除了必须让所有非正常终止的事务回滚（ROLLBACK），即撤销（UNDO）所有未完成的事务外，还需要把已提交的事务进行重做（REDO），使数据库恢复到故障发生时的一致状态。

13.2.2 介质故障

除了系统故障外，介质故障也常常发生，如外部存储器出现的故障，如硬盘、磁带等出问题，这类故障对数据库破坏性大，但几率较小，同时采用 RAID 技术进行硬盘的主备模式，防止硬盘或磁带损坏，确保数据库能正常运行。

13.2.3 非预期的事务内部故障

非预期的事务内部故障如运算溢出（Overflow），并发事务死锁等，是不能由应用程序通过自身处理的，例如如果死锁发生，要查出死锁的进程 id，杀死其中的一个或数个进程，使死锁解除。

13.2.4 事务内部的故障

部分故障是由事务内部的操作引起的，这类故障发生时，事务还没有到达预期的终点

(即 Commit 点或 Rollback 点,因此数据库可能处于不一致的状态,因此要按照要么全部完成要么全部不做(UNDO)原则撤销该事务已经作出的任何对数据库的修改

13.3　数据库恢复的实现技术

恢复机制涉及的关键问题是在故障发生前进行定期或不定期的转储,使数据有冗余备份,这样如果系统发生各类故障,可以通过数据库恢复技术恢复到离故障点最近的数据库状态。如何建立冗余数据？主要可通过以下两种方式：

(1) 数据转储(Backup)

(2) 登记日志文件(Logging)

什么是数据转储？转储是指数据库管理员定期地将整个数据库复制到磁带、磁盘或其他存储介质上保存起来的过程。这些备用的数据称为后备副本(Backup)或后援副本。当数据库遭到破坏后可以将后备副本重新装入(Reload),但重装后备副本只能将数据库恢复到转储时的状态,要想恢复到故障发生时的状态,必须重新运行自转储以后的所有更新事务,即日志文件。

假定：

(1) 系统在 Ta 时刻停止运行事务,进行数据库转储。

(2) 在 Tb(＞Ta)时刻转储完毕,得到 Tb 时刻的数据库一致性副本。则：

系统运行到 Tf 时刻发生故障,可通过以下方式恢复数据库:首先由数据库管理员重装数据库后备副本,将数据库恢复至 Tb 时刻的状态,再重新运行自 Tb～Tf 时刻的所有更新事务,把数据库恢复到故障发生前的一致状态。

13.3.1　静态转储

转储分为静态转储与动态转储。先介绍静态转储,主要按以下进行的操作：

(1) 在系统中无运行事务时(如夜间)进行的转储操作。

(2) 转储开始时数据库处于一致性状态。

(3) 转储期间不允许对数据库的任何存取、修改活动,这样得到的一定是一个数据一致性的副本。

静态转储的优点:实现简单。

缺点:降低了数据库的可用性。转储必须等待正运行的用户事务结束,新的事务必须等转储结束才能允许运行。

13.3.2 动态转储

转储操作时与用户事务可并发进行，转储期间允许用户事务对数据库进行存取或修改。

动态转储优点：不用等待正在运行的用户事务结束，就可以进行备份，不会影响新事务的运行。

动态转储的缺点：不能保证副本中的数据正确有效。

例如在转储期间的某时刻 Tc，系统把数据 A=100 转储到磁带上，而在下一时刻 Td，某一事务将 A 改为 200。这样在转储结束后，后备副本上的 A 已是过时的数据了，这时利用动态转储得到的副本进行故障恢复时会产生数据滞后。为了能把数据库恢复到某一时刻的正确状态，需要把动态转储期间各事务对数据库的修改活动登记下来，建立日志文件(Log file)。这样通过后备副本加上日志文件就能把数据库恢复到任一时刻的正确状态。

13.3.3 海量转储与增量转储

海量转储的定义是：每次转储全部数据库对象及结构。

增量转储的定义是：只转储上次转储后更新过的数据。

海量转储与增量转储比较：

从恢复角度看，使用海量转储得到的后备副本进行恢复往往更方便。

如果数据库很大，事务处理又十分频繁，则增量转储方式更实用更有效。

既然数据转储有两种方式，每种方式又有两种状态组合，则实际的数据转储方法有以下四种：

动态海量转储，动态增量转储，静态海量转储，静态增量转储。

13.4 日志 LOG 文件

什么是日志文件？日志文件(Log file)是数据库管理系统用来记录事务对数据库的更新操作的文件。日志文件的格式主要有以下两类：一类以记录为单位的日志文件格式，另一个是以数据块为单位的日志文件格式。

以记录为单位的日志文件记录的内容：

1. 各个事务的开始标记(BEGIN TRANSACTION)。
2. 各个事务的结束标记(COMMIT 或 ROLLBACK)。
3. 各个事务的所有更新操作。

以上均作为日志文件中的一个日志记录 (Log record)。

以记录为单位的日志文件，每条日志记录的内容包含以下部分：

1. 事务标识(标明是哪个事务);

2. 操作类型(插入、删除或修改);

3. 操作对象(记录内部标识:如 ID、Block NO.);

4. 更新前数据的旧值(对插入操作而言,此项为空值);

5. 更新后数据的新值(对删除操作而言,此项为空值)。

以数据块为单位的日志文件,每条日志记录的内容包含以下部分:

1. 事务标识;

2. 被更新的数据块;

日志文件(Log file)的用途:

1. 进行事务故障恢复;

2. 进行系统故障恢复;

3. 协助后备副本进行介质故障恢复。

日志文件的具体作用:

事务故障恢复和系统故障恢复必须用日志文件。在动态转储方式中必须建立日志文件,后备副本和日志文件结合起来才能有效地恢复数据库,那么在静态转储方式中,也可以建立日志文件。

利用日志文件,当数据库损坏后可重新装入后援副本把数据库恢复到转储结束时刻的正确状态。主要是日志文件有以下的功能:

1. 利用日志文件,把已完成的事务进行重做处理;

2. 对故障发生时尚未完成的事务进行撤销处理;

3. 不必重新运行那些已完成的事务程序就可把数据库恢复到故障前某一时刻的正确状态。

为保证数据库是可恢复的,登记日志文件时必须遵循两条原则:

1. 登记的次序严格按并发事务执行的时间次序;

2. 必须先写日志文件,后写数据库;

写日志文件操作:把表示这个修改的日志记录写到日志文件中写数据库操作:把对数据的修改写到数据库中。

那么,为什么要先写日志文件,后写数据库,其原因如下:

写数据库和写日志文件是两个不同的操作,在这两个操作之间可能发生故障。如果先写了数据库修改,而在日志文件中没有登记下这个修改,则以后就无法恢复这个修改了。如果先写日志,但没有写到数据库中,则再按日志文件恢复时只不过是多执行一次不必要的 UNDO 操作,并不会影响数据库的正确性。

13.5 数据库恢复策略

13.5.1 事务故障的恢复

事务故障:事务在运行至正常终止点前被终止,事务故障的恢复方法是由恢复子系统利用日志文件撤消(UNDO)此事务,即对已对数据库进行的修改进行还原。以上事务故障的恢复由系统自动完成,对用户是透明的,不需要用户干预。

其步骤是:

(1) 反向扫描文件日志(即从最后向前扫描日志文件),查找该事务的更新操作。

(2) 对该事务的更新操作执行逆操作。即将日志记录中"更新前的值" 写入数据库。

而对 Insert,Delete 操作,则分别采用如下策略进行恢复:

(1) 插入操作,"更新前的值"为空,则相当于做删除操作。

(2) 删除操作,"更新后的值"为空,则相当于做插入操作。

若是修改操作,则相当于用修改前值代替修改后值。

(3) 继续反向扫描日志文件,查找该事务的其他更新操作,并做同样处理。

(4) 如此处理下去,直至读到此事务的开始标记,事务故障恢复就完成了。

13.5.2 系统故障的恢复

系统故障造成数据库不一致状态的原因,主要因为未完成事务对数据库的更新可能已写入数据库或者已提交事务对数据库的更新可能还留在缓冲区没来得及写入数据库。因此,系统故障的恢复方法如下:

(1) 回滚 Undo 故障发生时未完成的事务。

(2) 重做 Redo 已完成的事务。

系统故障的恢复由系统在重新启动时自动完成,不需要用户干预。

系统恢复的步骤:

1. 正向扫描日志文件(即从头扫描日志文件)。

2. 重做(REDO) 队列: 在故障发生前已经提交的事务,这些事务既有 BEGIN TRANSACTION 记录,也有 COMMIT 记录。

3. 撤销 (UNDO) 队列: 故障发生时尚未完成的事务, 这些事务只有 BEGIN TRANSACTION 记录,无相应的 COMMIT 记录。

对撤销(UNDO)队列事务进行撤销(UNDO)处理,其步骤是:

反向扫描日志文件,对每个撤销事务的更新操作执行逆操作,即将日志记录中"更新前

的值”写入数据库。而对重做(REDO)队列事务进行重做(REDO)处理,其步骤是:

正向扫描日志文件,对每个重做事务重新执行登记的操作,即将日志记录中“更新后的值”写入数据库。

13.5.3 介质故障的恢复

介质故障的恢复要涉及重装数据库,并重做(REDO)已完成的事务。具体的步骤如下:

(1) 装入最新的后备数据库副本(离故障发生时刻最近的转储副本),使数据库恢复到最近一次转储时的一致性状态。

对于静态转储的数据库副本,装入后数据库即处于一致性状态。

对于动态转储的数据库副本,还须同时装入转储时刻的日志文件副本,利用恢复系统故障的方法(即 REDO+UNDO),才能将数据库恢复到一致性状态。

(2) 装入有关的日志文件副本(转储结束时刻的日志文件副本),重做已完成的事务。

首先扫描日志文件,找出故障发生时已提交的事务的标识,将其记入重做队列。

然后正向扫描日志文件,对重做队列中的所有事务进行重做处理。即将日志记录中“更新后的值”写入数据库。

介质故障的恢复需要数据库管理员(DBA)的介入,按次序重装最近转储的数据库副本和有关的各日志文件副本,执行系统提供的恢复命令即可。

13.6 检查点技术(Checkpoint)

利用日志(log file)技术进行数据库恢复时,数据库恢复子系统根据事务序列号进行日志的比对,确定哪些日志需要重做(REDO),哪些需要回滚(UNDO)。这里面就涉及到一个是全面搜索整个日志还是使用一个检查点(CHECKPOINT)的恢复策略?显然使用检查点(CHECKPOINT)的恢复策略是能提高系统的恢复效率的,因为:检查点的设置可以减少以下的两个问题:

(1) 搜索整个日志将耗费大量的时间

(2) 重做处理:重新执行,浪费了大量时间

那么采用具有检查点(Checkpoint)的恢复技术,其好处是:

(1) 在日志文件中增加新的记录即检查点记录(Checkpoint)

(2) 增加重新开始文件

(3) 恢复子系统在登录日志文件期间动态地维护日志

那么检查点记录的内容应该能反映事务最近发生的序列号,或者说地址,同时要建立检查点时刻所有正在执行的事务清单。在重新开始文件中记录各个检查点记录在日志文件

中的地址，这样就非常灵活地从某一个序列号或地址进行恢复，也可从最近完成的序列号之后进行恢复，而不必从头开始。

所以，动态维护日志文件的方法策略就显得十分重要，如何维护呢？主要执行以下的动作：

周期性地执行如下操作：建立检查点，保存数据库状态。

具体步骤是：

(1) 将当前日志缓冲区中的所有日志记录写入磁盘的日志文件上。

(2) 在日志文件中写入一个检查点记录。

(3) 将当前数据缓冲区的所有数据记录写入磁盘的数据库中。

(4) 把检查点记录在日志文件中的地址或序列号写入一个重新开始文件。

通过以上步骤，可以进行以下的恢复机制：

恢复子系统可以定期或不定期地建立检查点，保存数据库状态，这样一来可以缩短故障恢复的时间。因为在故障发生前不久，已把数据库的通过检查点机制保存到外存储器永久地保存起来，所以可以有效减少恢复的事务数量。

这种恢复，可以使用以下的定期方式和不定期方式：

定期方式：按照预定的一个时间间隔，如每隔一小时，建立一个检查点。

不定期方式：按照某种规则，如日志文件已写满一半，建立一个检查点。

例： 某数据库，有以下时间点的活动：

T1：在检查点之前提交

T2：在检查点之前开始执行，在检查点之后故障点之前提交

T3：在检查点之前开始执行，在故障点时还未完成

T4：在检查点之后开始执行，在故障点之前提交

T5：在检查点之后开始执行，在故障点时还未完成

不同时间点的恢复策略：

T3 和 T5 在故障发生时还未完成，所以予以撤销(UNDO)。

T2 和 T4 在检查点之后才提交，它们对数据库所做的修改在故障发生时可能还在缓冲区中，尚未写入数据库，所以要重做(REDO)。

T1 在检查点之前已提交，所以不必执行重做(REDO)操作。

从重新开始文件中找到最后一个检查点记录在日志文件中的地址，由该地址在日志文件中找到最后一个检查点记录

(2) 由该检查点记录得到检查点建立时刻所有正在执行的事务清单 ACTIVE - LIST 建立两个事务队列：

UNDO - LIST

REDO - LIST

把ACTIVE-LIST暂时放入UNDO-LIST队列，REDO队列暂为空。

(3) 从检查点开始正向扫描日志文件，直到日志文件结束

如有新开始的事务Ti，把Ti暂时放入UNDO-LIST队列。

如有提交的事务Tj，把Tj从UNDO-LIST队列移到REDO-LIST队列；直到日志文件结束。

(4) 对UNDO-LIST中的每个事务执行UNDO操作

对REDO-LIST中的每个事务执行REDO操作。

13.7 数据库镜像(Mirror)

介质故障是对系统影响最为严重的一种故障，严重影响数据库的可用性，而且恢复耗时耗力，对企业数据库正常的运行产生中断，为预防介质故障，数据库管理员必须周期性地转储数据库。所以为了减轻DBA的日常定期备份的负担，减少因介质故障而引发的数据库的崩溃，人们引入数据库镜像系统，通过数据库的镜像，提供一种能提高数据库可用性的解决方案，这个方案的核心思想主要有以下的内容：

(1) 由DBA制定备份策略，使数据库管理系统可自动把整个数据库或其中的关键数据复制到另一个磁盘上。

(2) 数据库管理系统自动保证镜像数据与主数据的一致性，每当主数据库更新时，数据库管理系统自动把更新后的数据复制过去。

通过以上的策略，一旦出现介质故障时，系统就能切换到镜像磁盘，可由镜像磁盘继续提供使用，好像故障没有发生一样，同时数据库管理系统自动利用镜像磁盘数据进行数据库的恢复，不需要关闭系统(Shutdown)和重装数据库副本(Reload database copy)，但任何优点的获得，是要付出代价(Overhead)的，由于频繁地复制数据自然会降低系统运行的效率，所以在实际应用中用户往往只选择对关键数据和日志文件镜像，而不是对整个数据库进行镜像。

13.8 数据库恢复步骤

当客户使用一个数据库时，数据库系统可确保数据库的内容是可靠的、正确的，但由于计算机其他系统的故障(硬件系统故障、网络系统故障、进程故障和系统故障)影响数据库系统的操作，影响数据库中数据的正确性，甚至破坏数据库导致全部或部分数据的丢失。因此发生上述故障时，希望能重新建立一个完整的数据库，该处理称为数据库恢复。恢复子系统

是数据库管理系统的一个重要组成部分。恢复处理将随所发生的故障类型所影响的结构而变化。

13.8.1 ORACLE IMPORT 恢复的方法

利用 IMPORT 命令，将最后一次 EXPORT 出来的数据文件 IMPORT 到新的数据库中，这种方式可以将任何数据库对象恢复到它被导出时的状态，此后的变化将无法挽回。IMPORT 的命令可以交互式进行，各参数的具体含义见 ORACLE EXP/IMP 参数详解。这种方式适用于没有采用 Archive（归档）模式的环境。

13.8.2 ORACLE RMAN 备份

对于采用 Archive（归档）模式的环境，Oracle 提供的恢复管理器（Recovery Manager，RMAN）工具，通过 RMAN 可以用来备份、恢复和还原数据库，是随 Oracle 服务器软件一同安装的工具软件，其备份、恢复功能强大。

Oracle 数据库在使用 RMAN 进行备份时，可以选择备份的类型，包括：完全备份（Full Backup）、增量备份（Incremental Backup）和镜像复制等。在实现备份时，可以使用 BACKUP 命令或 COPY TO 命令。

BACKUP 命令使用命令如下：

BACKUP [FULL|INCREMENTAL LEVEL[=] n]（backup_type option）；

其中，FULL 表示完全备份；INCREMENTAL 表示增量备份的级别，取值为 0—4（表示 0、1、2、3、4 级增量），0 级增量备份相当于完全备份。

backup_type 是备份对象。BACKUP 命令可以备份的对象包括以下几种：

DATABASE：表示备份全部数据库，包括所有数据文件和控制文件

TABLESPACE：表示备份表空间，可以备份一个或多个指定的表空间。

DATAFILE：表示备份数据文件。

ARCHIVELOG[ALL]：表示备份归档日志文件

CURRENT CONTROLFILE：表示备份控制文件

DATAFILECOPY [TAG]：表示使用 COPY 命令备份的数据文件。

CONTROLFILECOPY：表示使用 COPY 命令备份的控制文件。

BACKUPSET[ALL]：表示使用 BACKUP 命令备份所有文件。

Option 为可选项，主要参数如下：

TAG：指定一个标记。

FORMAT：表示文件存储格式。

INCLUDE CURRENT CONTROLFILE：表示备份控制文件。

FILESPERSET：表示每个备份集所包含的文件。

CHANNEL:指定备份通道。

DELETE [ALL]INPUT:备份结束后删除归档日志。

MAXSETSIZE:指定备份集的最大尺寸。

SKIP[OFFLINE|READONLY|INACCESSIBLE]:可以选择备份条件,如离线备份,只读备份,可存取备份等。

13.8.3　RMAN 恢复方法

使用 RMAN 实现正确的备份后,如果数据库文件出现介质错误,可以使用 RMAN,通过不同的恢复模式,将系统恢复到某个状态。

1. 数据库非归档恢复操作

如果数据库是在非归档模式下运行,并且最近所进行的完全数据库备份有效,则可以在故障发生时进行数据库的非归档恢复。使用 RMAN 恢复数据库时,一般情况下需要进行修复和恢复两个过程。

A. 修复数据库:指物理文件的复制。RMAN 将启动一个服务器进程,使用磁盘中的备份集或镜像副本,修复数据文件、控制文件以及归档重做日志文件(redo log file)。执行修复数据库时,需要使用 RESTORE 命令。

B. 恢复数据库:恢复数据库主要是指数据文件的介质恢复,即为修复后的数据文件应用联机或归档重做日志,从而将修复的数据库文件更新到当前时刻或指定时刻下的状态。执行恢复数据库时,需要使用 RECOVER 命令。

备注:使用数据库非归档模式恢复,在最后一次备份之后对数据库所做的任何操作都将丢失。

通过 RMAN 执行恢复时,只需要执行 RESTORE 命令,将数据库文件修复到正确的位置,然后就可以打开数据库。

在 NOARCHIVELOG 模式下恢复数据库需要进行以下操作:

(1) 使用 DBA 省份登录到 SQL * Plus 后,确定数据库处于 NOARCHIVELOG 模式。如果不是,则将模式切换为 NOARCHIVELOG 模式。

(2) 运行 RMAN,连接到目标数据库。

(3) 备份整个数据库。

(4) 为了演示介质故障,使用 SHUTDOWN 命令关闭数据库后,通过操作系统移动或删除 users01.dbf 数据文件。

(5) 通过 STARTUP 启动数据库,这时 Oracle 数据库无法找到 users01.dbf 数据文件,会出现如下错误信息:

```
SQL>STARTUP;
ORACLE 例程已经启动.
```

```
ORA - 01157:无法标识 /锁定数据文件 4 -请参阅 DBWR 跟踪文件.
ORA - 01110:数据文件 4:
'E:\APP\ADMINISTRATOR\ORADATA\ORCL\USERS01.DBF'
```

(6) 当 RMAN 使用控制文件保存恢复信息时,必须使目标数据库处于 MOUNT 状态才能访问控制文件。关闭数据库后,使用 STARTUP MOUNT 命令启动数据库,然后再打开数据库。语句如下:

```
RMAN>STARTUP MOUNT;
SQL>ALTER DATABASE DATAFILE
'E:\APP\ADMINISTRATOR\ORADATA\ORCL\USERS01.DBF' OFFLINE DROP;
SQL>ALTER DATABASE OPEN;
```

(7) 执行 RESTORE 命令,让 RMAN 确定最新的有效备份集,然后将文件复制到正确的位置,如下:

```
RMAN>RUN{
2>ALLOCATE CHANNEL ch1 TYPE DISK;
3>RESTORE DATABASE;
4>}
//输出信息如下:
分配的通道:ch1
通道 ch1:SID = 138   设备类型 = DISK
启动 restore 于 11—7 月—2016
通道 ch1:正在开始还原数据文件备份集
通道 ch1:正在指定从备份集还原的数据文件
通道 ch1:将数据文件 00001 还原到
E:\APP\ADMINISTRATOR\ORADATA\ORCL\SYSTEM01.DBF
通道 ch1:将数据文件 00002 还原到
E:\APP\ADMINISTRATOR\ORADATA\ORCL\SYSAUX01.DBF
通道 ch1:将数据文件 00003 还原到
E:\APP\ADMINISTRATOR\ORADATA\ORCL\UNDOTBS01.DBF
通道 ch1:将数据文件 00004 还原到
E:\APP\ADMINISTRATOR\ORADATA\ORCL\USERS01.DBF
…
通道 ch1:还原完成,用时:00:00:08
故障转移到上一个备份
完成 restore 于 11—7 月 2016
```

释放的通道:ch1

以上是非归档模式下的数据库恢复方法。下面再简单介绍一下在归档模式下数据库的恢复步骤,其主要特点是使用了归档重做日志文件。在恢复过程中,RMAN 会自动确定恢复数据库需要哪些归档重做日志文件。

例:归档模式下对数据库进行归档恢复,实现步骤如下:

(1) 确认数据库处于 ARCHIVELOG 模式下,如果不是,切换模式到 ARCHIVELOG。

(2) 启动 RMAN,连接到目标数据库。

(3) 备份整个数据库。

(4) 模拟介质故障。如关闭目标数据库后,通过操作系统移动或删除表空间 USERS 对应的数据文件 user01. dbf。

(5) 执行下面的命令来恢复数据库,语句如下:

```
RMAN>RUN{
2>ALLOCATE CHANNEL ch1 TYPE DISK;
3>RESTORE DATABASE;
4>SQL "ALTER DATABASE MOUNT";
5>RECOVER DATABASE;
6>SQL"ALTER DATABASE OPEN RESETLOGS";
7>RELEASE CHANNEL ch1;
8>}
```

(6) 恢复数据库后,使用 ALTER DATABASE OPEN 命令打开数据库。

Oracle RMAN 是一个功能丰富的恢复工具,作为 DBA 或数据库管理者必须了解其使用方式及方法。

本章涉及到数据库的备份和恢复,是数据库管理的重要内容,对于从事数据库 DBA 角色,本章是一重点内容。本章讨论数据库事务的概念,特别提出事务的 ACID 特性,即原子性、一致性、隔离性和持续性。数据库的操作就是数据库事务处理的一种控制组合。事务处理的特点就是要么全部顺利完成,要么回滚返回到事务开始的地方。数据库系统是软件和硬件的结合,有时软件发生故障,有时硬件发生故障,这些对数据库的事务的影响是巨大的,如何考虑故障对事务的影响,比较有效的办法是进行数据库的备份和数据库的恢复,这样有问题就可把事务进行重做或回滚。在 ORACLE 8i 之前,备份或恢复一般都需人工敲人单个命令,进行备份或恢复,现在则利用象编程方面一样,对备份采用 RMAN 方式进行,RMAN 中引入过程控制,这样数据库的备份或恢复就能远程自动进行,非常方便实用,功能也非常强大。

习题

1. 简述数据库事务特性 ACID 中 A、C、I、D 的具体含义。
2. 简述静态转储操作步骤和优点、缺点。
3. 简述动态转储操作步骤和优点、缺点。
4. 简述日志 LOG 文件的作用。
5. 为什么日志文件的操作是先写日志文件，后写数据库这个操作次序？
6. 什么是检查点技术(checkpoint)？其好处什么？
7. 何谓数据库镜像技术？
8. 何谓 ORACLE IMPORT 恢复方法？何谓 ORACLE RMAN 备份方式？
9. 写出 RMAN 恢复方法步骤，并进行验证

第 14 章 数据库体系结构

关系数据库系统能进行复杂的数据管理功能,数据读写功能,数据查询功能,数据备份功能,数据恢复功能,以及应用程序之间的通信,其背后有许多复杂的进程在运行,本章通过对数据库基本进程的功能进行描述,并给出他们之间的关系。一般来说,进程是指在操作系统中或数据库管理系统中能完成一定功能步骤的程序接口。本章主要介绍 ORACLE 11g 数据库的进程及体系结构。

14.1 内部存储结构及后台进程

14.1.1 SGA 区

SGA 是 ORACLE 数据库中的系统全局区(SYSTEM GLOBAL AREA,简称 SGA),SGA 可提供用户系统间有效地传输信息,它包含有关数据库最通用的结构信息。

系统全局区(SGA)主要由数据块缓冲区、重做(REDO)日志缓冲区、字典缓冲区和共享池(shared pool)构成,如图 14.1 所示。

Oracle 的服务器进程包括 PMON, SMON,CKPT,DBWn,LGWR,ARCn 等,这些进程是 Oracle 数据库重要的组成部分,下面简单进行介绍,意在对其有初步的了解。

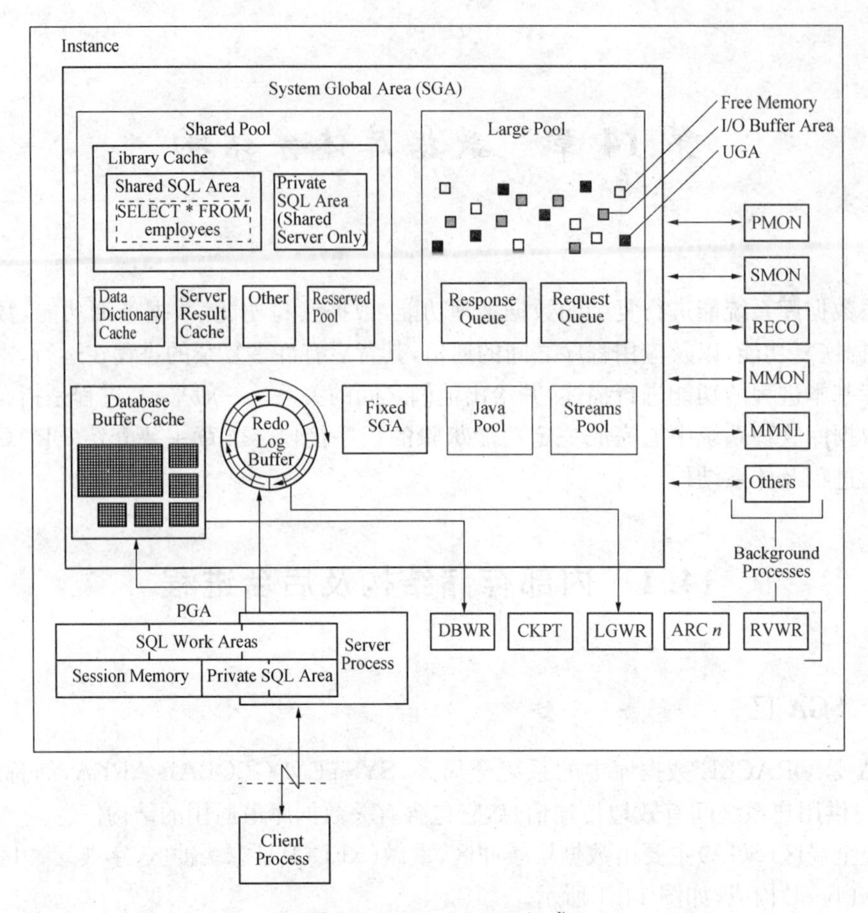

图 14.1　Oracle SGA 组成

14.1.2　PMON 进程

PMON 进程是监视其他后台进程并执行当服务器进程或调度进程非正常终止时进程的恢复工作。PMON 进程主要有 3 个用途：

1. 在进程非正常中断后，做清理工作。例如：PMON 进程重置活动的事务表中的状态，Dedicated Server 失败了或者因为一些原因被杀死，PMON 的工作分两种：第一，是对 Dedicated Server 所做的工作进行恢复或撤销；第二，是释放 Dedicated Server 占用的资源。PMON 会把失败进程的未提交的工作进行 Rollback，释放锁，释放 SGA 空间。

2. 在进程 Abort 后，PMON 进行清理工作。PMON 会监视 Oracle 其他的后台进程，并在需要的时候对它们进行重建。如果 Shared Server 或者 Dispatcher 失败后，PMON 会介入其中，并在清理完失败进程后，重建一个 Shared Server 或 Dispatcher。例如：在数据库

进行写日志的时候，LGWR 进程失败，这是个很严重的错误。解决这种问题最安全的方法是立即中断实例，并恢复。

3. PMON 的第三个用途是，向 Oracle TNS listener 注册实例信息。在实例启动的时候，PMON 会查询 Oracle 的默认端口（1521 端口）是否处于工作状态。如果这个端口已经处于工作状态，那么该实例就可以启动，PMON 把实例的相关信息告诉 listener，包括服务名、实例的信息等。如果 listener 没有启动，PMON 就会定期的尝试去连接 listener。这里要注意如果 Oracle 不是默认的 1521 端口，而是使用其他的端口时，listener 的地址要在参数 LOCAL_LISTENER 中指定。Oracle 一个实例可配置多个 listener 或多个端口，listener. ora 文件内容如下：

```
SID_LIST_LISTENER =
    (SID_LIST =
        (SID_DESC =
            (SID_NAME = Oracle-JF)
            (ORACLE_HOME = /u01/app/oracle/product/10.2.0/db)
            (PROGRAM = extproc)
        )
        (SID_DESC =
            (GLOBAL_DBNAME = nanjing)
            (ORACLE_HOME = /u01/app/oracle/product/10.2.0/db)
            (SID_NAME = nanjing)
        )
    )
LISTENER =
    (DESCRIPTION_LIST =
        (DESCRIPTION =
          (ADDRESS = (PROTOCOL = TCP)(HOST = nanjing)(PORT = 1521))
        )
    )
```

上面的配置只配置了一个 listener 的情形。

14.1.3　SMON 进程

SMON，是 ORACLE 系统的监视进程，SMON 的作用如下：

1. 清理临时空间。

2. 聚合空闲空间。如果使用 dictionary-managed 方式来管理表空间，SMON 就要负责把空闲的 extent 聚合成大的空闲 extent。这种情况只有在表空间的管理方式是 dictionary-managed,且参数 PCTINCREASE 被设置成非零值的时候才会发生。

3. 对不可用文件的事务恢复。在数据库启动的时候,SMON 会恢复失败的事务,这些事务是在实例恢复或 crash 恢复的时候被跳过的。例如:在磁盘上某个文件不可用了,在这个文件又重新可用后,SMON 会恢复它。

4. 在 RAC(Real application Chusters)的单节点故障上进行实例恢复。在 RAC 环境下,如果 cluster(簇群)中有一个实例失败了(如:实例所在的机器发生异常),在这个 cluster 上的其他的节点会打开失败实例的 redo log,并恢复失败实例。

5. 清理 OBJ $。OBJ $ 是个低级别的数据字典,它几乎包含了数据库中所有的 objects 的 entry。多数时候,有的 entries 的 objects 已经被删除了,或者当前的 entry 代表的不再是最新的 objects。SMON 就负责删除这些 entry 信息。

6. 收缩 undo segments。SMON 会自动把 rollback segments 收缩到最优的大小。

7. 离线 rollback segments。DBA 可能需要把一个处于 active 状态的事务的 rollback segments 离线。此时如果事务正在使用这个已经离线的 rollback segment,那么这个 segments 并未真的离线,而是被标记为"pending offline"。在后台,SMON 会一直尝试离线这个 segments,直到成功。

此外,SMON 还会刷新视图 DBA_TAB_MONITORING 的统计信息等。SMON 会消耗大量的 CPU。SMON 会定期地或被其他后台进程唤醒,来执行清理工作。

14.1.4 CKPT 进程

CKPT,检查点进程。CKPT 进程并不像它的名字说的那样进行 checkpoint,执行 checkpoint 是 DBWn 的工作。它只是来更新控制文件或数据文件的头(file headers),这些文件的头中包含了检查点的信息并且通知 DBWn 进程把数据缓冲块中的 block 永久写到磁盘上去。checkpoint 信息包括检查点位置,SCN(system change number)序列号,在线日志文件(ONLINE REDO LOG FILE)的检查点位置,这个位置也是为了日后恢复数据库时的位置,表示在这个时刻以前,日志文件已归档。所有 CKPT 进程只是更新这些重要信息在文件头中的信息,而真正把缓冲区在的在线日志文件或其他信息写到文件体(File Body)中的这个工作是由 DBWn 进程完成的。ORACLE 采用检查点机制的主要意义有以下三个:一是减少故障发生时数据库恢复的时间。二是确保在缓冲区中的已修改的数据(Dirty data)能定期永久地写到磁盘 DISK 上。三是确保在正常 SHUTDOWN(关机时)时把已提交的事务的数据写到磁盘 disk 上,以保持数据的一致性。

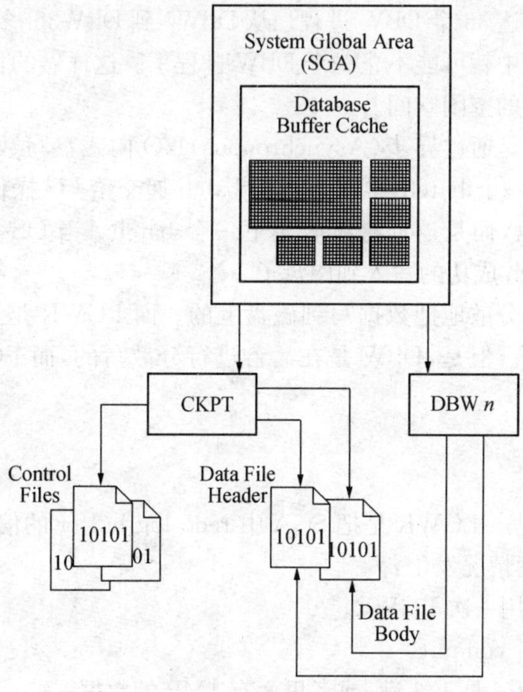

图 14.2　CKPT 进程

那么,什么时间发生 Checkpoint 事件呢？有以下几种情形(Scenarios)：

(1) 在发布 shutdown 命令时。

(2) 在发布 ALTER SYSTEM CHECKPOINT 命令时。

(3) 在线 redo 日志文件切换时。

(4) 在表空间进行备份时,如发布 ALTER TABLESPACE BEGIN BACKUP 命令。

同时为避免一次把大量的在线日志文件发生切换(ONLINE REDO LOG SWITCH),DBWn 进程每三秒就检查是否做这个工作,DBWn 提供 Checkpoint 位置,把它写到控制文件中,但不写到数据文件的头部。

14.1.5　DBWn 进程

DBWn,数据写进程。DBWn 负责把缓冲区的脏数据写到磁盘上。在 oracle 发生 switch log files 的时候,会发生 checkpoint。checkpoint 发生后,在 redo log 中的数据就可以被覆盖了。如果在重做日志(redo log)被填满,且要重新利用重做日志,(redo log) 来存放新的日志时,而此时 checkpoint 还未完成,Oracle 就会返回"checkpoint not complete"。

DBWn 的性能相当重要。如果 DBWn 写数据的速度不够快,这样释放出空闲 buffer 的速度也就不会快。那么 Free Buffer Waits 和 Write Complete Waits 的值就会很快的增长。

Oracle 可以配置多达 36 个 DBW 进程。从 DBW0 到 DBW35. 多数系统只有一个 DBW 进程，但在多 CPU 系统中就可能不止一个 DBW 进程了。这样做的目的是分散写数据的负担，保证 SGA 中有足够的空闲空间。

优化情况下，DBW 是通过异步(Asynchronous)I/O 向磁盘写数据的。通过异步 I/O，DBW 先把 blocks 组成一个 batch(批次)，再把 batch 递交给 OS 操作系统，DBW 不会等待 OS 把 batch 写入到磁盘，而是返回继续收集下一个 batch。当 OS 完成写后，会异步通知 DBW 进程，已经把 batch 成功的写入到磁盘了。

最后，DBW 进程是分散地把数据写到磁盘上的。而 LGWR 是连续写 redo log。分散写要比连续写耗时的多。但是，DBW 是在后台进行分散写的，而 LGWR 连续写是为了减少用户等待的时间。

14.1.6　LGWR 进程

LGWR，日志写进程。LGWR 是把 SGA 中 redo log buffer 的信息写到 redo log file 的进程。LGWR 会在下面情况发生：

1. 每个 3 秒钟，启用一次 LGWR。
2. 任何事务进行了 commit。
3. 当 redo log buffer 是 1/3 满，或者里面有 1MB 的数据。

基于以上的原因，把 redo log buffer 设置的很大就没必要。

14.1.7　ARCn 进程

ARCn，归档进程。ARCn 的工作是在 LGWR 把 onlone redo log 填满后，ARCn 把 redo log file 的内容 copy 到其他的地方。归档日志可以用来做 media recovery。online redo log 是被用来为实例失败的时候，恢复数据文件。而归档日志是被用来在 media recovery 的时候，恢复数据文件。

14.1.8　数据块缓冲区

数据块缓存区(Datablock Buffer Cache)是 SGA 中的一个高速缓存区域，用来存储从数据库中读出的数据段的数据块(如表、索引和簇)。数据块缓存区的大小由数据库服务器 init. ora文件中的 DB_BLOCK_SIZE 参数所决定，在调整和管理数据库时，调整数据块缓存区的大小是一个重要方面。

ORACLE 使用最近最少使用 LRU(Least Recently Used)算法来管理可用空间。当数据块缓存区需要自由空间时，最近很少使用的块将被移出，新数据块在存储区代替它的位置。通过这种方法，将最频繁使用的数据保存在数据块缓存区中。

然而，当 SGA 的大小不足以容纳所有最常用的数据时不同的对象将争用数据块缓存区

中的空间。所以,当多个应用程序共享同一个 SGA 时,对数据块缓存区的数据请求将出现较低的命中率,最终导致系统性能下降。

14.1.9 重做日志缓冲区

"重做(redo)"操作记录了数据库所做的修改,这些操作将写到联机重做日记(online redo log)文件中,以便在数据库恢复过程中用于回滚(rollback)操作,回滚的含义是取消对非提交的事务对数据库所做的修改。然而,这些操作在被写入联机重做日志文件之前,数据库首先会把事务记录在 SGA 的重做日志缓冲区(Redo Log buffer)中。数据库可以周期性地分批向联机重做日志文件中写重做项的内容,从而优化这个操作,重做日志缓冲区的大小(字节为单位),该参数可由init. ora文件中的 LOG_BUFFER 参数决定。

14.1.10 字典缓存区

数据库对象的信息存储在数据字典表中,这些信息包括用户账号数据、数据文件名、段名(segment),盘区位置信息、表的基本信息和权限,当数据库需要验证这些权限或其他信息时,将读取数据字典表并且将返回的数据存储在字典缓存区的 SGA 中。

数据字典缓存区通过 LRU()算法来管理,字典缓存区是 SQL 共享池的一部分。当字典缓存区太小时,数据库将反复查询数据字典来访问数据库所需的信息,进而影响查询信息的速度。

14.1.11 SQL 共享池

SQL 共享池存储数据字典缓存区及库缓存区(Library Cache)。SQL 共享池包括执行计划以及运行 SQL 语句的语法分析树。任何用户第二次运行相同的 SQL 语句时,都可以利用 SQL 共享池中可用的语法分析信息来加快执行速度。

SQL 共享池同样通过 LRU()算法来管理,当 SQL 共享池填满时,将从库缓存区中删掉最近最少使用的执行路径和语法分析树,以便为新的条目腾出空间。如果 SQL 共享池太小,语句将被继续不断地再装入到库缓存区,从而影响操作性能。SQL 共享池的大小由 init. ora 文件参数 SHARED_POOL_SIZE 来决定。

14.1.12 程序全局区

程序全局区 PGA 是存储区中的一个区域,由一个 oracle 用户进程使用,PGA 中的内存是不能被共享的。

如果正在使用多线程服务器(multiThread Server),可以把 PGA 的一部分存储在 SGA 中。多线程服务器结构允许用户进程使用同一个服务器进程,从而减少对数据库缓存区的需求。如果使用 MTS,则用户对话信息就存储在 SGA 中而不是 PGA 中。

14.2 多线索(Multi_Threaded)DBMS 的概念

数据库系统中的“线索”概念借鉴了操作系统中“线程”概念的含义：整个 DBMS 可以看作是一个 Task，当有一个用户申请数据库服务时，Task 分配至少一个 Thread 为之服务，多个 Thread 并行工作，共享资源。

一般的讲，DBMS 中的线索是 DBMS 的一个执行流，它服务于整个 DBMS 系统或 DBMS 中的某个用户；DBMS 服务器响应客户请求是通过为每个用户创建线索(而不是创建进程)来完成的。DBMS 的各个线索能在逻辑上并行执行；它们共存于一个进程中，共享 DBMS 的所有资源，如数据库缓冲区和 CPU 时间；线索是 DBMS 的调度单位，服务器进程能按一定的调度算法调度用户请求，由于调度优化策略是由数据库服务器执行，因此会比操作系统直接对这些请求进行调度高效得多。

多线索机制可以减少每个用户需要的系统资源，如内存要求，从而可以增加并发用户数，提高服务器的运行效率，更好地支持 OLTP 应用。

14.3 线索与进程的比较

为了进一步说明线索概念对于 DBMS 设计和实现的重要意义，下面对线索机制与进程机制作一个比较。

1. 线索比进程占用较少的资源

进程是程序的动态概念，指正在执行的程序。进程有其自身的程序地址空间，处正文段以外，进程间一般不能共享彼此资源。线索则是程序中的一串指令流，同一进程内的多个线索共享该进程内的一切资源。因此，线程比进程占用更少的系统资源呢，是更小的调度单位，可支持较细粒度的并行。

2. 线索调度比较灵活，可控制性强

线索的调度方式比较灵活，可以实现“智能”化的调度，提高并行效率。例如，可以让紧急事务优先执行，可以设置线索优先级，可以使某一线索主动出让 CPU 等。

进程调度由于是由操作系统控制的，DBMS 无法干涉，而且进程调度是非“智能”的，特定进程可能会被频繁挂起。例如，假定一个进程要反复地读取数据、处理数据并回写数据，这样该进程会因等待 I/O 而被频频挂起，效率很低；但如果该进程划分为读、处理、写等 3 个线索，这样当其中某个线索被阻塞时，其他线索可被调度执行，效率就会提高。而且，可以通过合理地调度一个进程内的多条并发线索，而使该进程长久地占用 CPU。从这一意义上

讲，无论单处理机还是多处理机，多线索结构均能提高执行效率。

3. 线索切换开销较小

就进程切换而言，由于进程的地址空间是私有的，因此进程切换必须保持进程的正文、数据、栈段及地址映射、进程状态、寄存器值等系统信息，一般需要花费数千条机器指令；而线索由于共享同一地址空间，因此当切换同一进程内的不同线索时，只需保存线索状态、寄存器值(程序计数器、堆栈指针、通用寄存器)等，由于切换较少的信息，线索切换的代码量明显减少，一般需要十条指令。

4. 线索间通信简便

UNIX 操作系统将进程的程序地址空间相隔离是为了避免并发进程间的相互干扰，以后为了支持进程间通信又先后引入了管道、通道、新 IPC 机制(信号量、消息及共享存储器)等通信手段。这些通信机制或者编程麻烦、不易使用，或者有一定局限性、效率不高。同一进程内的线索由于共享地址空间，因而可以借助全局变量名或指向局部变量名的指针来进行通信，这种通信当然简单而直接。不过，由于线索间可以互访数据，因此在利用线索编程时应注意保持数据的一致性和完整性。

总之，采用多线索机制的 DBMS 具有运行效率高、消耗系统资源少等显著优点。

14.4　缓冲区管理

数据存取层的下面是数据存储区(简称存储层)。存储层的主要功能室存储管理，包括缓冲区管理、内外存交换、外存管理等。其中缓冲区管理是十分重要的。存储层向存取层提供的接口是由定长页面组成的系统缓冲区。

系统缓冲区的设立是出于两方面的原因：一是它把存储层以上各系统成分和实在的外存设备隔离。RDBMS 利用系统缓冲区滞留数据。当存取层需要读取数据时存储子系统首先到系统缓冲区中查找。只有当缓冲区中不存在该数据时才真正从外存读入该数据所在的页面。当存取层写回一元组到数据库中时，存储子系统并不把它立即写回外存，仅把该元组所在的缓冲区页面作一标志，表示可以释放。只有当该用户事务结束或缓冲区已满需要调入新页时才按一定的淘汰策略把缓冲区已有释放标志的页面写回外存。这样可以减少内外存交换的次数，提高存取效率。

系统缓冲区可由内存或虚存组成。由于内存空间紧张，缓冲区的大小、缓冲区内存和虚存部分的比例要精心设计。针对不同的应用和环境按一定的模型进行调整。既不能让缓冲区占据太大内存空间，也不能因其空间太小而频频缺页、调页，造成“抖动”，影响效率。图 14.3 给出了缓冲区及上下接口示意图。

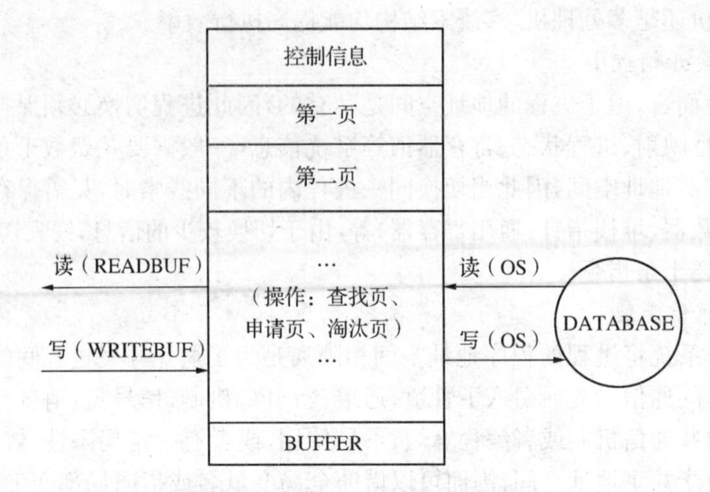

图 14.3　数据库缓冲区及上下接口

缓冲区由控制信息和若干定长页面组成。缓冲区管理模块向上层提供的操作是缓冲区的读(READBUF)、写(WRITEBUF)。缓冲区内部的管理操作有:查找页、申请页、淘汰页。缓冲区管理调用操作系统的操作有:读(READ)、写(WRITE)。以读操作为例,缓冲区管理的大致过程如下:首先在缓冲区中查找页,如查到,则返回该页在缓冲区位置而结束,如果查不到,即不在缓冲区内,如有空闲页空间,则从外存读入新页,如没有空闲页面,则按淘汰算法策略淘汰一页,从外存中读入新页。缓冲区管理中主要算法是淘汰算法和查找算法。操作系统中许多淘汰算法可以借鉴,如 FIFO(先进先出算法)、LRU(最近最少使用的先淘汰算法)以及它们的各种改进算法。查找算法用来确定所请求的页是否在内存,可采用顺序扫描、折半查找、Hash 查找算法等。

本章小结

本章重点讲述数据库管理系统背后的系统进程的作用和分类,如 PMON、SMON、CKPT、DWBn、LGWR、ARCn 进程的原理,同时简单数据库缓冲区、重做日志缓冲区,字典缓冲区及程序全局区的介绍,对理解 ORACLE 系统工作原理及备份和维护策略,均有所帮助。

习题

1. 简述 ORACLE 数据库 SGA 的主要组成部分?
2. 简述 ORACLE PMON 进程的作用。
3. 简述 ORACLE SMON 进程的作用。
4. 简述 ORACLE CKPT 进程的作用。

5. 简述 ORACLE DBWn 进程的作用。
6. 简述 ORACLE LGWR 进程的作用。
7. 简述 ORACLE ARCn 进程的作用。
8. 比较使用线索比进程的优点。

第 15 章　数据库新技术发展概述

15.1　数据库技术发展历史回顾及未来

数据库技术产生于 20 世纪 60 年代中期，却已经历了多次演变，造就了 C. W. Bachman、E. F. Codd 和 James Gary 三位图灵奖得主发展了一门以数据建模和数据库管理系统核心技术（如物理和逻辑独立性、描述性查询和基于代价的优化等）为主，内容丰富的学科。这些技术的进步使智能应用成为可能，并为现在的数据管理和分析奠定了基础。

数据库技术是计算机科学技术中发展最快的领域之一，也是应用最广的技术之一，它已成为计算机信息系统与智能应用系统的核心技术和重要基础。

当今数据库系统是一个大家族，数据模型丰富多样，新技术内容层出不穷，应用领域趋于广泛并深入。主要技术发展方向包括 XML 数据库，GIS 数据库，面向对象数据库，数据智能挖掘，大数据等方面。

面向应用领域的数据库新技术使数据库技术被应用到特定的领域中，出现了工程数据库，地理数据库，统计数据库、科学数据库、空间数据库、生物基因数据库等多种数据库，使数据库领域中新的技术内容层出不穷。

15.2　数据库技术发展的趋势

1. 下一代数据库技术的发展主流——面向对象的数据库技术与关系数据库技术融合

针对关系数据库技术现有的局限性，面向对象的数据库技术将成为下一代数据库技术发展的主流。原因如下：

① 现有的关系型数据库无法描述现实世界的实体，而面向对象的数据模型由于吸收了已经成熟的面向对象程序设计方法学的核心概念和基本思想，使得它符合人类认识世界的一般方法，更适合描述现实世界。甚至有人预言，数据库的未来将是面向对象的时代。

② 将面向对象的数据库技术引入关系数据库中，构成面向对象的关系数据库技术。关

系数据库几乎是当前数据库系统的标准，关系语言 SQL 与应用编程语言一起几乎可完成任意的数据库操作，但其简约的建模能力、有限的数据类型、程序设计中数据结构的制约等却成为关系型数据库发挥作用的瓶颈。面向对象方法起源于 C++ 等程序设计语言，它本身就是以现实世界的实体对象为基本元素来描述复杂的客观世界，其实现功能不如数据库灵活。因此将面向对象的建模能力和关系数据库的操作功能进行有机结合是数据库技术的一个发展方向。

面向对象数据库的优点是能够表示复杂的数据模型，但由于没有统一的数据模式和形式化理论，缺少严格的数据逻辑基础。而关系数据库虽有坚强的数学逻辑基础，但只能处理平面二维的数据类型。如将两者结合，提出了一种新的数据库技术：演绎面向对象数据库，这一技术有可能成为下一代数据库技术发展的主流。

2. 数据库技术发展的新方向——非结构化数据库

非结构化数据库是部分研究者针对关系数据库模型过于简单，不便表达复杂的嵌套需要以及支持数据类型有限等局限，从数据模型入手而提出的全面基于因特网应用的新型数据库理论。比较有名的是 HDFS 文件系统，HDFS 是一个能够面向大规模数据使用的，可进行扩展的文件存储与传递系统。是一种允许文件通过网络在多台主机上分享的文件系统，可让多机器上的多用户分享文件和存储空间。让实际上是通过网络来访问文件的动作，对程序与用户看来，就像是访问本地的磁盘一般。即使系统中有某些节点脱机，整体来说系统仍然可以持续运作而不会有数据损失。支持 HDFS 文件系统的数据库和传统的关系数据库的最大区别就在于它突破了关系数据库结构定义不易改变和数据定长的限制，支持重复字段、子字段以及变长字段，并实现了对变长数据和重复字段进行处理和数据项的变长存储管理，在处理连续信息（包括全文信息）和非结构信息（重复数据和变长数据）中有着传统关系数据库所无法比拟的优势。非结构化数据库技术并不会完全取代现在流行的关系数据库，而是它们的有益的补充，使用的场景和地方有区别。

3. 数据库技术发展的又一趋势——数据库技术与多学科技术的有机结合

数据库与各个学科技术的结合将会建立一系列新数据库，如电商 web 数据库、商业智能数据库（数据仓库、数据发掘）、多媒体数据库、移动应用数据库、图形识别数据库、模糊数据库系统、基因数据库、深度学习数据库等，这将是数据库技术重要的发展方向。其中，许多研究者都对多媒体数据库作为研究的重点，并认为多媒体技术和可视化技术引入多媒体数据库将是未来数据库技术发展的热点和难点。

现在的互联网商户，如阿里现在的信息系统逐渐要求按照以客户为中心的方式建立应用框架，因此势必要求数据库应用更加广泛地支持客户。因此，电子商务将成为未来数据库技术发展的另一方向。

另外许多研究者从不同的应用角度对数据库技术进行研究，提出了适合应用领域的数据库技术，如工程数据库、统计数据库、科学数据库、空间数据库、面向制造和设计的数据库

(CAD/CAM/CIM)、物联网的传感器数据库、地理数据库等。这类数据库有的在原理上也没有多大的变化，有的则变化很大，看行业的情况需要进行技术创新，必须与特定的应用相结合，从而加强了数据库系统对有关应用的支撑能力，尤其表现在数据模型、语言、查询方面。有理由相信，随着研究工作的继续深入和数据库技术在实践工作中的应用，数据库技术将会更多朝着更多的专门应用领域发展。

下面就来讨论部分上述的新数据库技术。

15.3 XML 数据库技术

XML 数据库是一种支持对 XML 格式文档进行存储和查询等操作的数据管理系统。XML 是可扩展标记语言，标准通用标记语言的子集，是一种用于标记电子文件使其具有结构性的标记语言，开发人员可以对数据库中的 XML 文档进行查询、导出和指定格式的序列化。

与传统数据库相比，XML 数据库具有以下优势：

1. XML 数据库能够对半结构化数据进行有效的存取和管理。如网页内容就是一种半结构化数据，而传统的关系数据库对于类似网页内容这类半结构化数据无法进行有效的管理。

2. 提供对标签和路径的操作。传统数据库语言允许对数据元素的值进行操作，不能对元素名称操作，半结构化数据库提供了对标签名称的操作，还包括了对路径的操作。

3. 当数据本身具有层次特征时，使用 XML 特别有效。由于 XML 数据格式能够清晰表达数据的层次特征，因此 XML 数据库便于对层次化的数据进行操作。XML 数据库适合管理复杂数据结构的数据集。如果已经以 XML 格式存储信息，则 XML 数据库利于文档存储和检索；可以用方便实用的方式检索文档，并能够提供高质量的全文搜索引擎。另外 XML 数据库能够存储和查询异种的文档结构，提供对异种信息存取的支持。

目前 XML 数据库有三种类型：

(1) XMLEnabledDatabase(XEDB)，即能处理 XML 的数据库。其特点是在原有的数据库系统上扩充对 XML 数据的处理功能，使之能适应 XML 数据存储和查询的需要。一般的做法是在数据库系统之上增加 XML 映射层，这可以由数据库供应商提供，也可以由第三方厂商提供。映射层管理 XML 数据的存储和检索。XEDB 的基本存储单位与具体的实现紧密相关。

(2) NativeXMLDatabase(NXD)，即纯 XML 数据库。其特点是以自然的方式处理 XML 数据，以 XML 文档作为基本的逻辑存储单位，针对 XML 的数据存储和查询特点专门设计适用的数据模型和处理方法。

(3) HybridXMLDatabase(HXD),即混合 XML 数据库。根据应用的需求,可以视其为 XEDB 或 NXD 的数据库,典型的例子是 Ozone。

XML 数据库是一个能够在应用中管理 XML 数据和文档的集合的数据库系统。XML 数据库是 XML 文档及其部件的集合,并通过一个具有能力管理和控制这个文档集合本身及其所表示信息的系统来维护。XML 数据库不仅是结构化数据和半结构化数据的存储库,像管理其它数据一样,持久的 XML 数据管理包括数据的独立性、集成性、访问权限、视图、完备性、冗余性、一致性以及数据恢复等。这些文档是持久的并且是可以操作的。

当前着重于页面显示格式的 HTML 标记语言和基于它的关键词检索等技术已经不能满足用户日益增长的信息需求。近年来的研究致力于将数据库技术应用于网上数据的管理和查询,使查询可以在更细的粒度上进行,并集成多个数据源的数据。但困难在于网上数据缺乏统一的、固定的模式,数据往往是不规则且经常变动的。因此,XML 数据作为一种自描述的半结构化数据为 Web 的数据管理提供了新的数据模型,将 XML 标记数据放入一定的结构中,对数据的检索、分析、更新和输出就能够在更加容易管理、系统和较为熟悉的环境下进行,将数据库技术应用于 XML 数据处理领域,通过 XML 数据模型与数据库模型的映射来存储、提取、综合和分析 XML 文档的内容。这为数据库研究开拓了一个新的方向,将数据库技术的研究扩展到对 Web 数据的管理。

15.4　面向对象的数据库技术

传统的关系数据模型虽然描述了现实世界数据的结构和一些重要的相互联系,但是仍不能捕捉和表达数据对象所具有的丰富而重要的语义,因此尚且只能属于语法模型。

随着信息技术和应用的发展,人们发现关系数据系统虽然技术很成熟,但其局限性也是显而易见的:它能很好地处理所谓的"表格型数据",却对越来越多复杂类型的数据无能为力。"面向对象的数据库"(Object— Oriented Database)涉及面向对象技术。面向对象的数据库系统的推广有一定的难度,其主要原因在于,设计思路和以前传统的数据库概念有较大区别,采用面向对象的概念:如类(Class)、方法(Method)、继承、封装等面向对象的术语来设计数据库对象表、属性、函数等,用新型数据库系统概念来取代现有的数据库系统概念。这对许多已经运用传统关系数据库系统并积累了大量工作数据的客户,尤其是大客户来说,无法承受新旧数据间的转换而带来的巨大工作量及巨额开支。另外,面向对象的关系型数据库系统使查询语言变得复杂,从而使得无论是数据库的开发商家还是应用客户都视其复杂的面向对象的应用技术为畏途。

面向对象数据库采用面向对象的模型,面向对象的概念最早出现在程序设计语言中,20 世纪 80 年代初开始提出了面向对象的数据模型(Object—Oriented Data Model),面向对象

模型是面向对象概念与数据库技术相结合的产物。它的基本目标是以更接近人类思维的方式描述客观世界的事物及其联系，且使描述问题的问题空间和解决问题的方法空间在结构上尽可能一致，以便对客观实体进行结构模拟和行为模拟。

面向对象模型的基本概念有：对象、类、消息与封装、继承。

(1) 对象(Object)：对象是现实世界中的实体的模型化。现实世界中的任一实体都可模型化为一个对象，每一个对象都有唯一的对象标识，并把状态和行为封装在一起。

对象由状态和行为两部分组成，对象的状态是对象属性的集合。属性是用来描述对象的状态、组成及特性，属性既可以是一些简单的数据类型，也可以是一个对象，即对象可以嵌套。即表可以嵌套，表中包含表。这是传统数据库关系数据库不能支持的特征。对象的行为是在对象状态上操作的方法的集合。方法用来描述对象的行为方式。方法的定义一般分为接口说明和实现两部分，接口说明与子程序的接口说明类似，用以说明方法的名称、参数和结果返回值的类型等。方法的实现是一段程序代码，用以实现方法的功能。

(2) 类(Class)：具有相同属性集和方法集的所有对象构成一个类。任一个对象是某一类的一个实例。类可以由用户自定义，也可以从其他类派生出来，称为子类，原来的类称为超类(或父类)，一个子类可以有多个超类，有的是直接的，也有的是间接的。超类和子类构成层次结构关系，称为类层次。类的概念类似关系模式，类的属性类似关系模式中的属性，对象是某一类的一个"值"，对象类似元祖的概念。

(3) 消息(Message)与封装(Encapsulation)：由于每个对象是其状态与行为的封装，一个对象不能直接访问或改变另一对象的内部状态(属性)和行为(方法)。对象与外部的通信只能借助于消息，消息从外部传递给对象，调用对象的相应方法，执行相应的操作，再以消息的形式返回操作的结果，这是面向对象模型的主要特征之一。封装使方法的接口和实现分开，有利于数据的独立性，同时封装使对象只接受对象中所定义的操作，有利于提高程序的可靠性。

(4) 继承(Inheritance)：子类可以继承其所有超类中的属性和方法，同时子类还要定义自己的属性和方法。继承是面向对象模型中避免重复定义的机制之一，大大减少了信息冗余，而且作为一种强有力的建模工具，能以人类思维规律对现实世界提供一种简明准确的描述，同时也有利于方法的重用，节约开发成本。

面向对象模型由于语义丰富、表达自然。因此面向对象数据库作为新一代数据库，在一些新的应用领域如CAD、CAM、CASE等得到了广泛重视和发展。

事情总是两方面的，一方面面向对象的数据技术本身有一定的门槛，但从另一方面，其性能上的优异表现则为开发的商家带来一点惊喜，面向对象的数据库技术不仅存取速度快，而且利用面向对象的继承性为数据库快速开发提供了解决方案。本章从著名的美国InterSystems公司的面向对象的Cache数据库技术进行简单的介绍，有兴趣的读者可去其网站进行进一步的了解。

InterSystems Caché 数据库

对于需要可靠的高性能数据库系统的公司，InterSystems 系统为他们提供 InterSystems Caché 高性能对象数据库。Caché 将强大的对象数据库与健壮的 SQL 技术融为一体，为复杂应用提供了快速开发环境以及快速多维引擎。Caché 安全可靠，目前已成为全球临床医疗应用系统的首选数据库。

InterSystems Ensemble 快速集成平台

如果企业需要快速连接和可扩展的系统，InterSystems Ensemble 作为快速集成平台不失为最理想的选择。Ensemble 系统可以快速创建可互连的应用系统，轻松赋予原有应用基于浏览器的用户界面、高适应性工作流、基于规则的业务流程、消息处理、领导层仪表及 Web 服务等更多特性。在架构上它的一致性设计将集成服务器、数据服务器、应用服务器和门户服务器无缝地整合成单一环境，极大地缩短开发时间，这一切都是由于其面向对象数据库核心支撑起了关键作用。

InterSystems HealthShare 医疗卫生信息网络平台

对于需要创建区域或国家级电子病历系统的机构，InterSystems 提供 InterSystems HealthShare 医疗卫生信息网络平台。HealthShare 是一款史无前例的软件平台，其创新的技术不仅使多个机构之间实现电子病历快速共享，而且可以针对不同的部署，为定制化解决方案提供完整的开发环境。

创新的数据库和集成技术帮助企业以更快捷的方式创建、部署、运行及连接应用系统。此外，InterSystems 子公司 TrakHealth 开发和销售 TrakCare 医疗卫生信息系统。这款基于 Web 的解决方案具有革命意义，在患者治疗的各个环节，向医疗卫生行业人员提供以患者为中心的丰富信息。TrakCare 创新的技术为厂商和企业级应用的用户带来诸多价值，成为 InterSystems 的旗舰产品。

15.5　数据仓库(Data Warehouse)技术

传统的数据库技术是以单一的数据资源为中心，进行各种操作型处理。操作型处理也称事务处理，是指对数据库联机地日常操作，通常是对一个或一组记录的查询和修改，主要是为企业的特定应用服务的，人们关心的是响应时间，数据的安全性和完整性。分析型处理(OLAP)则用于管理人员的决策分析。例如：决策支持系统 DSS，EIS 和多维分析等，经常要访问大量的历史数据。于是，数据库由旧的操作型环境演化发展为一种新环境：体系化环境。体系化环境由操作型环境和分析型环境(数据仓库级，部门级，个人级)构成。

数据仓库是体系化环境的核心，它是建立决策支持系统(DSS)的基础。

1. 从数据库到数据仓库

具体来说，有以下原因使得事务处理环境不适宜决策支持系统（DSS）应用

（1）事务处理和分析处理的性能特性不同

在事务处理环境中，用户的行为特点是数据的存取操作频率高而每次操作处理的时间短，因此，系统可以允许多个用户按分时方式使用系统资源，同时保持较短的响应时间，OLTP（联机事务处理）是这种环境下的典型应用。在分析处理环境中，某个DSS应用程序可能需要连续运行几个小时，从而消耗大量的系统资源。将具有如此不同处理性能的两种应用放在同一个环境中运行显然是不适当的。

（2）数据集成问题

DSS需要集成的数据。全面而正确的数据是有效的分析和决策的首要前提，相关数据收集得越完整，得到的结果就越可靠。因此，DSS不仅需要整个企业内部各部门的相关数据，还需要企业外部、竞争对手等处的相关数据。而事务处理的目的在于使业务处理自动化，一般只需要与本部门业务有关的当前数据，对整个企业范围内的集成应用考虑很少。当前绝大部分企业内数据的真正状况是分散而非集成的，这些数据不能成为一个统一的整体。对于需要集成数据的DSS应用来说，必须自己在应用程序中对这些纷杂的数据进行集成。可是，数据集成是一项十分繁杂的工作，都交给应用程序完成会大大增加程序员的负担。并且，如果每做一次分析，都要进行一次这样的集成，将会导致极低的处理效率。DSS对数据集成的迫切需要可能是数据仓库技术出现的最重要动因。

（3）数据动态集成问题

由于每次分析都进行数据集成的开销（Overhead）太大，一些应用仅在开始对所需的数据进行了集成，以后就一直以这部分集成的数据作为分析的基础，不再与数据源发生联系，我们称这种方式的集成为静态集成。静态集成的最大缺点在于如果在数据集成后数据源中数据发生了改变，这些变化将不能反映给决策者，导致决策者使用的是过时的数据。对于决策者来说，虽然并不要求随时准确地探知系统内的任何数据变化，但也不希望他所分析的是几个月以前的情况。因此，集成数据必须以一定的周期（例如24小时）进行刷新，我们称其为动态集成。显然，事务处理系统不具备动态集成的能力。

（4）历史数据问题

事务处理一般只需要当前数据，在数据库中一般也只存储短期数据。但对于决策分析而言，历史数据是相当重要的，许多分析方法必须以大量的历史数据为依托。没有对历史数据的详细分析，是难以把握企业的发展趋势的。

（5）数据的综合问题

在事务处理系统中积累了大量的细节数据，一般而言，DSS并不对这些细节数据进行分析。在分析前，往往需要对细节数据进行不同程度的综合。而事务处理系统不具备这种综合能力，根据规范化理论，这种综合还往往因为是一种数据冗余而加以限制。

2. 数据仓库的特点

原始数据(操作型数据)与导出型数据(DSS 数据)之间的区别。其中主要区别如表 15.1所示:

表 15.1　操作型数据(OLTP)与导出型数据(DSS)之间的比较

原始数据/操作型数据	推导数据/DSS 数据
细节的	综合的,或提炼的
在存取瞬间是准确的	代表过去的数据
可更新	不更新
操作需求事先可知道	操作需求事先不知道
生命周期符合 SDLC	完全不同的生命周期
对性能要求高	对性能要求宽松
事务驱动	分析驱动
面向应用	面向分析
一次操作数据量小	一次操作数据量大
支持日常操作	支持管理需求

W. H. Inmon 还给数据仓库作出了如下定义:数据仓库是面向主题的、集成的、稳定的、不同时间的数据集合,用以支持经营管理中的决策制订过程。面向主题、集成、稳定和随时间变化是数据仓库四个最主要的特征。

(1) 数据仓库是面向主题的

它是与传统数据库面向应用相对应的。主题是一个在较高层次将数据归类的标准,每一个主题基本对应一个宏观的分析领域。比如一个保险公司的数据仓库所组织的主题可能为:客户政策保险金索赔。而按应用来组织则可能是:汽车保险、生命保险、健康保险、伤亡保险。我们可以看出,基于主题组织的数据被划分为各自独立的领域,每个领域有自己的逻辑内涵而不相交叉。而基于应用的数据组织则完全不同,它的数据只是为处理具体应用而组织在一起的。应用是客观世界既定的,它对于数据内容的划分未必适用于分析所需。

(2) 数据仓库是集成的

操作型数据与适合 DSS 分析的数据之间差别甚大。因此数据在进入数据仓库之前,必然要经过加工与集成。这一步实际是数据仓库建设中最关键、最复杂的一步。首先,要统一原始数据中所有矛盾之处,如字段的同名异义、异名同义,单位不统一,字长不一致等等。并且对将原始数据结构作一个从面向应用到面向主题的大转变。

(3) 数据仓库是稳定的

它反映的是历史数据的内容,而不是处理联机数据。因而,数据经集成进入数据库后是极少或根本不更新的。

(4) 数据仓库是随时间变化的

首先,数据仓库内的数据时限要远远长于操作环境中的数据时限。前者一般在5—10年,而后者只有60—90天。数据仓库保存数据时限较长是为了适应DSS进行趋势分析的要求。其次,操作环境包含当前数据,即在存取那一刻是正确有效的数据。而数据仓库中的数据都是历史数据。最后,数据仓库数据的码键都包含时间项,从而标明该数据的历史时期。

3. 分析工具——数据仓库系统的重要组成部分

有了数据,必须要有高效的工具进行处理分析。

(1) 联机分析处理技术及工具

OLAP联机分析工具。它们具有灵活的分析功能,直观的数据操作和可视化的分析结果表示等突出优点,从而使用户对基于大量数据的复杂分析变得轻松而高效。

目前OLAP工具可分为两大类,一类是基于多维数据库的,一类是基于关系数据库的。两者相同之处是基本数据源仍是数据库和数据仓库,是基于关系数据模型的,向用户呈现的也都是多维数据视图。不同之处是前者把分析所需的数据从数据仓库中抽取出来物理地组织成多维数据库,后者则利用关系表来模拟多维数据,并不物理地生成多维数据库。

(2) 数据挖掘技术和工具

数据挖掘(Data Mining,简称DM)是从大型数据库或数据仓库中发现并提取隐藏在内的信息的一种新技术。目的是帮助决策者寻找数据间潜在的关联,发现被忽略的要素,它们对预测趋势、决策行为也许是十分有用的信息。数据挖掘技术涉及数据库技术、人工智能技术、机器学习、统计分析等多种技术,它使DSS系统跨入了一个新阶段。传统的DSS系统通常是在某个假设的前提下通过数据查询和分析来验证或否定这个假设,而数据挖掘技术则能够自动分析数据,进行归纳性推理,从中发掘出潜在的模式;建立新的业务模型帮助决策者调整市场策略,找到正确的决策。

4. 基于数据库技术的DSS解决方案

技术的进步,不懈的努力使人们终于找到了基于数据库技术的DSS的解决方案,这就是:DW+OLAP+DSS的可行方案。

数据仓库、OLAP和数据挖掘是作为三种独立的信息处理技术出现的。数据仓库用于数据的存储和组织,OLAP集中于数据的分析,数据挖掘则致力于知识的自动发现。它们都可以分别应用到信息系统的设计和实现中,以提高相应部分的处理能力。但是,由于这三种技术内在的联系性和互补性,将它们结合起来即是一种新的DSS构架。这一构架以数据库中的大量数据为基础,系统由数据驱动。

其特点是：

(1) 在底层的数据库中保存了大量的事务级细节数据。这些数据是整个 DSS 系统的数据来源。

(2) 数据仓库对底层数据库中的事务级数据进行集成、转换、综合，重新组织成面向全局的数据视图，为 DSS 提供数据存储和组织的基础。

(3) OLAP 从数据仓库中的集成数据出发，构建面向分析的多维数据模型，再使用多维分析方法从多个不同的视角对多维数据进行分析、比较，分析活动从以前的方法驱动转向了数据驱动，分析方法和数据结构实现了分离。

(4) 数据挖掘以数据仓库和多维数据库中的大量数据为基础，自动地发现数据中的潜在模式，并以这些模式为基础自动地作出预测。数据挖掘表明知识就隐藏在日常积累下来的大量数据之中，仅靠复杂的算法和推理并不能发现知识，数据才是知识的真正源泉。数据挖掘为商业智能(BI)技术指出了一条新的发展道路。

15.6 工程数据库(Engineering DataBase)

工程数据库是一种能存储和管理各种工程图形，并能为工程设计提供各种服务的数据库。它适用于 CAD/CAM、计算机集成制造(CIM)等通称为 CAx 的工程应用领域。工程数据库针对工程应用领域的需求，对工程对象进行处理，并提供相应的管理功能及良好的设计环境。

工程数据库管理系统是用于支持工程数据库的数据库管理系统主要应具有以下功能：

(1) 支持复杂多样的工程数据的存储和集成管理；

(2) 支持复杂对象(如图形数据)的表示和处理；

(3) 支持变长结构数据实体的处理；

(4) 支持多种工程应用程序；

(5) 支持模式的动态修改和扩展；

(6) 支持设计过程中多个不同数据库版本的存储和管理；

(7) 支持工程长事务和嵌套事务的处理和恢复；

(8) 在工程数据库的设计过程中，由于传统的数据模型难于满足 CAX 应用对数据模型的要求，需要运用当前数据库研究中的一些新的模型技术，如扩展的关系模型、语义模型、面向对象的数据模型。

15.7 统计数据库(Statistical DataBase)

统计数据是人类对现实社会各行各业、科技教育、国情国力的大量调查数据。采用数据库技术实现对统计数据的管理,对于充分发挥统计信息的作用具有决定性的意义。

统计数据库是一种用来对统计数据进行存储、统计(如求数据的平均值、最大值、最小值、总和等等)、分析的数据库系统。特点如下:

(1) 多维性是统计数据的第一个特点,也是最基本的特点。

(2) 统计数据是在一定时间(年度、月度、季度)期末产生大量数据,故入库时总是定时的大批量加载。经过各种条件下的查询以及一定的加工处理,通常又要输出一系列结果报表。这就是统计数据的"大进大出"特点。

(3) 统计数据的时间属性是一个最基本的属性,任何统计量都离不开时间因素,而且经常需要研究时间序列值,所以统计数据又有时间向量性。

(4) 随着用户对所关心问题的观察角度不同,统计数据查询出来后常有转置的要求。

15.8 空间数据库(Spacial DataBase)

空间数据库,是以描述空间位置和点、线、面、体特征的拓扑结构的位置数据及描述这些特征的性能的属性数据为对象的数据库。其中的位置数据为空间数据,属性数据为非空间数据。其中,空间数据是用于表示空间物体的位置、形状、大小和分布特征等信息的数据,用于描述所有二维、三维和多维分布的关于区域的信息,它不仅具有表示物体本身的空间位置及状态信息,还具有表示物体的空间关系的信息。非空间信息主要包含表示专题属性和质量描述数据,用于表示物体的本质特征,以区别地理实体,对地理物体进行语义定义。

由于传统数据库在空间数据的表示、存储和管理上存在许多问题,从而形成了空间数据库这门多学科交叉的数据库研究领域。目前的空间数据库成果大多数以地理信息系统的形式出现,主要应用于环境和资源管理、土地利用、城市规划、森林保护、人口调查、交通、税收、商业网络等领域的管理与决策。

空间数据库的目的是利用数据库技术实现空间数据的有效存储、管理和检索,为各种空间数据库用户使用。目前,空间数据库的研究主要集中于空间关系与数据结构的形式化定义;空间数据的表示与组织;空间数据查询语言;空间数据库管理系统。

15.9　数据库管理技术面临的大数据挑战

随着互联网的不断扩张和云计算技术的进一步推广，海量的数据在个人、企业、研究机构等源源不断地产生。这些数据为日常生活提供了便利，信息网站可以推送用户定制的新闻，购物网站可以预先提供用户想买的物品，人们可以随时随地分享。但是如何有效、快速、可靠地存取这些日益增长的海量数据成了关键的问题。传统的存储解决方案能提供数据的可靠性和绝对的安全性，但是面对海量的数据及其各种不同的需求，传统的解决方案日益面临越来越多的问难，比如数据量的指数级增长对不断扩容的存储空间提出要求，实时分析海量的数据对存储计算能力提出要求。一方面传统的存储解决方案正在改变，比如多级存储来不断适应大数据存储管理系统的特点和要求，另一方面全新的存储解决方案正日渐成熟，来有效满足大数据的发展需求。这就是大数据要处理的目的和意义，具体内容在下节介绍。

15.10　大数据综述

随着云时代的来临，大数据(Big Data)也吸引了越来越多的关注。大数据(Big Data)通常是指和传统结构化数据库数据有较大区别的大量非结构化和半结构化数据，这些数据体量巨大(PB 数量级)，如果采用传统关系型数据库用于分析时会花费过多时间及成本，且效率很低。大数据分析常和云计算联系到一起，因为实时的大数据集分析需要采用像 MapReduce 一样的框架来向数十、数百或甚至数千台的电脑进行网格计算或分配协同工作。

15.10.1　大数据定义及特征

大数据已经出现，每个人时时刻刻产生的数据也和大数据有关，银行的刷卡数据，保险数据，股票交易数据，人类基因测序数据，生物基因数据等。基本上，人们比以往任何时候都与大数据或大信息交互更为频繁。目前的物联网、云计算、移动互联网、车联网、手机、平板电脑、PC 以及遍布地球各个角落的各种各样的传感器，都是产生大数据的领域，是数据来源或者发布的地方。

简言之，大数据(Big Data)是指"无法用现有的软件工具提取、存储、搜索、共享、分析和处理的海量的、复杂的数据集合"。"大数据"的概念应运而生。所谓大数据或称巨量资讯、海量资讯，指的是所涉及的资料量规模巨大到无法透过目前主流软件工具，在合理时间内达到撷取、管理、处理、并整理成为帮助企业经营决策更积极目的的资讯。从各种各样类型的

大数据中，能快速提取或获得有价值信息的能力，就是大数据技术。通过各类公司大数据的挖掘，提供有价值的信息，是促使该技术具备走向众多企业的动力。

大数据的4个"V"，或者说大数据的特点有四个层面：

(1) 数据体量(Volume)巨大。从TB级别，跃升到PB级别；

(2) 数据类型繁多(Variety)。前文提到的例如网络Blog、视频、图片、地理位置信息、基因分析等等；

(3) 价值密度低(Low Value Density)。以视频为例，连续不间断监控过程中，可能有用的数据仅仅有一两秒；

(4) 处理速度快(Velocity)。对速度要求和传统的数据挖掘有着不质的不同。

业界通常用4个V(即Volume、Variety、Value、Velocity)来概括大数据的特征。

大数据的现实价值，体现了巨量数据正在成为一种资源，一种生产要素，渗透至各个领域，而拥有大数据能力，即善于聚合信息并有效利用数据，将会带来层出不穷的创新，从某种意义上说它代表着一种生产力，麦肯锡认为，"人们对于海量数据的运用将预示着新一波生产率增长和消费浪潮的到来"。

15.10.2 大数据研究意义及存储处理

"数据"是什么？数据就是象资源一样，你每一次上网点击鼠标，每一次刷卡消费，其实就已经参与到了大数据的生成。可以说，每一个人既是数字数据的生产者，也是数据的消费者。随着ICT技术日益融合发展，当前的技术手段为"大数据"的收集和分析提供了保障。移动的位置服务(LBS)、公交站点、地铁、自驾等所有大数据的综合，可以反映人们的出行、位置、时间、频度等重要信息。这样通过大数据的采集分析，可以进行精细的记录分析及观测手段，我们可以非常详细的知道一个人或者一辆车每时每刻在什么地方出现，然后就可以产生非常精细化的数据，知道人们的出行路线，时间，地点，乘车习惯。而通过物联网、物流网、超市POS终端、大气探测终端等产生的大数据，则可以用来描述各种物体、社会和整个环境的行为，有了这些大数据，大大地减少建设、规划、实施的难度，提升了人们出行的效率，了解污染指数，物流等的城市生活指数、城市幸福指数，增加社会的和谐度和认知度。

"大数据"是由数量巨大、结构复杂、类型众多数据构成的数据集合，是基于云计算的数据处理与应用模式，通过数据的整合共享，交叉复用形成的智力资源和知识服务能力。大数据具有数据规模大(Volume)且增长速度快的特性，其数据规模已经从PB级别增长到EB级别，并且仍在不断地根据实际应用的需求和企业的再发展继续扩容，飞速向着ZB(ZETA—BYTE)的规模进军。以国内最大的电子商务企业淘宝为例，根据淘宝网的数据显示，注册用户数量超过4亿，在线商品数量达到8亿，页面浏览量达到20亿规模，淘宝网每天产生4亿条产品信息，每天活跃数据量已经超过50TB。所以大数据的存储或者处理系统不仅能够满足当前数据规模需求，更需要有很强的可扩展性以满足快速增长的需求。

大数据以及如何定义某些行业的大数据，对于日后数据的挖掘能力的提升是极有意义的事情，就像数据通信的协议一样，每个协议支持的格式也不同。大数据有的虽然是无结构化，但也应有一定的行业或领域的大数据的规定，虽然目前没有统一的格式或模式可供借鉴，下面就智慧城市，智能城市的发展如何借力大数据进行探讨。

智慧城市，智能城市有哪些特点或特征？这是仁者见仁，智者见智的问题，本文认为一个智慧城市或一个智能城市，肯定有很多安全因素要考虑，如出行安全的问题，食品安全问题等。

智慧城市大数据产生的场景：

呼叫中心产生的呼叫信息，119、120、12315、95599 等呼叫中心产生的信息分析；

火车站购票产生的信息，安检产生的数据；

汽车站购票产生的信息，安检产生的数据；

飞机场购票、安检、登机产生的数据；

公路收费站刷卡数据；

地铁刷卡产生的数据；

广场摄像机产生的视频数据；

公交车客户刷卡消费信息；

出租车车内摄像机数据、出租车客户刷卡消费信息；

电信、移动客户电话话单分析；

各类终端 POS 产生的数据。

对于每个场景(Scenarios)，都要有效收集数据，进行分析和挖掘大数据的能力。

对于公共场所的安全大数据，主要通过一个有效的分时采集系统，定时把数据传输到一个或多个节点进行储存、分析、挖掘传输集中的原则，通过以上智慧城市场景进行大数据收集、设计、分析、发掘能力。

谁能更好地利用好大数据，谁就将占领下一个十年经济发展的制高点，大数据的未来市场是十分广大的。

15.11　大数据研究技术

15.11.1　Hadoop 介绍

Hadoop 历史的发展源于大数据，其雏形开始于 2002 年的 Apache 的 Nutch，Nutch 是一个开源 Java 实现的搜索引擎。其处理的对象数据量巨大，它提供了我们运行自己的搜索引擎所需的全部工具。包括全文搜索和 Web 爬虫。

2003 年 Google 发表了一篇技术学术论文谷歌文件系统(GFS)。GFS 也就是 google File System,google 公司为了存储海量搜索数据而设计的专用文件系统。

2004 年 Nutch 创始人 Doug Cutting 基于 Google 的 GFS 论文实现了分布式文件存储系统,并命名为 NDFS。

2004 年 Google 又发表了一篇技术学术论文 MapReduce。MapReduce 是一种编程模型,用于大规模数据集(大于 1TB)的并行分析运算。

2005 年 Doug Cutting 又基于 MapReduce,在 Nutch 搜索引擎实现了该功能。

2006 年,Yahoo 雇用了 Doug Cutting,Doug Cutting 将 NDFS 和 MapReduce 升级命名为 Hadoop,Yahoo 开建了一个独立的团队给 Goug Cutting 专门研究发展 Hadoop。

Hadoop 的核心就是 HDFS 和 MapReduce,而两者只是理论基础,不是具体可使用的高级应用,Hadoop 旗下有很多经典子项目,比如 HBase、Hive 等,这些都是基于 HDFS 和 MapReduce 发展出来的。

HDFS(Hadoop Distributed File System,Hadoop 分布式文件系统),它是一个高度容错性的系统,适合部署在廉价的机器上。HDFS 能提供高吞吐量的数据访问,适合那些有着超大数据集(large data set)的应用程序。

HDFS 的设计特点是:

1. 文件分块存储,HDFS 会将一个完整的大文件平均分块存储到不同计算节点上,它的意义在于读取文件时可以同时从多个主机取不同区块的文件,多主机读取比单主机读取效率要高得多。

2. 流式数据访问,一次写入多次读写,这种模式跟传统文件不同,它不支持动态改变文件内容,而是要求让文件一次写入就不做变化,要变化也只能在文件末添加内容。

3. 廉价硬件,HDFS 可以应用在普通 PC 机上,这种机制能够让给一些公司用几十台廉价的计算机就可以撑起一个大数据集群。

4. 硬件故障,HDFS 认为所有计算机都可能会出问题,为了防止某个主机失效读取不到该主机的块文件,它将同一个文件块副本分配到其它某几个主机上,如果其中一台主机失效,可以迅速找另一块副本取文件。

HDFS 的关键组成元素:

Block:将一个文件进行分块,通常是 64M。

NameNode:保存整个文件系统的目录信息、文件信息及分块信息,如果主 NameNode 失效,启动备用主机运行 NameNode。

DataNode:分布在廉价的计算机上,用于存储 Block 块文件。

MapReduce:通俗说 MapReduce 是一套从海量源数据提取分析元素最后返回结果集的编程模型,将文件分布式存储到硬盘是第一步,而从海量数据中提取分析,我们需要的内容就是 MapReduce 做的事了。

MapReduce 会这样做：首先数据是分布存储在不同块中的，以某几个块为一个 Map，计算出 Map 中最大的值，然后将每个 Map 中的最大值做 Reduce 操作，Reduce 再取最大值给用户。

MapReduce 的基本原理就是：将大的数据分析分成小块逐个分析，最后再将提取出来的数据汇总分析，最终获得我们想要的内容。具体怎么分块分析，怎么做 Reduce 操作非常复杂，Hadoop 已经提供了数据分析的实现，我们只需要编写简单的需求命令即可达成我们想要的数据。

15.11.2　NoSQL 数据库

HBase 是一个高可靠性、高性能、面向列、可伸缩的分布式存储系统，同时也是知名的 NoSQL 数据库之一。NoSQL 数据库的产生就是为了解决大规模数据集合多重数据种类带来的挑战，尤其是大数据应用的难题。

首先，NoSQL 数据库的出现就是在对象-关系不匹配问题出现的场合下的解决方案，在大数据领域中，系统需要能够适应不同种类的数据格式和数据源，不需要预先严格定义模式，并且能够处理大规模数据。这样，NoSQL 就出现了。

NoSQL(NoSQL= Not Only SQL)，即“不仅仅是 SQL”，是一项全新的数据库革命性运动。NoSQL 运用非关系型的数据存储。大数据数据库技术不能保证支持 ACID(原子性、一致性、隔离性和持久性)，而且大部分技术都是开源项目，这些技术作为整体被称为 NoSQL。

一般将 NoSQL 数据库分为四大类：键值(Key-Value)存储数据库、列存储数据库、文档型数据库和图形(Graph)数据库。它们的数据模型、优缺点、典型应用场景讨论如下：

四大 NoSQL 数据库分析：

(1) 键值(Key-Value)存储数据库

Key 指向 Value 的键值对，通常用 hash 表来实现，优点是查找速度快，缺点是数据无结构化(通常只被当作字符串或者二进制数据)，使用的场景为：内容缓存，主要用于处理大量数据的高访问负载，也用于一些日志系统等。

键值(Key - Value)存储数据库包括如 Riak(一个开源、分布式键值数据库，支持数据复制和容错)、Redis(一个开源的键值存储数据库，支持主从式复制、事务，Lua 脚本，还支持给 Key 添加时限)，Dynamo(一个键值分布式存储数据库，直接由亚马逊 Dynamo 数据库实现)。

(2) 列存储数据库

以列簇式存储，将同一列数据存在一起。其优点是查找速度快，可扩展性强，更容易进行分布式扩展。缺点是功能相对局限，主要适用的场合是分布式的文件系统。列存储数据库包括如下模式：Cassandra(支持跨数据中心的数据复制，提供列索引)，HBase(一个开源、

分布式、面向列存储的模型)、Amazon SimpleDB(一个非关系型数据存储)、Apache Accumulo(有序的、分布式键值数据存储,基于 Google 的 BigTable 设计的列存储数据库)、Hypertable(一个开源、可扩展的数据库,模仿 Bigtable,支持分片的列存储数据库)、Azure Tables(为要求大量非结构化数据存储的应用提供 NoSQL 性能)。

(3) 文档型数据库

采用 Key-Value 对应的键值对,Value 为结构化数据,对数据结构要求不严格,表结构可变(不需要像关系型数据库一样需预先定义表结构),但缺点是查询性能不高,而且缺乏统一的查询语法。主要应用场景是 Web 应用。如有名的 MongoDB(开源、面向文档)、CounchDB(一个使用 JSON 的文档数据库,使用 Javascript 做 MapReduce 查询,也是一个使用 HTTP 的 API)、Couchbase(基于 JSON 模型)、RavenDB(一个基于. net 语言的面向文档数据库)、MarkLogic(用来存储基于 XML 和以文档为中心的信息,支持灵活的模式)。

(4) 图形(Graph)数据库

图形数据库采用图结构构成,利用图结构相关算法(如最短路径寻址,N 度关系查找等),通常需要对整个图做计算才能得出需要的信息,而且这种结构不太好做分布式的集群方案。主要应用场合如社交网络,推荐系统等。比较有名的如 Neo4j(一个图数据库,支持 ACID 事务)、InfiniteGraph(用来维持和遍历对象间的关系,支持分布式数据存储)、AllegroGraph(结合使用了内存和磁盘,提供了高可扩展性,支持 SPARQ、RDFS++和 Prolog 推理)

NoSQL 具有的特征:

NoSQL 数据库并没有一个统一的架构,但是它们都普遍存在如下所示的一些共同特征。

(1) 不需要预定义模式:不需事先定义数据模式,预定义表结构等。数据中每条记录都可能有不同的属性和格式。

(2) 无共享架构:NoSQL 往往将数据划分后存储在各个本地服务器上,从而提高了系统的性能。

(3) 可扩展性:可以在系统运行的时候,动态增加或者删除结点。不需要停机维护,数据可以自动迁移。

(4) 分区特性:NoSQL 数据库将数据进行分区,将记录分散在多个节点上面,并且通常分区的同时还要做复制。

(5) 异步复制:NoSQL 中的复制,往往是基于日志的异步复制。这样,数据就可以尽快地写入一个节点,而不会出现网络传输迟延。

(6) BASE 特性:相对于 ACID 特性,NoSQL 数据库保证的是 BASE 特性(BASE 是最终一致性和软事务)

这个比较有趣,那么 NoSQL 数据库保证的 BASE 特性有何具体的含义呢?BASE 中

的 BA、S、E 的含义具体代表什么？解释如下：

Basic Availability：基本可用，这是 BA 的含义。

Soft－state ：软状态/柔性事务，可以理解为"无连接"的，而 "Hard state" 是"面向连接"的，这是 S 的含义。

Eventual consistency：最终一致性，最终整个系统(时间和系统的要求有关)看到的数据是一致的，这是 E 的含义。

在 BASE 中，强调可用性的同时，引入了最终一致性这个概念，不像 ACID，并不需要每个事务都是一致的，只需要整个系统经过一定时间后最终达到是一致的。比如 Amazon 的卖书系统，也许在卖的过程中，每个用户看到的库存数是不一样的，但最终买完后，库存数都为 0。再比如 SNS 网络中，C 更新状态，A 也许可以 1 分钟才看到，而 B 甚至 5 分钟后才看到，但最终大家都可以看到这个更新。

比较适合采用 NoSQL 数据库的场合是：(1) 数据模型比较简单；(2) 需要灵活性更强的 IT 系统；(3) 对数据库性能要求较高；(4) 不需要高度的数据一致性；(5) 对于给定 key，比较容易映射复杂值的环境。

15.11.3　NoSQL 和 SQL 语法的简单比较

前面介绍了 NoSQL 的基本情况，下面以 HBase 和 ORACLE 为例，对 NoSQL 和 SQL 的语法进行简单的比较。HBase 数据库被认为是安全特性最完善的 NoSQL 数据库产品之一，它被证实是一个强大的工具，尤其是在已经使用 Hadoop 的场合。

1. 创建表

如果要创建一个表"mytable"，其中包含了一个"info"字段，那么：

(1) ORACLE 中的语法为：

```
create table mytable
(info  varchar(30) not null);
```

(2) HBase 中的语法为：

```
create 'mytable', 'cf'
```

该命令创建了一个有一个列族("cf" column family 的缩写)的表"mytable"。

2. 写数据

如果要向表中写入数据"hello hbase"，那么：

(1) ORACLE 中的语法为：

```
insert into mytable(info) values('hello hbase');
```

(2) HBase 中的语法为：

```
put 'mytable', 'first', 'cf:info', 'hello hbase'
```

该命令在"mytable"表的"first"行中的"cf：info"列对应的数据单元中插入"hello

hbase”。

3. 读(查)数据

如果要从表中读出单条数据,那么:

(1) ORACLE 中的语法为:

```
select * from mytable where info = 'hello hbase';
```

(2) HBase 中的语法为:

```
get 'mytable', 'first'
```

该命令输出了该行的数据单元。

如果要从表中读出所有数据,那么:

(1) ORACLE 中的语法为:

```
select * from mytable;
```

(2) HBase 中的语法为:

```
scan 'mytable'
```

该命令输出了所有数据。

4. 删数据

如果要从表中删除数据,那么:

(1) ORACLE 中的语法为:

```
delete from mytable where info = 'hello hbase';
```

(2) HBase 中的语法为:

```
put 'mytable', 'first', 'cf:info', 'hello hbase1'
```

该命令用最新的值覆盖了旧的值,就相当于将原数据删除了。

5. 修改数据

如果要在表中修改数据,那么:

(1) ORACLE 中的语法为:

```
update mytable set info = 'hello hbase1' where info = 'hellohbase';
```

(2) HBase 中的语法为:

```
put 'mytable', 'first', 'cf:info', 'hello hbase1'
```

该命令用最新的值覆盖了旧的值,就相当于修改了原数据。

6. 删表

如果要删除表,那么:

(1) ORACLE 中的语法为:

```
drop table mytable;
```

(2) HBase 中的语法为:

```
disable 'mytable'
```

```
drop 'mytable'
```

该命令先将表“disable”掉，然后再“drop”掉。

我们可以看到，HBase 的语法比较的简单，因此完全可以将上述所有命令放到一个 shell 脚本中，让命令批量执行。一般来说大数据处理的操作系统大多是开源操作系统，如 Linux，下面，给出具体操作步骤：

第一步，编写名为“command. sh”的脚本，其内容如下：

```
exec /root/test/hbase-1.0.1/bin/hbase shell <<EOF
create 'mytable', 'cf'
put 'mytable', 'first', 'cf:info', 'hello hbase'
get 'mytable', 'first'
scan 'mytable'
put 'mytable', 'first', 'cf:info', 'hello hbase1'
disable 'mytable'
drop 'mytable'
EOF
```

第二步，将该脚本上传到 Linux 机器的安装 HBase 的用户下，依次执行“dos2unix command. sh”和“chmod 777 command. sh”命令来转换文件格式和对文件赋权限。

第三步，执行“. /command. sh”命令，在 Linux 界面上，我们可以看到如下输出信息：

```
HBase Shell; enter 'help' for list of supportedcommands.
Type "exit" to leave the HBase Shell
Version 1.0.1, r66a93c09df3b12ff7b86c39bc8475c60e15af82d, Fri Apr17 22:14:06
PDT 2015
create 'mytable', 'cf'
0 row(s) in 0.6660 seconds
Hbase::Table - mytable
put 'mytable', 'first', 'cf:info', 'hello hbase'
0 row(s) in 0.1140 seconds
get 'mytable', 'first'
COLUMN                    CELL
cf:info                       timestamp = 1435807200326, value = hello hbase
1 row(s) in 0.0440 seconds
scan 'mytable'
ROW                  COLUMN + CELL
first                    column = cf: info, timestamp = 1435807200326, value =
```

```
hello hbase
    1 row(s) in 0.0210 seconds
    put 'mytable', 'first', 'cf:info', 'hello hbase1'
    0 row(s) in 0.0040 seconds
    disable 'mytable'
    0 row(s) in 1.1930 seconds
    drop 'mytable'
    0 row(s) in 0.1940 seconds
```

以上整个脚本执行过程时间短,但包含了 HBase 命令,由此可见 NoSQL 批处理对大数据的意义。

相对来说,NoSQL 结构缺乏通用性、不支持事务特性、理论支持基础弱,安全性也不高。

但随着云计算、移动互联网等技术的发展,大数据广泛存在,新型应用对海量数据管理或称云数据管理系统也提出了新的需求,NoSQL 数据库在这些方面有大展身手的机会。相信 NoSQL 数据库的应用范围和深度会不断扩展!

总的来说 Hadoop 适合应用于大数据存储和大数据分析的应用,适合于服务器的集群运行,支持 PB 级的存储容量。Hadoop 典型应用(Scenarios)有:搜索、日志处理、推荐系统、数据分析、视频图像分析等领域。

本章主要介绍了面向行业的数据库技术,并借此介绍了可灵活处理自定义数据结构的 XML 数据库和面向对象的数据库技术,并简单介绍了 intersystem 面向对象的数据库技术,这些技术在业界已达到广泛应用,是对传统关系数据库的有益补充。

另外,本章还介绍了大数据的 4 个 V 特征,即数据量巨大(volume)、数据类型多(variety)、价值(value)密度低、处理速度快(velocity)。简单介绍了大数据的定义和大数据研究的意义及存储处理要求,并介绍业界比较流行的 Hadoop 文件系统及 NoSQL 数据库初步知识。

习题:

1. 何谓 XML 数据库?其特点是什么?
2. 何谓面向对象的数据库技术?特征是什么?
3. 罗列介绍数据仓库的特点。
4. 什么是大数据的 4V 特征?
5. 比较 NoSQL 和 ORACLE SQL,如何查询、修改和删除数据?

附录:数据库中的系统表

数据库系统中的系统表包含了数据库许多核心的信息,如用户信息,表的信息,文件位置信息等,数据库的管理往往要借助于系统表,这些表中信息是数据库系统自身,以及 DBA,一般用户要查询或涉及到的。本附录简单罗列了 ORACLE 数据库和 SQL SERVER 数据库系统表的信息。

1 Oracle 数据库系统表

Oracle 的系统表如下:

以 dba_开头的系统表:

dba_users 数据库用户信息

dba_segments 表段信息

dba_extents 数据区信息

dba_objects 数据库对象信息

dba_tablespaces 数据库表空间信息

dba_data_files 数据文件设置信息

dba_temp_files 临时数据文件信息

dba_rollback_segs 回滚段信息

dba_ts_quotas 用户表空间配额信息

dba_free_space 数据库空闲空间信息

dba_profiles 数据库用户资源限制信息

dba_sys_privs 用户的系统权限信息

dba_tab_privs 用户具有的对象权限信息

dba_col_privs 用户具有的列对象权限信息

dba_role_privs 用户具有的角色信息

dba_audit_trail 审计跟踪记录信息

dba_stmt_audit_opts 审计设置信息

dba_audit_object 对象审计结果信息

dba_audit_session 会话审计结果信息

dba_indexes 用户模式的索引信息

user_开头的系统表:

user_objects 用户对象信息

user_source 数据库用户的所有资源对象信息

user_segments 用户的表段信息

user_tables 用户的表对象信息

user_tab_columns 用户的表列信息

user_constraints 用户的对象约束信息

user_sys_privs 当前用户的系统权限信息

user_tab_privs 当前用户的对象权限信息

user_col_privs 当前用户的表列权限信息

user_role_privs 当前用户的角色权限信息

user_indexes 用户的索引信息

user_ind_columns 用户的索引对应的表列信息

user_cons_columns 用户的约束对应的表列信息

user_clusters 用户的所有簇信息

user_clu_columns 用户的簇所包含的内容信息

user_cluster_hash_expressions 散列簇的信息

v$开头的系统表:

v$database 数据库信息

v$datafile 数据文件信息

v$controlfile 控制文件信息

v$logfile 重做日志信息

v$instance 数据库实例信息

v$log 日志组信息

v$loghist 日志历史信息

v$sga 数据库 SGA 信息

v$parameter 初始化参数信息

v$process 数据库服务器进程信息

v$bgprocess 数据库后台进程信息

v$controlfile_record_section 控制文件记载的各部分信息

v$thread 线程信息

v$datafile_header 数据文件头所记载的信息

v$archived_log 归档日志信息

v$archive_dest 归档日志的设置信息

v$logmnr_contents 归档日志分析的 DML DDL 结果信息

v$logmnr_dictionary 日志分析的字典文件信息

v$logmnr_logs 日志分析的日志列表信息

v$tablespace 表空间信息

v$tempfile 临时文件信息

v$filestat 数据文件的 I/O 统计信息

v$undostat Undo 数据信息

v$rollname 在线回滚段信息

v$session 会话信息

v$transaction 事务信息

v$rollstat 回滚段统计信息

v$pwfile_users 特权用户信息

v$sqlarea 当前查询过的 sql 语句访问过的资源及相关的信息

v$sql 与 v$sqlarea 基本相同的相关信息

v$sysstat 数据库系统状态信息

all_开头的系统表：

all_users 数据库所有用户的信息

all_objects 数据库所有的对象的信息

all_def_audit_opts 所有默认的审计设置信息

all_tables 所有的表对象信息

all_indexes 所有的数据库对象索引的信息

session_开头的系统表：

session_roles 会话的角色信息

session_privs 会话的权限信息

index_开头的表：

index_stats 索引的设置和存储信息

伪表 dual：

dual 为 Oracle 系统提供。所谓伪表，是该表不是用来插入数据，更新数据，而只是建立了一个表的结构。

dual 表只有一个字段，一行记录。在进行某些信息的提取时，使用 dual 表能满足 SQL 格式化语句的要求。

以上的系统表中存储的信息非常丰富且十分重要。可以根据不同的目的要求，到各个系统表中获取信息或者多个表之间进行连接来获取所需的信息。

2　SQL server 数据库系统表

系统表是数据库系统中重要的对象，下面以 SQL Server 2000 系统表为例进行介绍。

任何用户都不应直接修改系统表。例如，不要尝试使用 DELETE、UPDATE、INSERT 语句或用户定义的触发器修改系统表。

允许在系统表中引用编制的列。然而，系统表中的许多列都未被编制。不应编写应用程序直接查询未编制的列。相反，应用程序应使用以下任何

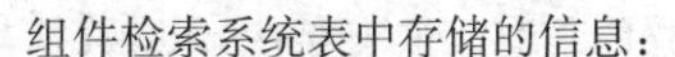

组件检索系统表中存储的信息:

- 信息架构视图
- 系统存储过程
- Transact-SQL 语句和函数
- SQL-DMO
- 数据库应用程序接口(API)目录函数

这些组件构成一个已发布的 API,用以从 SQL Server 获取系统信息。Microsoft 维护这些组件在不同版本间的兼容性。系统表的格式取决于 SQL Server 的内部构架,并且可能因不同的版本而异。因此,直接访问系统表中未编制列的应用程序可能需要做些更改后才能访问 SQL Server 的后继版本。

在 master 数据库中的系统表,这些表存储服务器级系统信息,如下:

sysaltfiles sysaltfiles 表包含与数据库中的文件相对应的行。该表存储在 master 数据库中

syslockinfo 用于了解有关锁定资源信息

syslogins syslogins 每个登录帐户在表中占一行

syscharsets 主数据库字符集与排序顺序

sysconfigures 主数据库配置选项

syscurconfigs 主数据库当前配置选项

sysdatabases 主数据库服务器中的数据库

syslanguages 主数据库语言信息

syslogins 主数据库登陆帐号信息

sysoledbusers 主数据库链接服务器登陆信息

sysprocesses 主数据库进程信息

sysremotelogins 主数据库远程登录帐号

sysfilegroups 每个数据库包含的文件组信息

sysfiles 每个数据库包含的文件信息

sysforeignkeys 每个数据库包含的外键信息

sysindexs 每个数据库索引信息

syspermissions 每个数据库包含的权限信息

systypes 数据库用户定义数据类型

sysusers 数据库中各类用户信息

syscolumns syscolumns 是 sqlserver 中的一个系统表,用来记录 sqlserver 中字段信息的 sysindexkeys

sysindexkeys 包含索引中的键或列的信息。该表存储在每个数据库中。

syscomments syscomments 包含每个视图、规则、默认值、触发器、CHECK 约束、

DEFAULT 约束和存储过程的项

sysmembers sysmembers 每个数据库角色成员在表中占一行。

sysconstraints sysconstraints 包含约束映射,映射到拥有该约束的对象。

Sysobjects sysobjects 表包含了相应数据库中所有的对象:

该表存放的有:表(系统/用户)、存储过程(系统/用户)、视图、主键、外键等信息。

可用 SQL 语句:SELECT * FROM sys. objects WHERE object_id = object_id('表名或视图名')

查询 sys. objects 中可得到各种资源的类型名称(TYPE 列),这里举几个主要的例子

u ———————————— 用户创建的表,区别于系统表(USER_TABLE)

s ———————————— 系统表(SYSTEM_TABLE)

v ———————————— 视图(VIEW)

p ———————————— 存储过程(SQL_STORED_PROCEDURE)

比如你 sqlserver 中有个数据库名叫 test,如果要查询该数据库中的所有表对象:

```
select * from test..sysobjects where type = 'u' or type = 's'
```

这里的 type = 'u' 是表示用户表对象,type = 's' 是系统表对象的存储过程

这个是查询数据库中所有存储过程

```
select * from test..sysobjects where type = 'p'
```

查询视图与查询存储过程一样,比如:

你查询的是数据库中所有视图

select * from test..sysobjects where type = 'v'

主要的 type：

sysdepends 包含对象(视图、过程和触发器)与对象定义中包含的对象(表、视图和过程)之间的相关性信息。该表存储在每个数据库中。

syspermissions 包含有关对数据库内的用户、组和角色授予和拒绝的权限的信息。

sysfilegroups sysfilegroups 数据库中的每个文件组在表中占一行。

sysprotects 包含有关已由 GRANT 和 DENY 语句应用于安全帐户的权限的信息。

sysfiles 数据库中的每个文件在表中占一行。该系统表是虚拟表,不能直接更新或修改。

sysreferences 包括 FOREIGN KEY 约束定义到所引用列的映射。该表存储在每个数据库中。

sysforeignkeys 系统数据库中的外键信息

systypes 系统数据库中的类型

sysusers 系统数据库中的用户信息

sysindexes 系统数据库索引信息

sysalerts 数据库警报信息,每个警报信息在表中占一行

sysjobsteps 包含由 SQLSERVER 代理程序执行的作业中每个步骤的信息。该表存在 msdb 数据库中

syscategories 包含由 SQL Server 企业管理器用来组织作业、警报和操作员的分类。该表存储在 msdb 数据库中。

sysoperators sysoperators 每个操作员在表中占一行。

sysjobhistory 包含有关由 SQL Server 代理程序调度作业的执行的信息。该表存储在 msdb 数据库中。

sysjobs 存储将由 SQL Server 代理程序执行的每个已调度作业的信息。

sysjobschedules 包含将由 SQL Server 代理程序执行的作业调度信息。

systargetservers

记录多服务器操作域中当前所登记的目标服务器

sysjobservers 存储特定作业与一个或更多目标服务器的关联或关系。

msdb 数据库中的表,这些表存储数据库备份和还原操作使用的信息,如下：

backupfile //备份文件

restorefile //恢复文件

backupset//备份集